疲劳强度与损伤容限

Fatigue Strength and Damage Tolerance

熊峻江　万傲霜　著

国防工业出版社

·北京·

内 容 简 介

本书着重阐述疲劳强度与损伤容限基本原理及其在工程实际中的应用，介绍疲劳强度与损伤容限领域内一些重要的基本概念和定义，如可靠度、置信度、分散系数、缩减系数、应力集中系数、应力严重系数、疲劳性能曲面、安全寿命、损伤容限等，并按学科体系对重要的理论公式都做了教学推导和论证。

本书可供从事疲劳设计和疲劳试验的研究人员参考，也可作为高等学校航空、机械等专业研究生教学用书。

图书在版编目（CIP）数据

疲劳强度与损伤容限／熊峻江，万傲霜著．—北京：
国防工业出版社，2023.8
ISBN 978-7-118-13007-2

Ⅰ．①疲… Ⅱ．①熊… ②万… Ⅲ．①飞机-构造-疲劳强度 ②飞机-损伤-结构设计 Ⅳ．①V22

中国国家版本馆 CIP 数据核字（2023）第 132302 号

※

国防工业出版社出版发行
（北京市海淀区紫竹院南路 23 号　邮政编码 100048）
北京虎彩文化传播有限公司印刷
新华书店经售

*

开本 787×1092　1/16　印张 18½　字数 423 千字
2023 年 8 月第 1 版第 1 次印刷　印数 1—1500 册　定价 118.00 元

（本书如有印装错误，我社负责调换）

国防书店：（010）88540777　　书店传真：（010）88540776
发行业务：（010）88540717　　发行传真：（010）88540762

前　言

　　疲劳强度与损伤容限是融疲劳学、断裂力学、损伤力学、结构力学、复合材料力学、概率数理统计学、随机过程理论于一体的交叉学科，旨在从经济性观点，在规定工作条件和完成规定功能下，在规定使用寿命期间，使结构因疲劳/断裂强度不足而失效的可能性（破坏概率）减至最低限度。其应用范围主要包括疲劳/断裂性能表征与可靠性测定、疲劳载荷谱数据处理与编制、结构使用寿命可靠性设计、复合材料结构剩余强度与剩余寿命预测、疲劳损伤的载荷顺序及环境效应评估等。

　　本书是在 2008 年出版的《疲劳断裂可靠性工程学》一书的疲劳强度与损伤容限理论框架的基础上进行重要修改和订正，并增补了疲劳强度与损伤容限最新研究成果，按学科体系纂辑而成的。

　　本书将疲劳过程划分为裂纹形成和裂纹扩展两个阶段。构件在出现某一指定"工程裂纹"以前的寿命称为裂纹形成寿命；从工程裂纹扩展至临界裂纹的寿命称为裂纹扩展寿命；全寿命为二者之和。根据此疲劳过程两阶段论，建立了疲劳强度与损伤容限性能表征模型及其测定原理、安全寿命设计的相似细节法和名义载荷法，以及考虑顺序效应的名义应力法、损伤容限设计的累积求和法和渐进损伤算法、经济寿命耐久性模型等，已成功应用于工程实际，使用这些设计方法，可以对工程实际结构进行定量的分析与设计；另外，围绕构件疲劳强度与损伤容限失效机理及其影响因素，重点阐述了结构疲劳强度与损伤容限的细节设计技术和措施，采用这些措施，能够主动地制订工程实际结构详细的疲劳强度与损伤容限细节设计方案，强化其薄弱部位。

　　本书注重理论联系实际，将应用问题穿插于理论分析内容之中，所列举的一些算例都来源于工程实践。因此，本书除可供从事机械结构疲劳设计和疲劳试验的研究人员参考之外，还可作为教学用书。

作者
2022 年 10 月

目 录

第1章 绪论 1
1.1 静强度设计 1
1.2 安全寿命设计 3
1.3 破损安全设计 10
1.4 损伤容限设计 14
1.5 广布疲劳损伤 19
1.6 疲劳强度与损伤容限 24

第2章 疲劳断裂基本概念 25
2.1 疲劳破坏的特征和断口分析 26
2.2 交变应力 28
2.3 S-N 曲线 29
2.4 等寿命曲线 34
2.5 循环应力-应变曲线和应变-寿命曲线 37
2.6 穿透型裂纹的受力状态与扩展形式 42
2.7 应力强度因子的有限宽度与塑性区修正 50
2.8 疲劳裂纹扩展速率 52

第3章 疲劳统计理论 54
3.1 疲劳统计基础知识 54
3.2 疲劳寿命概率分布 62
3.3 疲劳寿命分布参数点估计 69
3.4 疲劳寿命分布参数区间估计 72
3.5 安全疲劳寿命区间估计 76

第4章 影响疲劳强度的因素 80
4.1 缺口效应 80
4.2 尺寸效应 88
4.3 表面状态 91
4.3.1 表面加工粗糙度 91
4.3.2 表层组织结构 91
4.3.3 表层应力状态 92
4.4 载荷 94
4.4.1 载荷形式 94
4.4.2 载荷类型 94
4.4.3 加载频率 94

4.4.4　平均应力 ··· 95
　　4.4.5　应力比 ·· 96
　　4.4.6　载荷波形 ··· 96
　　4.4.7　载荷停歇和持续 ·· 97
　　4.4.8　欠应力 ·· 97
　4.5　环境 ··· 97
　　4.5.1　腐蚀环境 ·· 97
　　4.5.2　微动磨蚀 ·· 101
　　4.5.3　高温疲劳和低温疲劳 ··· 101
　　4.5.4　热疲劳 ·· 113
　　4.5.5　声疲劳 ·· 113
　4.6　机械零件疲劳强度 ·· 114
　　4.6.1　疲劳强度准则 ·· 114
　　4.6.2　对称循环下零件的拉（压）、弯曲、扭转疲劳强度 ····················· 115
　　4.6.3　弯扭组合疲劳强度 ·· 116
　　4.6.4　非对称循环下零件的疲劳强度 ·· 118

第5章　零构件的细节设计与工艺方法 ·· 122
　5.1　合理选材 ·· 122
　5.2　改进结构减缓局部应力 ·· 122
　　5.2.1　增大圆角半径 ·· 123
　　5.2.2　减缓力流线的变化 ·· 123
　　5.2.3　减载槽 ·· 124
　　5.2.4　孔洞的加强 ··· 125
　　5.2.5　窗口的合理设计 ··· 125
　5.3　提高疲劳强度的工艺方法 ··· 126
　　5.3.1　表面加工 ·· 126
　　5.3.2　表面强化 ·· 126
　　5.3.3　预紧力 ·· 127
　　5.3.4　孔壁挤压强化 ·· 129
　　5.3.5　干涉配合 ·· 131
　5.4　连接件的细节设计 ·· 132
　　5.4.1　耳片和销钉的连接接头 ·· 132
　　5.4.2　螺栓接口 ·· 135
　　5.4.3　铆钉接头 ·· 137
　　5.4.4　焊接接头 ·· 138
　5.5　断裂控制 ·· 139
　　5.5.1　材料选择 ·· 140
　　5.5.2　结构布局 ·· 140
　　5.5.3　检查措施 ·· 142

第6章　疲劳断裂性能与可靠性 145
6.1　金属材料疲劳性能 145
6.1.1　疲劳性能 S-N 曲线 145
6.1.2　等寿命曲线 146
6.1.3　恒幅加载疲劳性能 147
6.1.4　变幅加载下疲劳性能 149
6.2　金属材料疲劳裂纹扩展性能 150
6.2.1　恒幅加载下裂纹扩展性能 150
6.2.2　变幅加载下裂纹扩展性能 153
6.3　复合材料疲劳性能 154
6.3.1　应力控制的疲劳剩余强度模型 154
6.3.2　应变控制的疲劳剩余强度模型 156
6.3.3　考虑应力比和损伤缺陷效应的疲劳剩余强度模型 156
6.3.4　多轴疲劳剩余强度模型 157
6.3.5　剩余强度模型的载荷顺序效应 158
6.4　复合材料断裂性能 163
6.4.1　撕裂阻力 163
6.4.2　分层阻力 164
6.4.3　断裂韧性 167
6.5　疲劳断裂性能的可靠性 169
6.5.1　定量方程随机化方法 169
6.5.2　疲劳与裂纹扩展性能的概率模型 171
6.5.3　谱载疲劳裂纹扩展随机模型 174
6.5.4　四参数全范围 S-N 曲线概率模型 176
6.5.5　基于不完全试验数据的疲劳性能可靠性 179
6.5.6　疲劳断裂强度概率分布 183

第7章　疲劳载荷谱 190
7.1　任务谱 190
7.1.1　飞行谱 190
7.1.2　任务剖面 192
7.2　疲劳载荷谱 193
7.2.1　实测载荷谱 194
7.2.2　雨流-回线法 196
7.2.3　波动中心法 202
7.2.4　变均值法 203
7.3　疲劳加速试验载荷谱 206
7.3.1　疲劳应力循环分类的量化 206
7.3.2　疲劳损伤当量折算 208
7.3.3　试验验证 209

7.4　5×5 谱编谱实例 ·· 215

第8章　安全寿命与损伤容限设计 ································ 220
8.1　名义应力法 ··· 220
8.1.1　局部模拟试验 ·· 220
8.1.2　线性累积损伤理论 ······································ 223
8.1.3　名义载荷法 ·· 227
8.1.4　应力严重系数法 ··· 228
8.1.5　相似细节法 ·· 232
8.1.6　日历寿命评估模型 ······································ 235
8.1.7　载荷顺序效应 ·· 236
8.2　局部应力-应变法 ··· 237
8.2.1　材料疲劳特性 ·· 239
8.2.2　载荷-应变标定曲线法 ··································· 240
8.2.3　修正 Neuber 法 ·· 242
8.3　疲劳裂纹扩展的累积求和法 ································ 244
8.3.1　线性累积损伤理论 ······································ 245
8.3.2　累积求和法 ·· 245
8.4　复合材料渐进疲劳损伤算法 ································ 247
8.4.1　疲劳失效判据 ·· 247
8.4.2　复合材料刚度退化准则 ································· 249
8.4.3　基于典型铺层性能的渐进疲劳损伤算法 ············ 251
8.4.4　基于基本铺层性能的渐进疲劳损伤算法 ············ 253
8.5　复合材料热-湿-力耦合渐进疲劳损伤算法 ··············· 254
8.5.1　热-湿-力耦合本构关系 ·································· 254
8.5.2　热-湿-力耦合疲劳失效判据 ··························· 256
8.5.3　热-湿-力耦合疲劳渐进损伤算法 ····················· 258

第9章　结构寿命可靠性评定与预测 ······························ 261
9.1　无限寿命设计的概率方法 ··································· 261
9.2　应力-强度干涉模型的普遍式 ······························· 262
9.3　断裂干涉模型 ·· 264
9.4　缩减系数法 ··· 265
9.5　分散系数法 ··· 267
9.6　经济寿命耐久性模型 ··· 270
9.7　细节疲劳额定值方法 ··· 273

参考文献 ·· 282

第 1 章 绪 论

飞机结构适航性是指飞机结构在规定的环境条件下，在规定的时间内，不发生安全事故，保障飞机安全飞行（包括起飞和着陆）的固有品质，通过设计赋予、制造实现、维修保持、验证表明、审定确认。通俗地讲，飞机结构适航性是飞机结构达到适合飞行要求的最低安全标准或门槛。飞机结构设计，适航先行，适航标准像一条条法律条文，详细规定了飞机结构在各方面应达到的要求，确保飞机安全飞行，不发生安全事故。严苛的适航条例并非一日写成，而是血与泪的飞行事故案例写成的，飞机结构适航的发展史就是飞行事故的血泪史，许多条款都是从以往各个飞行事故中总结而来，其后面都有飞行事故案例，而每个案例后面都有一套避免类似事故发生的方法。

1.1 静强度设计

1903 年，莱特兄弟发明飞机后，现代航空工业正式诞生。早期飞机的标准构型是双翼机（图 1-1），机身和机翼采用桥梁的桁架设计，机翼内正交布置多根木制的翼梁和翼肋，外层再包上帆布；上下机翼间以木条和钢索作为垂直支撑，以维持机翼在气动载荷作用下不发生弯曲破坏；机身则是木盒状桁架设计，对角线加装钢索以维持机身的刚度。此时的飞机大都用作探索性能的试验机，完全未考虑结构疲劳寿命。众所周知，战争是新科技的最佳催化剂，第一次世界大战促使了更快、更强、更可靠飞机的出现，战争期间共生产了约 15 万架飞机，绝大部分都是使用木头和帆布制造的，临近大战结束时，木头的供应已接近枯竭，使用材料不得不转向金属。大战末期出现了焊接的钢制机身，以及悬臂式单翼机（图 1-2），机翼内翼梁数量减少，只剩几根主梁，但强度和刚度都足以支撑机翼全部的气动载荷，也不再需要钢索进行加强。

图 1-1 第一次世界大战中英国著名的"骆驼"战斗机具有标准的双翼机构型

图 1-2　悬臂式单翼机

由于金属材料极富韧性，结构设计方法很保守，飞机结构的安全裕度相当大。此时的飞机主要用于军事用途，在结构遭遇疲劳问题之前，飞机早就因为失控、发动机失效、大机动飞行使机翼或机身突然解体而坠毁，所以，飞机结构疲劳寿命不是此时的设计重点，飞机结构设计采用材料静强度设计准则，通过全机静力试验（图 1-3）验证结构设计结果，试验载荷是飞行载荷乘以一个安全系数，以计入载荷、结构分析、材料性能、制造质量的分散性等不确定因素。

图 1-3　早期飞机的静力试验

第二次世界大战期间，喷气式飞机发展迅速，1944 年德国生产的 Me 262 战斗机是全世界第一架喷气式飞机（图 1-4），此间的飞机制造技术也大有进步，然而，大多数飞机都被敌机击落，结构疲劳寿命仍然不是设计考虑的焦点。第二次世界大战后，为了提升飞行性能而减轻机体重量，在材料静强度主导结构安全的思想下，一些强度高而韧性低的金属材料开始应用于飞机结构，此时，喷气式客机飞行速度已非昔日可比，军机在低空飞行任务中也常常遭遇强大的气动扰流，结构气动载荷直线上升，结构应力大幅增加，从而降低了结构安全裕度，造成一些飞机往往在服役初期就因结构疲劳破坏而纷纷坠毁，这意味着材料静强度已不足以保证飞机结构安全。

图 1-4　德国 Me 262 战斗机

1.2　安全寿命设计

美国于1927年成立航空商务局，负责建立航空器的设计规范及其标准，1938年改名为民航局，1945年颁布的民航法规 CAR 04.313 疲劳强度章节中，首次出现结构疲劳问题。在此章节中，简短阐述了疲劳会威胁结构的完整性，要求设计时"在可行范围内避免应力集中位置的出现，以免正常使用情况下其应力超过疲劳极限。在飞机投入使用后，相关部件或结构达到其疲劳寿命之前必须对其进行更换或者报废"。此设计思想可以概括为"更换保安全"，即通常所说的"安全寿命"设计，但是，CAR 04.313 并没有对飞机的使用寿命提出明确要求。

1954年，英国航空公司"彗星Ⅰ号"客机的连续失事，正式就飞机结构疲劳隐忧向世人敲响了第一记警钟。由英国德哈维兰公司设计制造的"彗星Ⅰ号"可搭载乘客36人，巡航高度10700m，巡航时速720km，航程4000km，是全球第一架高空喷气式民航客机。"彗星Ⅰ号"的巡航高度是同时期其他客机的两倍，而舱内气压则设定在2400m 的高度，使得机内外气压差也几乎是当时普通客机的两倍，因此，在出厂前，专门进行了18000次加压测试，以确保结构的安全。"彗星Ⅰ号"的构想孕育于1943年，1946年9月开始设计，1949年7月27日第一架原型机首飞，从1952年5月2日起，英国航空公司提供"彗星Ⅰ号"定期航班服务。"彗星Ⅰ号"服役后不久就事故不断，数起起飞时失事事故归咎于驾驶员对新飞机不够熟悉，而1953年在加尔各答西南方50km处的空中解体，则归因于高空暴风雨；但是，在1954年发生的另两起空中失事，则完全显示了其结构设计存在重大瑕疵。

1954年1月10日，一架已飞行1286起落、3680飞行小时的"彗星Ⅰ号"，由新加坡飞往伦敦，从最后停靠站罗马再度起飞后，半小时爬升到约 8100m 的高度时，在早上天气气象良好的情况下，机身解体并有部分起火燃烧，最后坠落在意大利厄尔巴岛畔的地中海。事发后，"彗星 I 号"机队立即停飞，在无法迅速捞起机体残骸的情况下，德哈维兰公司评估了可能的失事原因后，对机体进行了一些改进，并于 1954 年 3 月 23 日获得复飞许可，但是，在复飞仅 16 天后的 1954 年 4 月 8 日，又一架已飞行 903 起落、2703 飞行小时的"彗星 I 号"执行从罗马飞往开罗的任务，在起飞约半小时后，估计已爬升至最高巡航高度时突然完全失去联络，稍后在意大利南部那不勒斯畔的地中海发现飞机残骸。事发后，"彗星 I 号"机队再度立即停飞，1954 年 4 月 12 日，英国运输和民航部撤销了"彗星 I 号"的适航认证。

第二起飞机失事后，英国对一架已经历 1221 飞行起落、3539 飞行小时的机体进行舱压模拟试验（图 1-5），试验机体的客舱和驾驶舱被放置在一个特制水槽内，机翼外露于水槽外以液压方式施加模拟气动载荷，舱体内部以水压模拟舱压。如果以气压模拟舱压，一旦舱壁产生小裂纹，舱体内外压差会导致舱压急速向外喷泄，就如同一枚 500 磅（1 磅=0.454kg）炸弹在舱体内爆炸，舱壁会四散爆裂飞溅。水是不可压缩流体，可避免发生此情况。试验机体经过 1825 次的加减压，机身左侧一扇窗户的角落蒙皮萌生 0.2cm 长的疲劳裂纹后，裂纹瞬间扩展达 2m，使机身断裂（图 1-6），证实"彗星 I 号"的机体结构疲劳强度不足，裂纹发生的原因是蒙皮太薄。

图 1-5 "彗星 I 号"的水槽试验

"彗星 I 号"安装了 4 台德哈维兰发动机公司生产的"幽灵"涡喷发动机，由于当时的喷气式发动机仍处于起步阶段，为了弥补推力不足而减轻机体重量，"彗星 I 号"机身蒙皮厚度只有 0.07cm，窗户边蒙皮加厚到 0.09cm，在舱压作用下，薄蒙皮的应力居高不下，而窗户角落的应力集中效应使高应力状态更加恶化，最后导致疲劳裂纹的产生。

图 1-6 水槽试验中出现的窗户裂纹

另外，出厂前的结构测试也有问题，"彗星Ⅰ号"进行全尺寸机体疲劳试验时，机体约经过 18000 次的加减舱压后才破坏，大约是真实疲劳寿命的 15 倍，与实际情况完全不符，这是因为疲劳试验之前机体也用来进行静力试验，先承受了两倍设计舱压的载荷，以验证机体静强度，从而在机体材料内残留了当时世人仍一无所知的残余应力，事实上，残余应力会提高结构疲劳寿命，致使试验结果失真。

第一架失事"彗星Ⅰ号"的残骸从地中海被捞起，并重组后（图 1-7），调查人员在机身上方的两座自动定向天线的后天线座右后方的蒙皮开口角落处发现了问题，在距开口约 5cm 处的一直径约 1cm 的螺栓孔边，发现了疑似初始疲劳裂纹位置（图 1-8），在飞机失事前几个飞行起落过程中，该疲劳裂纹迅速向前后扩展至约 2.5cm 长度后，在舱压作用下导致飞机空中解体，与水槽测试所显示的现象相吻合，证实了金属疲劳是失事的原因。"彗星Ⅰ号"在每一次飞行中，起飞后爬升到巡航高度，或是降落前由巡航高度下降到进场高度，机内舱压的变化在窗户角落应力集中的位置产生细小的裂纹（图 1-9），此小裂纹随着飞行时间的增加而扩展，当到达临界长度时，机身就像汽球破裂般地爆裂开来。

图 1-7 从地中海捞起的第一架"彗星Ⅰ号"失事残骸

依循英国航空注册委员会认可的"安全寿命"（Safe Life）设计理念，"彗星Ⅰ号"设计于 1946 年。在"安全寿命"设计理念中，在预定的服役期间内飞机结构需能承受

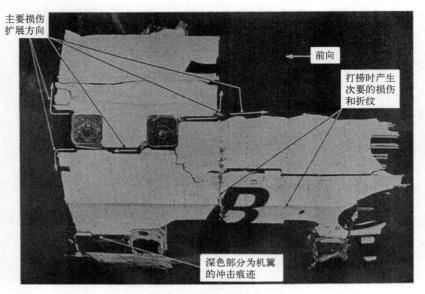

图 1-8 残骸的窗户裂纹

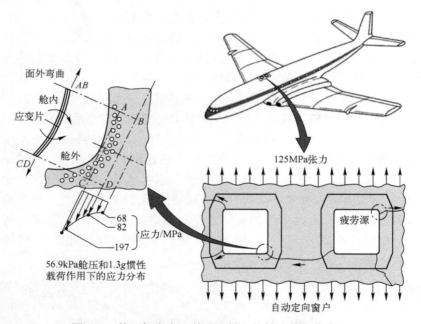

图 1-9 第一架失事"彗星Ⅰ号"初始疲劳裂纹位置

预期的交变载荷,当飞机结构的飞行时数达到使用寿命时,认定飞机结构疲劳寿命已经完全耗尽,飞机必须退役。"安全寿命"设计理念的缺点在于其疲劳分析与设计通常采用"疲劳强度耐久极限"方法,即所谓的 Miner 法则。此方法建立在疲劳性能 $S-N$ 曲线的基础之上,而 $S-N$ 曲线则通过试验测得,即在实验室里,对多片截面积各异的小尺寸材料试片,施加不同的恒幅(交变载荷),直到试片疲劳破坏为止,获得该材料在各种应力水平下发生疲劳破坏的交变载荷循环次数,称为 $S-N$ 曲线(S 代表施加应力水平，N代表交变载荷循环次数）（图1-10）。按照 Miner 法则，以实际结构件在各种设计飞行条件下的应力，在 S-N 曲线上找到相对应的疲劳破坏载荷循环次数，依线性累加的方式累计损伤，就可预测结构的疲劳寿命，并应用于设计。虽然这种方法已使用多年，且普遍为飞机结构设计及分析人员所接受，然而，这种分析方法有其先天不足，使得分析结果常不符合实际情况。

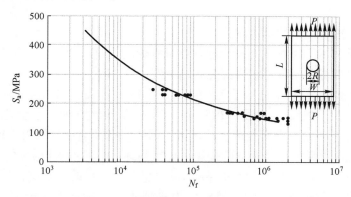

图1-10　SAE1045钢材的 S-N 曲线（$K_t=2.5$，$r=-1$)

因为在实验室里进行此种小型试片的疲劳试验时，试片表面都经过特别处理，以使其尽可能光滑平整而没有任何缺陷，也就是没有任何裂纹的存在，因此，由这种试片所测得的疲劳寿命试验数据，就包括了裂纹形成及裂纹扩展两部分。裂纹形成是指试片表面没有裂纹至发现初始裂纹的那一段时间，至于初始裂纹的大小、尺寸，何时会发现，要根据该实验室的无损检测能力而定；裂纹扩展是指初始裂纹继续扩展，直到试片终于完全断裂的那一段时间。

工程中，无法保证飞机上所有结构零件都处于完美无瑕的情况，换言之，结构上很可能（事实上也早已预先）存在着各式各样微小的裂纹，只是制造时的无损检测能力无法发现。若结构上早已预先存在裂纹，则它的疲劳寿命中就不再包含裂纹形成的那一段时间，而在传统的疲劳试验里，裂纹形成阶段所需的时间约占全部疲劳寿命的90%以上。若将实验室里小试片试验数据应用于飞机结构分析及设计，则传统的 Miner 法则分析结果包含了裂纹形成及裂纹扩展两阶段寿命，显然，过于乐观，偏危险，因此，在传统的疲劳设计里，往往采用一个相当大的安全系数（一般是4），以避免此分析误差，而过大的安全系数又常常造成结构超重。至于用来验证机体结构使用寿命的全机疲劳试验，也因为试验机体无法完全体现生产型机体在制造过程中所遗留的制造瑕疵，让试验结果充满不确定性。

根据20世纪60年代末美国空军发布的报告（AFFDL TR-70-149），美国空军11种机型发生超过31000件的疲劳裂纹事件中，56%以上可归咎于制造过程中遗留的预先裂纹，这些裂纹是飞机服役期间发生疲劳破坏的主因，但无论是全机疲劳试验或是 Miner 法则，都无法计入这些预先裂纹对疲劳寿命的影响。

"彗星Ⅰ号"失事时，针对飞机结构疲劳的适航要求，美国民航局仅在1953年12月31日发布的民航法规 CAR 4b.216c（3）章节补充文件中，补充了加压舱载荷说明："飞机结构需有足够的强度以承受压差载荷，此载荷等同于泄气阀门最大设定值乘以考虑疲劳及应力集中效应的系数1.33，其他载荷可不考虑。"而当时对舱压结构的疲劳强度要求，亦仅仅要求其静强度承受两倍（1.33×1.5≈2.0）舱压载荷。

美国空军此时仍未有任何正式的飞机结构疲劳强度要求，飞机结构设计只考虑静强度，并采用静力试验和安全系数的方法，考虑设计过程中的载荷、结构分析、材料性能、制造质量分散性等不确定因素的影响，因此，1952—1958年，陆续发生了F-89C（1952）、B-36（1952）、F-84（1953）、F-86（1955）、F-101（1958）等战斗机的疲劳失事，但是，这些机型的结构疲劳问题都经快速失事调查及返厂结构修复而迅速获得解决。就在美国空军认为静强度设计足以克服疲劳问题时，1957—1958年的多起B-47轰炸机失事，一举将它的飞机结构疲劳问题推到了最高峰。

XB-47A原型机（图1-11）于1947年12月17日首飞，1950年完成1.5倍设计限制载荷的静力试验，1952年9月—1954年3月完成飞行载荷测量验证，美国空军于1951年根据静力试验结果批准量产，并进入美国战略空军司令部服役。B-47是美国波音公司根据第二次世界大战后获取的德国后掠翼高速飞行风洞吹风数据，开发出的当年首创的后掠翼喷气式轰炸机，由于B-47的设计仅考虑材料的静强度，所以采用强度高但疲劳特性差的7178-T6铝合金。波音认为这架飞机会损坏的唯一原因是结构过载，因此，B-47没有明确的设计寿命，只是美国空军预定于1965年退役。

图1-11　美国空军B-47喷气式轰炸机

B-47是当时美国战略空军司令部的主力，全机队共2711架。全新设计的B-47最大起飞重量102 494kg，安装6台通用电气的J-47喷气式发动机，4台置于机翼内侧，2台靠近翼尖，单台发动机推力3268kg，搭配薄且后掠的机翼，使得实际性能比预期更佳，最高时速981km，比当时大多数战斗机都快，战斗半径达4800km，因此，其专门承担对苏联进行核战略轰炸任务，重要性不言而喻。

不过，B-47的飞行安全纪录也是美国空军有史以来最差的，在B-47机队的服役生涯中，共有203架飞机坠毁（图1-12），约占全机队总数量的1/10，造成464人丧生。1957年和1958年坠机达到最高峰，1957年24架飞机坠毁，63人丧生；1958年25架飞机坠毁，58人丧生。

图 1-12　美国空军 B-47 喷气式轰炸机在 20 世纪 50 年代发生多起空中解体事故

1958 年 3 月中旬至 4 月中旬这一个月期间，美国空军 5 架 B-47 连续失事。3 月份 3 起，首先是在 3 月 13 日，佛罗里达州家园空军基地的一架 B-47B 起飞后 3min，在 4500m 高空解体，总飞行时数 2077h30min；同一天在俄克拉何马州塔尔萨市上空，一架 TB-47B 在 7000m 高空处，因左机翼脱落而坠毁，总飞行时数 2418h45min；接下来是 3 月 21 日，佛罗里达州埃文帕克上空，一架 B-47E 在拉起机头爬升时空中解体，总飞行时数 1129h30min。这 3 起失事事件中，美国空军认定 1 起为飞行操控造成的结构过载，另 2 起则与金属疲劳有关。

接着 4 月份又连续发生 2 起失事，4 月 10 日在纽约州兰福德市上空，一架 B-47E 飞抵空中加油点前在 4000m 高空处空中解体，总飞行时数 1265h30min；4 月 15 日，佛罗里达州麦克迪空军基地，一架 B-47E 起飞后飞入风暴圈而空中解体，总飞行时数 1419h20min。

在展开失事调查的同时，美国空军不仅立即检查全机队飞机是否存在疲劳裂纹，还限制 B-47 的飞行条件：最大指示空速每小时 570km，最大飞行动作 1.5g（重力加速度），最大侧倾角 30°，含副油箱重量在内的最大起飞重量 84000kg，禁止低空及穿越扰流飞行。1958 年 5 月 29 日，开始给各基地配送加强翼根结构强度的修理器材包，至 1959 年 1 月止，共完成 1622 架 B-47 飞机的修复，并解除飞行限制，但在 1958 年后续的日子中，B-47 又坠毁了 22 架。

为获知 B-47 的结构疲劳寿命，美国空军同时委请波音、道格拉斯、国家航空顾问委员会（National Advisory Committee for Aeronautics，NACA）三单位同步进行独立的全机疲劳试验，结果显示 B-47 的结构设计疲劳寿命为 3000 飞行小时，若进行结构修理，则可望达 5000 飞行小时。1966 年，B-47 退役，由 B-52 取代担任核战略轰炸任务。

失事调查结果显示，B-47 的提前失事源自三大关键因素：全机总重增加、发动机推力增加、过多的低空飞行任务，换言之，飞机的实际载荷已与设计载荷差异太大。由于 B-47 是当时美国唯一可低空穿透苏联防空网投掷核弹的高速轰炸机，随着服役年限增长，被赋予的轰炸任务种类也逐渐增加，导致机内装备越来越多，全机重量也随之增加。为了维持它的速度优势，发动机推力也随之提升增大，并加装火箭发动机协助飞机起飞，而它的轰炸动作也让机体承受极大的应力。B-47的典型轰炸飞行航线是以接近800km的时速一路低空飞向目标，在距离轰炸目标约1min前爬升到1000m的高度，抛出带有减速降落伞的炸弹后，立即迅速大回转脱离目标区。在这些因素交互作用下，机体结构承受的载荷较设计载荷超出太多，导致机翼经过一段时间飞行后，就因疲劳破坏造成飞机空中解体。

为确定其他机型是否有相同的结构安全隐患，1958年6月12日，当时的美国空军参谋长李梅将军非正式批准莱特空中发展中心规划的飞机结构完整性计划，此计划主要目的如下：①控制现役机队的结构疲劳问题；②开发精确预测飞机使用寿命的方法；③提供设计及试验方法，避免现役机队发生结构破坏。

美国空军1958年发布的《结构疲劳验证计划的详细要求》（WCLS-TM-58-4）技术备忘录规定：在飞机结构的设计阶段，需根据以往经验，结合最新理论，进行疲劳分析，并以全机静力试验及全机疲劳试验进行验证；对于新研制的飞机结构，不仅要能够承受大于或等于1.5倍限制载荷，而且要通过全机疲劳试验所获得的疲劳失效寿命除以4的安全系数，作为其设计目标寿命。安全系数取4的目的是计入材质、制造、组装过程、载荷分散性等不确定因素影响；在服役阶段，需安装飞参记录仪，以记录飞机的实际使用状况，测量机队飞行载荷，获得飞机的真实飞行载荷，以持续更新设计阶段的疲劳分析结果，确切掌握飞机结构的使用寿命。

1958年11月19日，李梅将军正式批准飞机结构完整性计划，1961年9月，美国空军发布了《空军结构完整性计划的详细要求与状况》（ASD-TN-61-141），明确了飞机结构完整性的详细要求。此文件也就是今日美国空军仍奉行不逾的军用规范《飞机结构完整性计划》（MIL-STD-1530）的早期版本，它规定飞机由构想、设计、分析、试验、试飞验证到实际进入生产阶段，以及在部队服役期间，必须遵循一系列标准的工作内容，以保证飞机能满足原先的设计需求，并保障飞机结构在后续服役期间的安全。

1.3 破损安全设计

"彗星Ⅰ号"与B-47事件促成了飞机结构设计理念的改变，1956年2月7日，美国民航局修订航空器适航文件，新增的CAR 4b.270章节内，对大型客机结构（含加压客舱）的适航认证有更明确的规范，规定除了"疲劳强度"（也就是"安全寿命"）设计，飞机制造公司也可采用"破损安全强度"设计。

美国民航局于1958年改名为联邦航空署，1967年再度更名为联邦航空局（Federal Aviation Administration，FAA），民航法规也改为联邦航空法规（Federal Aviation Regulations，FAR），原先一般大型客机的CAR 4b.270《结构疲劳评估》章节，也被运输类飞机适航标准25部中的FAR 25.571取代，但内容完全未更改，"安全寿命"和"破损安全"依然并存。

飞机结构中，那些大幅承担空中、地面、舱压载荷，一旦损坏又未能及时发现，最终会造成飞机坠毁的结构零组件，称为主结构，如机身上纵梁、机翼蒙皮等。"破损安全"设计要求当飞机某一主结构局部损坏或完全破坏时，在飞机载荷大小不超过80%的限制载荷乘以1.15动态系数的条件下，主结构的载荷会由邻近的其他结构分担，飞机不会因结构过度变形致使飞行特性大幅度恶化，也不致有立即的毁灭性破坏风险。

在适航认证时，"安全寿命"设计的飞机需有主结构的疲劳分析或试验，且需进行机内舱压与机外气动载荷联合作用下的全机疲劳试验；而采用"破损安全"设计的机体，需以分析或试验的方式证明，在前面所述的静力载荷作用下，主结构强度符合设计需求（如在施加载荷下切断一主结构件，或是在机身蒙皮上切出一条短裂缝，此时，邻近的其他结构仍能承担规定载荷），不强制要求全机疲劳试验，且旧型飞机类似设计理念下的服役经验，亦可作为适航佐证。至于是否需对主结构进行定期检查，虽然都认为应该定期检查，但在主结构发生不明显损坏时，是否应依据邻近其他结构的剩余寿命制定检查周期，适航文件中没有明文规定。

"破损安全"设计理念的基本论点是飞机主结构一旦发生损坏时，飞行中的飞行特性会明显改变，在地面则很容易被一般性的目视检查发现这些损伤，因此，只要正常维修或操作，就能防止主结构突然的致命性破坏。就疲劳而言，这种设计的结构只要无损坏，几乎就可无限期使用，既无须定期更换，也不必制定特定的检查措施，同时，未强制进行全机疲劳试验，节约飞机经营成本的优点显而易见，因此，当美国民用航空局颁布新规定后，绝大多数的客机主结构都改用这种设计方式。

"破损安全"设计乍看之下飞机结构更加安全，但是，当主结构损坏后的飞行特性无明显改变，主结构又无强制性的定期检查时，将导致结构损坏无法及时发现并修复，飞机虽然没有立刻出现的飞行安全隐患，但主结构载荷转由周边结构分担后，施加于邻近结构的载荷大幅增加，如果此载荷继续维持一段时间，邻近结构可能很快就会因疲劳、腐蚀、机械等因素陆续损坏，最终必会危及飞行安全。

20世纪70年代初期，欧美国家一些民航部门的适航认证人员，开始对"破损安全"的飞机结构长期安全性有所质疑，在相同的顾虑下，英国民航局限制第一代"破损安全"设计的波音707机型在英国国内的安全寿命认证为60000飞行小时，以保障其服役期间的结构安全，而英国的适航规范委员会也从1977年3月起，召集英国、美国的飞机制造业者和美国联邦航空局代表，进行一系列相关的会议研讨，可惜，当这些会议正在进行时，就发生了1977年的波音707卢萨卡事故，暴露了"破损安全"设计的缺陷。

1977年5月14日接近正午时，一架隶属于英国丹尼航空公司的波音707-321C货机，由伦敦飞往赞比亚，在天气良好的情况下，降落于卢萨卡国际机场时，距跑道头约4km处，右水平尾翼突然完全飞脱，飞机立即从约240m的高度垂直下坠（图1-13），直接撞击地面并起火燃烧，机上5名机员及1名乘客丧生。波音707的设计寿命为20000飞行起落，失事飞机1963年出厂，当时已飞行16723起落，47621飞行小时。

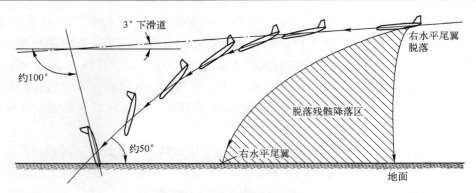

图 1-13 波音 707 的坠毁轨迹

波音 707-300 系列水平尾翼为 707-100 系列水平尾翼的改进型，707-100 系列水平尾翼后梁由上下凸缘和介于凸缘间的腹板所组成，707-300 系列水平尾翼后梁则增加了一根中凸缘，波音称之为"破损安全凸缘"，其设计构想是，当上凸缘（或下凸缘）损坏时，水平尾翼的载荷可改由未损坏的下凸缘（或上凸缘）与中凸缘共同承担（图 1-14）。另外，因 707-300 系列的起飞重量较重，故其水平尾翼要比 707-100 系列的水平尾翼大，且在水平尾翼根部起约 2.3m 的范围内，上蒙皮加贴一片 0.127cm 厚的补强钢片，下蒙皮加贴一片 0.16cm 厚的补强铝片，以增强水平尾翼的扭转刚度。

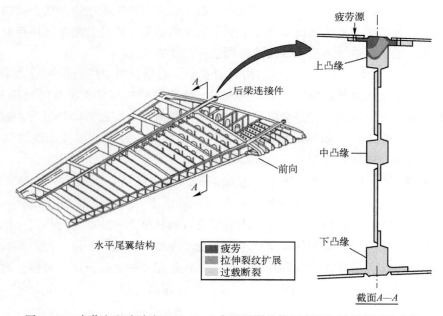

图 1-14 卢萨卡空难波音 707-321C 水平尾翼结构形态及初始疲劳裂纹位置

在申请适航认证时，707-100 型是以全尺寸试验证明水平尾翼"破损安全"设计，试验中故意破坏受力最大的后梁根部上接合插销，水平尾翼载荷由前梁完全承担，并向后传递；而 707-300 系列仅以分析报告表明，当后梁上凸缘损坏，后梁实际承载件仅剩中凸缘、下凸缘，以及与两凸缘相搭接的腹板时，水平尾翼有足够的剩余强度，可以

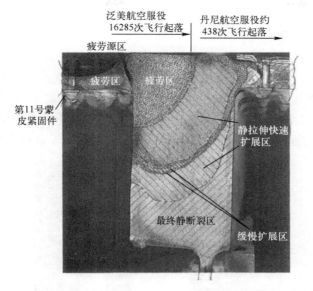

图 1-15　卢萨卡空难波音 707-321C 水平尾翼上盖帽疲劳破坏破断面
（颜色较深区域为疲劳裂纹扩展区，裂纹从左边固定件孔边向右扩展）

承担规定的载荷。但失事后的水平尾翼疲劳试验结果显示，当前梁上凸缘完全损坏时，水平尾翼结构的静强度性能，远较适航认证时所假设的情形复杂许多。

失事调查结果表明，由于 707-300 系列水平尾翼靠近根部处结构较强，紧固件传送的载荷也较大，经过一段飞行时间后，此区域内紧固孔产生微小的塑性变形，降低了传送载荷的能力，使得区域后方的紧固件开始承受比设计预期高的载荷，失事飞机大约经过 9500 飞行起落后，离翼根约 36cm 处的后梁上凸缘第 11 颗紧固件孔处开始形成疲劳裂纹，而不是 707-100 型的翼根接合插销处。失事发生前的 75~100 飞行起落，后梁上凸缘已完全损坏，此时水平尾翼载荷改由中、下凸缘承受，但这两根凸缘却不足以支撑原载荷。换言之，虽然设计者认为后梁具备多重载荷通道的特性，但实际结构性能却与单一载荷通道无异，而"破损安全"设计又无定期检查强制规定，加上飞行特性并无剧烈改变，故此损坏情况一直无人知晓，直到最后酿成惨剧。

失事后，对 521 架同型机检查的结果显示在 36 架的水平尾翼后梁上发现类似裂纹，其中 3 架的裂纹出现在与失事飞机相同的第 11 颗紧固件处，33 架的裂纹位置则分布于第 2~21 颗紧固件，有 4 架的裂纹长度已到达必须立即更换后梁的程度。

在"破损安全"的设计理念中，飞机结构在使用寿命期间不会有安全隐患，但卢萨卡事故表明，主观的设计错误认定以及缺乏适当的定期检查规定是"破损安全"设计的最大隐忧。以卢萨卡事故为例，上凸缘构型为 T 形剖面，上方两侧凸缘各与水平尾前、后上蒙皮搭接，裂纹由上凸缘前角落处开始扩展，初期隐藏于前上蒙皮下，但在飞机失事前约 10000 飞行起落期间，裂纹已扩展出前上蒙皮覆盖区域，如果有定期检查规定，不难在此段期间内检出裂纹，就会避免悲剧的发生。

1.4 损伤容限设计

20世纪60年代，美国国防部结合空、海军的需求发展空优F-111战斗机（图1-16），它起源于1960年的战术战斗机X计划，通用动力于1962年赢得研制合约，为美国空、海军各设计出F-111A、F-111B。F-111A于1967年10月进入美国空军服役；F-111B则因机体太重，无法满足航空母舰上的使用需求，被美国海军取消后续发展。

图1-16　F-111的可变后掠机翼可根据任务需要改变后掠角度

F-111的结构设计遵循美国空军于B-47事件后所发布的《结构疲劳验证计划的详细要求》，结构研发过程涵盖了分析、科研试验，以及20世纪60年代前后所发展的军机各种典型全尺寸试验。设计采用当时的"安全寿命"设计理念，假设结构上没有任何初始缺陷或裂纹存在，并以静力试验及4倍使用寿命16000飞行小时的全机疲劳试验，证明结构的安全性符合当时美国空军的需求。由于全机疲劳试验机体所施加的载荷谱，要比预期使用飞行情况剧烈，美国空军据此判定F-111的结构疲劳寿命应可达6000飞行小时。

F-111结构中最特殊的设计是可变后掠机翼，后掠角度由16°~72.5°间呈4段可调式。在特定的飞行速度、高度、大气温度、大气密度、发动机推力下，后掠角度固定不变的机翼具有最佳的性能，一旦其中某个因素改变，性能就会降低。针对此缺点，从20世纪40年代迄今，广被采用的改进方式是在主翼的前、后方各增加前缘缝翼和后缘襟翼，改进飞机在起降以及某些飞行姿态下的性能。而可变后掠机翼则更具威力，它就像是设计各种不同的机翼，配合飞行中不同的飞行情况，譬如，起降时将机翼完全向外伸展，增加机翼的升阻力，缩短起降距离；亚声速巡航时则将机翼部分后掠，减少机翼的阻力；超声速贴地飞行时则将机翼全角度后掠。F-111可变后掠机翼结构中最重要的零组件，是贯穿机身的机翼穿越盒和机翼枢纽接头。在"安全寿命"疲劳分析的S-N

曲线中，高强度材料在低应力下几乎有无限疲劳寿命，因此，两零组件皆使用特别开发的 D6ac 高强度合金钢。

F-111A 于 1964 年 12 月完成首飞，1967 年 10 月第一个 F-111A 联队在内华达州内里斯空军基地正式成立，8 个月之后的 1968 年 3 月 17 日，6 架 F-111 被派驻泰国执行越南战场上的轰炸任务。经过几个飞行起落的熟悉环境飞行后，F-111 立即开始执行任务，但是，3 月 28 日，一架飞机未返航，两天后，另一架飞机也未见踪影，第三次飞机失踪则发生在 4 月 27 日。每一架飞机的飞行计划都是由飞行员自行拟订的，且飞行途中需保持无线电静默，因此，没有人知道到底发生了什么事情。

1969 年 12 月 22 日，一架机尾编号 67-049，仅飞行 107 起落的 F-111A 在内华达州内里斯空军基地上空进行武器抛投训练飞行时坠毁，当时飞机低空对模拟目标发射火箭后，以 $3.5g±0.5g$ 对称飞行拉起时，左翼掉落，飞机坠毁，两名飞行员当场丧生，飞机残骸中左翼枢纽接头从中间断裂成内外两块，内半块遗留于机身上，外半块与机翼相连。当时的过载系数、速度、重量都小于设计值，F-111A 的设计过载系数为 $11.0g$。

美国空军立即全面停飞 F-111A，并展开有史以来规模最大的飞机结构疲劳事故调查。美国空军将残骸送交通用动力公司进行断口检测，结果在机翼枢纽接头下缘发现制造过程遗留的半椭圆形淬火裂纹（图 1-17），宽约 2.5cm，深度几乎穿透厚度，此初始裂纹在经过大约 100 飞行起落后，就扩展至接头断裂的临界长度。机翼枢纽接头在生料、热处理、焊接至最后加工成形的过程中，共需进行超声波、磁粉以及 X 光等检测，

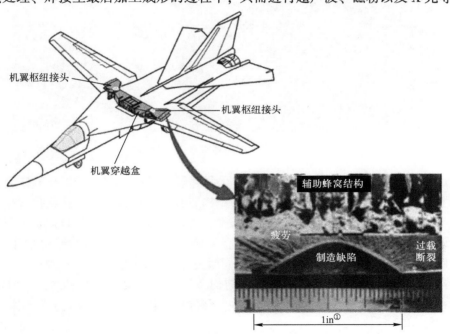

图 1-17　美国空军 F-111 机翼枢纽接头上制造过程遗留的瑕疵

---

①　1in＝0.0254m

但初始裂纹垂直于结构表面，超声波检测无法检出它的存在；接头特殊的几何形状不利于电磁场下金属粒子的移动，让初始裂纹躲过了磁粉检测；而初始裂纹的紧闭和方向则让 X 光检测无从发挥。

F-111 事件清楚地昭示了"安全寿命"设计理念的重大缺失：飞机在制造过程中不小心所造成的微小裂纹有可能因检测疏失而随机存在某些结构上，对飞机服役期间的结构安全带来致命威胁，但"安全寿命"的疲劳分析或是全机疲劳试验（图 1-18），都假设结构件上没有任何初始缺陷或裂纹存在，根本无法计及这些随机小裂纹对结构疲劳寿命造成的影响。F-111 事件直接催生了现今的"损伤容限"设计理念，美国空军于 1974 年 7 月颁布军用规范《飞机损伤容限要求》（MIL-A-83444），规定往后的军机开发都必须采用"损伤容限"设计，F-16 是率先应用这种设计理念的美军飞机。

图 1-18　大型商用客机全机疲劳试验

经过 1977 年的波音 707 卢萨卡事件后，联邦航空局在 1978 年 12 月 1 日发布 FAR 25.571 第 45 号补充文件，将此章标题由《结构疲劳评估》改为《结构损伤容限与疲劳评估》，内容中删除原本的"破损安全"条文，增加"损伤容限"设计规定：新飞机的主结构设计需采用"损伤容限"设计，只有某些主结构以此方式设计不切实际时，才可以采用"安全寿命"设计。联邦航空局同时发布的咨询通报 AC 25.571-1 中，列举"损伤容限"设计可能不切实际的两处主结构范例：起落架、发动机吊点，但在 1986 年 3 月 5 日发布的修订版 AC 25.571-1A 中，删除发动机吊点，仅剩起落架结构可应用"安全寿命"设计。

"损伤容限"设计中明确指出：①在有裂纹的情况下，结构的剩余强度不能低于设计限制载荷；对机身而言，则是不能低于 1.1 倍工作舱压、气动吸力、飞行载荷这三者的总和。②在前述载荷作用下裂纹扩展至所允许的最大长度前，需能检出此裂纹。FAR 25.571 第 45 号补充文件《结构损伤容限与疲劳评估》规定：在设计新飞机时，必须假设飞机结构由于不同的材料、结构制造及装配影响，每一主结构件上应力最大的部位，如 R 角、铆钉孔等会预留一定大小的初始裂纹，此裂纹在飞机飞行期间在载荷作用下逐渐扩展，飞机设计必须在裂纹存在的情况下，机体结构仍能在一定时间内安全地容忍这些损伤。

美国空军于 1972 年 9 月颁布了《飞机结构完整性计划》（MIL-STD-1530），并在 1974 年 7 月颁布了《飞机损伤容限要求》（MIL-A-83444），这两个文件是将损伤容限的设计思想作为美军机强制性设计指南的标志。FAR 25.571 第 45 号补充文件《结构损伤容限与疲劳评估》中删除的"破损安全"，被美国空军纳为"损伤容限"的设计选项之一，但要求采用这种设计理念的结构需依据其可检查度而具备特定的属性。联邦航空局和美国空军的"破损安全"在理念上很类似，但在细节上有些差异。美国空军的《飞机损伤容限要求》规定飞机结构需采用裂纹缓慢扩展设计或"破损安全"设计（注：在 MIL-A-83444 与 FAA 中，各有其破损安全设计的定义）。裂纹缓慢扩展设计是指结构上的初始裂纹，在一定期间内不会扩展到临界值。单一载荷通道结构必须采用这种设计方式，如战斗机的纵梁就属这种结构，其预先裂纹扩展寿命需大于飞机设计使用寿命；而"破损安全"设计则分成：①多重载荷通道结构，如战斗机的机翼和机身常以多个接头相接合，任一个接头损坏，其载荷就会转由其他接头分担；②裂纹阻滞结构，如大型飞机的机身沿圆周方向，会在蒙皮内侧每隔 50cm 加贴一裂纹阻滞条，可阻挡沿机身方向延伸的蒙皮裂纹。

"损伤容限"设计必须假设飞机主结构件上，最容易产生裂纹的临界位置上存在一定长度的预先裂纹。就裂纹缓慢扩展结构而言，在紧固孔边的预先裂纹长度与形状如下：①若结构厚度大于 0.127cm，则为半径 0.127cm 的 1/4 圆；②若结构厚度小于或等于 0.127cm，则为长度 0.127cm 的穿透裂纹（图 1-19）。在非紧固孔边位置的预先裂纹长度与形状如下：①若结构厚度大于 0.318cm，则为直径 0.635cm 的半圆；②若结构厚度小于或等于 0.318cm，则为长度 0.635cm 的穿透裂纹（图 1-19）。

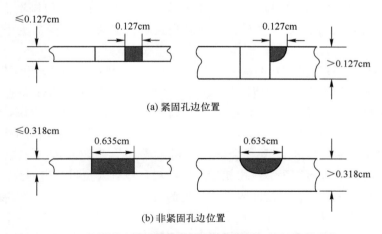

图 1-19 裂纹缓慢扩展设计下预先裂纹初始长度与形状

就"破损安全"结构而言，预先裂纹长度与形状在紧固孔边如下：①若结构厚度大于 0.051cm，则为半径 0.051cm 的 1/4 圆；②若结构厚度小于或等于 0.051cm，则为长度 0.051cm 的穿透裂纹（图 1-20）。在非紧固孔边位置的初始裂纹长度与形状如下：①若结构厚度大于 0.127cm，则为直径 0.254cm 的半圆；②若结构厚度小于或等于 0.127cm，则为长度 0.254cm 的穿透裂纹（图 1-20）。

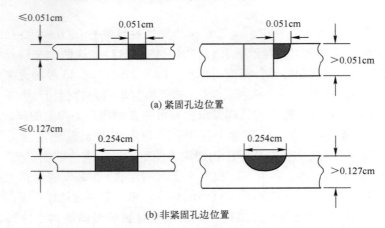

图 1-20 破损安全设计下规定的预先裂纹初始长度与形状

飞机制造出厂时，需采用无损检测，确定机体上没有大于上述尺寸的裂纹；飞机服役后，使用部门的地面维修人员，也要能用无损检测，在这些预先裂纹的长度扩展至临界长度，造成飞机失事之前，发现并予以修复。美国联邦航空局适航规范中，无强制性的预先裂纹尺寸规定，其用意在让飞机制造商可依据不同的结构形态，弹性选择合适的预先裂纹尺寸，譬如采用干涉配合的铆钉孔，其预先裂纹就可假设为半径 0.076cm 的 1/4 圆。飞机制造商对预先裂纹的无损检测能力，需达到"95%/90%"的标准，意思是检验人员必须在 95% 置信水平下，达到 90% 的裂纹检出率，也就是说，由一母体中挑出 100 件裂纹样本进行检验时，至少能正确检出 90 件；而在 100 次程序相同的检验中，达到上述检出率的次数不少于 95 次。如果飞机制造商对更小的预先裂纹也满足上述条件，美国空军和联邦航空局都同意使用较规定更小的预先裂纹尺寸。

"损伤容限"设计下的飞机结构安全与否，取决于检验人员能否及时发现裂纹，故需要定期检查的密切配合。美国联邦航空局于 1981 年 5 月发布的咨询通报 AC 91.56 中，对现役飞机结构的补充性检查文件，提出检查文件制定的指导原则：要求运用断裂力学方法，制定此项文件；通过断裂力学的裂纹扩展分析，可获得结构在设计载荷下，预先裂纹由初始长度扩展至剩余强度下可容忍最大裂纹长度（即临界长度）所需的时间，此结构的首检期为裂纹由初始长度扩展至检查人员可检出的最小裂纹长度所需的时间；后续的再次检查时间间隔至多可定为裂纹由可检出最小长度扩展至临界长度的一半（图 1-21），以确保在裂纹长度足以造成飞行安全事故前，至少有两次的检出机会。若检查结果为结构无损伤，则飞机可继续飞行；若发现有损伤，则进行结构修理或更换。换言之，只要按时执行检查，并根据检查结果采取适当措施，飞机就可永续飞行。

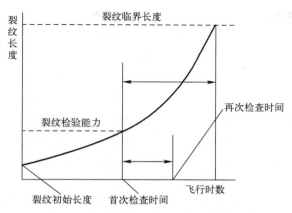

图 1-21　损伤容限设计下结构检查时间间隔制定

1.5　广布疲劳损伤

1988 年 4 月 28 日,美国阿罗哈航空公司一架波音 737-200 型客机在夏威夷上空 7200m 的高度巡航时,机身客舱前段头等舱处一段长约 4.57m 的上蒙皮突然飞脱(图 1-22),幸好 11min 后飞机紧急安全降落。当时机上共有 95 名乘员：2 名驾驶员、3 名空服员、89 名乘客和 1 名坐在折叠座椅上的联邦航空局空管人员,除 1 名头等舱空乘人员在空中被强风卷走外,其余 94 名乘员安然无恙。失事飞机于 1969 年出厂,为生

图 1-22　1988 年美国阿罗哈航空公司一架波音 737-200 型客机前机身撕裂脱落

产线出厂的第152架飞机,序号20209,安装两台普惠JT8D-9A发动机,1969年5月10日送交阿罗哈航空公司。飞机失事时已服役19年,累积飞行35496h,89680次飞行起落,是全球737型飞机飞行起落排名第二的飞机。

波音737的设计吸取了"彗星Ⅰ号"失事的教训,"彗星Ⅰ号"失事固然归因于疲劳裂纹,但是,如果机身蒙皮的设计可以阻挡疲劳裂纹快速延伸,就可以防止事件的发生。波音737机身蒙皮的"破损安全"设计方法,是在机身蒙皮内沿圆周和机身方向,每间隔25cm粘贴一止裂条,将裂纹扩展方向导引至垂直裂纹的方向,并停止于止裂条前;其理论依据是,止裂条提供了另一条载荷通道,使载荷能绕过破坏的蒙皮由止裂条传递至其他结构,以降低蒙皮上裂纹尖端的应力,裂纹因而不再继续延伸。

波音737机身蒙皮内沿机身方向,每隔50cm有一圆形隔框,沿圆周方向每隔25cm粘贴一加强条,由隔框和加强条所围成的小区域,称为隔框室;机身蒙皮"破损安全"的设计要求是,即使在两个隔框室损坏的情况下,也不能影响机身的结构强度。在申请适航认证时,波音用一个断头台式的试验验证机身的"破损安全"特性,试验时,采用两把38cm长的刀子,前后并排刺进加满舱压的机身两隔框室,机身蒙皮立即裂开100cm长的裂口,两隔框室中间的止裂条断裂,但就如设计所预期的那样,裂纹扩展后立即转向圆周方向,并停止于止裂条前,蒙皮向外裂开,造成渐进式的泄压。由圆周方向刺入也有类似的现象,裂纹扩展方向会转变成机身方向。为什么阿罗哈航空公司的失事飞机机身蒙皮没有如设计所预期的"破损安全"呢?美国国家运输安全委员会事后调查发现,波音737-200型设计使用寿命为75000飞行起落,失事机已飞行近90000飞行起落,远超过飞机的使用寿限,失事飞机在19年的服役生涯中,机身顶部和侧面蒙皮相互搭接处的许多搭接铆钉孔边已存在腐蚀及疲劳所造成的小裂纹,机身舱压变化使得这些裂纹持续扩展,并逐渐相互连通,最后连成一条很长的贯穿裂纹(图1-23),因此,裂纹未受止裂条影响而改变扩展方向,最终导致蒙皮撕裂并飞脱。

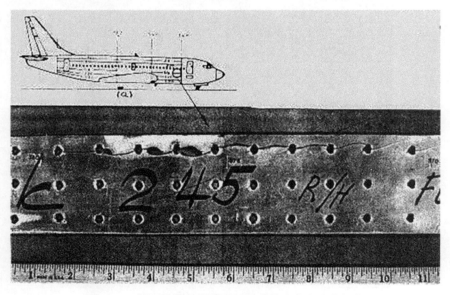

图1-23　阿罗哈事件中典型的机身蒙皮广布疲劳损伤

阿罗哈事件后，1997 年 FAA 将咨询通告 AC 25.571-1A 更新至 AC 25.571-1B，增加了在取证过程中确定分散系数时应考虑的要素指南；1998 年，FAA 通过颁布修正案 Amdt. 25-96 和咨询通告 AC 25.571-1C，更新了 FAR 25.571 中对于损伤容限的设计要求。

在 FAR 25.571《结构损伤容限与疲劳评估》中，美国联邦航空局修改了"损伤容限"的定义："结构上因疲劳、腐蚀、意外而存在一定尺寸的单一或分散的损伤下，其仍能维持一段时间的剩余强度。"原先假设单一结构件应力最大的位置上存在单一损伤的假设，则被可能存在的广布疲劳损伤假设所取代，美国联邦航空局定义这种损伤如下："在多处位置上同时存在的损伤，其大小及分布密度使得结构无法满足 FAR 25.571（b）规定的剩余强度要求。"其特征为在多处形状类似且连续的结构细节处（如紧固孔边），承受均匀应力循环下，同时产生小裂纹。广布疲劳损伤的种类分为：①同一结构件上多处同时发生，且会连通成一长裂纹的多重位置损伤；②同类型的相互搭接结构件上，各相邻搭接处同时发生，且会彼此交互作用的多重组件损伤（图 1-24）。

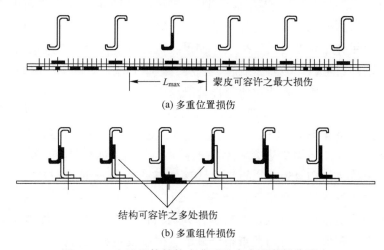

(a) 多重位置损伤

(b) 多重组件损伤

图 1-24　飞机机体结构中典型的广布疲劳损伤形态

1998 年 4 月 30 日，美国联邦航空局发布修正案 Amdt. 25-96，其中包含三项重要要求修订：①增加制造遗留瑕疵为损伤来源之一；②需制定结构的检查周期；③设计时，必须特别考虑可能发生的广布疲劳损伤，并以完成至少 2 倍使用寿命的全尺寸疲劳试验机，完成全机体局部拆检后所得的充足证据，证明在飞机的设计使用寿命期间不会发生这种损伤。

2002 年，美国空军也修订了《飞机结构完整性计划》（MIL-STD-1530A），增加了广布疲劳损伤的定义，并要求需有分析数据佐证其预测的广布疲劳损伤发生时间。2005 年，美国空军将 MIL-STD-1530A 逐步更新至 MIL-STD-1530C，在原有要求，即军机在其"经济寿命"中避免发生广布疲劳损伤的基础上，增加了预测飞机结构中发生广布疲劳损伤时间，以及考虑"腐蚀"问题等要求。修正案 Amdt. 25-96 和 MIL-STD-1530C，都只要求了飞机在达到设计目标之前不会出现广布疲劳损伤问题，但是，两者都没有要求飞机设计者要确定所研制的飞机最终能够达到的飞行寿命。在修正案

Amdt. 25-96 颁布之后，2010 年 FAA 通过更新 FAR 25.571 和 FAR 26.21，咨询通告 AC 25-571-1D，修正案 Amdt. 25-132、Amdt. 26-5、Amdt. 121-351 和 Amdt. 129-48，明确要求：在使用各种试验结果（全尺寸疲劳试验、在役检查结果和老龄退役飞机的拆卸检查结果等）对型号进行广布疲劳损伤分析和验证的同时，还必须确定飞机的有效性限制（Limit of Validity，LOV）。对各种在役的飞机，FAR 26.21 也明确要求在给定的宽限期内完成其有效性限制确定，并且验证相关型号在有效性限制期限内不会发生广布疲劳损伤。2021 年，欧洲航空安全局（European Union Aviation Safety Agency，EASA）颁布 AMC 20-20B，发布了完整的确定有效性限制和验证在其范围内不会发生广布疲劳损伤的指南。美国空军也对 MIL-STD-1530C 进行了数次更新，2016 年颁布了 MIL-STD-1530D CHG-1，与 MIL-STD-1530C 相比，MIL-STD-1530D CHG-1 在飞机耐久性的试验验证要求中，也明确要通过耐久性试验，展示飞机可能发生广布疲劳损伤的时间。此要求与民机适航规章中要确定飞机有效性限制的要求一致。

"损伤容限"设计经此强化后，除可防止飞机在设计使用寿命期间因疲劳、腐蚀、制造瑕疵、意外损伤导致提前损坏外，还可防止老旧飞机因广布疲劳损伤导致飞行安全隐患。但是，即便有此完善的设计准则，如果飞机上有不符合加工规定的结构件，仍然无法确保飞机结构安全，2007 年美国空军一架 F-15C 的空中解体就是最好的说明，此事件归因于制造工厂的员工素质及质量保证制度下的人为失误。

2007 年 11 月 2 日上午，一架隶属于美国密苏里州空中国民警卫队的 F-15C 在进行训练任务时，突然空中解体（图 1-25）。当时，这架编号 80-0034 的 F-15C 正进行基本战斗机飞行演练，与僚机进行一对一的空中攻击及防御动作训练；在进行第二次对战练习时，失事飞机以 450kn① 的空速快速右转，机体承受载荷约为 7.8g，此时机体开始剧烈抖动，飞行员立即将飞机改为平飞状态，机体承受载荷迅速降至 0.5g，数秒钟后，前机身从座舱罩后方位置处断裂，并与机体完全脱离，机体空中解体为两截，飞行员跳伞后平安获救。事后的调查报告显示，失事发生原因为斜机身的右侧上纵梁断裂（图 1-26）。失事飞机上纵梁残骸经断口检测后发现，断口处的厚度为 0.039in（不到 1mm）到 0.073in，完全不符合加工图纸规定的 0.090~0.110in 厚度，且上纵梁的表面粗糙度也较加工图纸规定粗糙。过薄的破断面直接造成上纵梁局部应力大幅升高，在反复的飞行载荷作用下，上纵梁很容易由粗糙面产生多处的疲劳初始裂纹（图 1-27 和图 1-28），继而在后续的飞行载荷中持续扩展，最后导致上纵梁完全断裂。

F-15C 于 1982 年开始服役，失事时飞行时数接近 5900h。F-15C 原始设计方法为"安全寿命"，设计使用寿命为 4000 飞行小时，在美国空军颁布"损伤容限"设计方法后重新依据此规范进行分析，服役寿限延长到 8000 飞行小时，并以 16000 飞行小时的全机疲劳试验加以验证。由于分析数据显示上纵梁的疲劳寿命高达 31000 飞行小时，远超过飞机的设计使用寿命，且上纵梁在全机疲劳试验过程中未发现任何损伤，故虽属攸关飞行安全的主结构件，但依据规范无须进行定期检查。

---

① 1kn=1.852km/h

图 1-25　F-15C 因结构疲劳而空中解体

图 1-26　斜机身的右侧上纵梁断裂

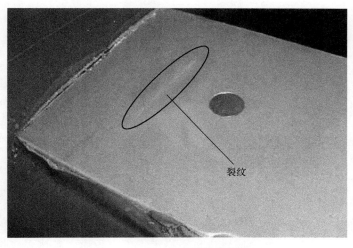

图 1-27　F-15C 上纵梁检出裂纹（1）

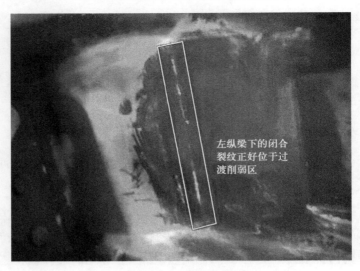

图 1-28 F-15C 上纵梁检出裂纹（2）

1.6 疲劳强度与损伤容限

为保证飞机的飞行安全，飞机结构的设计理念历经多次变革，航空管理当局、飞机设计与制造部门相继形成并颁布了飞机结构的相关适航文件、咨询通报、技术指南和手册等文件，也已形成日趋完善的适航标准，旨在从安全性和经济性要求出发，保证飞机结构在预定使用寿命期间内，在规定工作条件和完成规定功能下，将安全事故发生的可能性（失效概率）减至最低限度。

最早的静强度设计完全不考虑疲劳问题，导致发生"彗星"客机的惨剧。"安全寿命"设计则是"以更换保障安全"，但是，如果结构疲劳寿命分析失真，结构未能及时更换，结构安全将面临大灾难，美国空军 F-111 事件就是明证。"破损安全"设计是"以设计保障安全"，但是，若结构设计失当则结构安全亦将不保，波音 707 卢萨卡事件对此做了最好的说明。"损伤容限"设计则"以检查保障安全"，如果检查人员疏忽或未发现结构上产生的疲劳裂纹，结构安全将面临重大挑战，美国空军 F-15C 事件堪称最典型范例。

当今，飞机结构技术正以前所未有的速度向前发展。一方面，飞行器结构不断向大型化、多功能化、轻巧化、精密化及智能化发展，它们的工作载荷和工作环境越来越严酷；另一方面，飞行器结构因疲劳破坏而可能造成的损失也越来越大；且由于经济性要求，飞行器结构必须能够最大限度地发挥其结构潜力，一场变革正在飞行器结构领域中兴起。综合利用随机数学、疲劳学、断裂力学、工程力学、仿生学、智能工程学、优化设计理论和计算机仿真技术等，从经济性和维修性要求出发，旨在保证产品在预定使用寿命期间内，在规定工作条件和完成规定功能下，因疲劳断裂失效的可能性（失效概率）减至最低限度；更新产品结构、预测寿命以及进行全尺寸模拟试验等，在产品设计阶段都在计算机上实施，研究成果可直接用于飞机、舰船、电站、铁路、汽车等预定寿命下的结构可靠性设计。

第 2 章 疲劳断裂基本概念

100多年前,随着蒸汽机的出现和铁路运输的发展,机车车轴经常发生意外破坏,即在满足静强度的条件下,经过一段时间的使用,会突然发生断裂,这一情况引起了人们的注意。我们知道,机车车轴在运转中承受着周期性变化的弯曲应力,这种周期性变化的应力称为"交变应力"。人们对交变应力作用下的车轴进行了研究,发现车轴能承受的交变应力大小比能承受的静应力要小得多。在交变应力作用下发生破坏的现象称为"疲劳"破坏。

从1849年开始,对机车车轴进行了疲劳试验研究,得到了在交变弯曲应力作用下,车轴所能承受的应力与导致破坏循环次数的关系,从中发现,车轴断裂的循环次数随应力的增大而减小,且当应力小于某一数值时,无论循环多少次,车轴也不会断裂,这样就得到了目前疲劳分析中常用的 $S-N$ 曲线。随着生产实践的不断发展,疲劳破坏发生的情况越来越多,问题也更加复杂,有关疲劳问题的研究也随之发展起来。

飞机结构在使用中也不断承受交变载荷,粗略地看,飞机每次飞行就是经历从起飞到着陆的周期性交变载荷作用的过程,在每次从起飞到着陆这样大的周期内,还包含着许许多多小的交变载荷,显然,飞机结构也存在着疲劳问题。但是,早期设计的飞机疲劳问题却并不突出,这是因为,虽然飞机设计时只考虑了静强度,但是,强度储备较大,安全系数较高,使得飞机在使用中的应力水平甚至低于按现代疲劳设计所给出的许用应力,于是,疲劳问题就这样被掩盖起来了。而当航空事业飞速发展时,为了使飞机具有高速度和良好的飞行性能,就要求飞机重量尽量轻,这样,静强度计算的理论越来越精确,试验技术也越来越先进,飞机的静强度储备就留得越来越少,疲劳问题开始暴露出来,导致不少静强度合格的飞机发生严重的疲劳破坏事故。第二次世界大战前后,约有20架英国"惠灵顿"号重型轰炸机疲劳破坏;1952年美国的F-86型歼击机又因机翼主接头疲劳破坏而连续发生事故。在民机方面,由于使用期限长,平飞时的应力水平与设计的最大应力水平接近,情况就更严重,1948年美国"马丁202"型运输机失事;1951年英国"鸽式"飞机因翼梁破坏在澳大利亚失事;1953年英国"维金"号又因主翼梁破坏在非洲失事;特别是,1954年英国喷气式客机"彗星Ⅰ号"连续两次发生机毁人亡的灾难性事故,引起了人们极大的重视。对打捞起的"彗星Ⅰ号"残骸的分析发现,在气密座舱靠近无线电导航天线伸出处的铆钉孔边缘存在疲劳裂纹;采用大型水槽对气密座舱客机的全尺寸疲劳增压试验证实,破坏事故就是由此产生的。1970年7月16日,我国直升飞机发生过一次空难事故,机上7人全部遇难,其原因是飞机结构上存在疲劳脆弱部位,很容易产生裂纹。这起空难事件发生后,我国航空工业部门领导十分重视,当即召开了全国疲劳大会,会议指出,如何提高飞机结构疲劳强度、科学合理地确定各类飞机使用寿命已刻不容缓。

几十年来,国内外对飞机结构的疲劳问题进行了大量的理论和试验研究工作,逐渐掌握了有关飞机疲劳问题的规律。生产实践中提出问题，进行研究后将成果用于设计，设计的飞机在实践中经受检验，飞机疲劳问题的研究就这样一步步地向前发展。

2.1 疲劳破坏的特征和断口分析

如上所述，在交变应力作用下发生的破坏现象称为"疲劳"。疲劳破坏和静力破坏相比，有本质的不同，疲劳破坏的主要特征表现如下：

(1) 在交变应力远小于静强度极限的情况下，破坏也可能发生。

(2) 疲劳破坏不是立刻发生的，而要经历一定的时间，甚至是很长的时间。

(3) 疲劳破坏前，即使对于塑性材料，也像脆性材料一样，常常没有显著的残余变形，因此，事先的维护和检修不易察觉出来，这就表现出疲劳破坏的危险性。

(4) 在疲劳破坏的断口（图2-1和图2-2）上，总是呈现两个区域：一部分是光滑区，一部分是粗粒区。破坏时，首先在某一点产生微小的裂纹，该点常称为"疲劳源"。裂纹从疲劳源逐渐向四周扩展，由于反复地变形，裂开的两个面，时而挤压，时而分离，这样就产生了光滑区域。随着裂纹的扩展，剖面被削弱得越来越厉害，直到剖面残存部分的抗力不足时，就会在一次较大的载荷作用下突然破坏，这种突然性的断裂常常使断裂面的材料呈现颗粒状。在实际使用过程中，如果交变应力的变化是不规律的，有时在较大应力范围内变化，有时在较小应力范围内变化，那么在光滑区域上还可观察到贝壳状的纹迹。

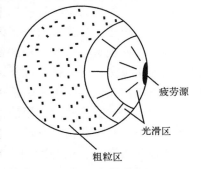

图2-1 疲劳断口示意图

图2-2 疲劳断口照片

掌握这些疲劳破坏的主要特征，有助于从断口和外形上判断一个零构件的破坏是由于静力还是疲劳所引起的；在进行疲劳破坏分析时，也常常由此入手。那么，疲劳破坏是怎样产生的？其破坏过程的本质是什么？长期以来，人们对其进行了深入广泛的研究，并取得了大量研究成果，关于这一问题，在许多论著中都有较详细的介绍，此处只做一简短的说明。

由于前面所描述的疲劳破坏的第三个特征，即使良好的塑性材料，也像脆性材料一样，常常没有显著的残余变形，因此，在疲劳问题产生初期，曾有人认为，疲劳破坏的起因是在交变应力作用下，材料的内部结构发生了变化，由塑性材料的"纤维"结构蜕化为脆性材料的"晶体"结构。随着金属学的发展，使用显微镜对金属结构组织进行深入观察，并证实了如下结论：①金属在塑性状态仍具有晶体结构；②经过交变应力作用后，金属的结构并没有发生重要的改变。这样，就纠正了早期的错误认识，进一步的研究指出，疲劳破坏过程可分为三个阶段：①疲劳裂纹形成（或成核）阶段；②疲劳裂纹稳定扩展阶段；③疲劳裂纹不稳定扩展导致突然断裂。

在进行低碳钢拉伸试验时，当拉应力超过屈服极限时，则在试样表面可以见到细密的、与轴线成45°的线条，称为"滑移线"。在交变应力作用下，试样表面也会出现这种滑移线，但是，它只在部分区域出现，随着循环次数的增加，滑移带变粗变宽，而在其他位置却很少出现。当应力大于疲劳极限时，滑移带比较粗大，各条滑移线的间距也较大。此时，将试样进行电抛光，则表面上的滑移线仍然存在，这些留下来的滑移线称为驻留滑移线。实际上，它已形成一种显微裂纹，继续施加交变应力时，在驻留滑移线上就会出现粗大的滑移带，疲劳源就常常在驻留滑移带中滑移线最密的地方形成。

在疲劳破坏的第四个特征中曾经提到，在疲劳断口的光滑区域，常常有贝壳状的纹迹，这种纹迹一般肉眼即可看到，称为"疲劳线"，有时称为前缘线或休止线。图2-3和图2-4分别为发动机叶片及翼梁下突缘疲劳断口，上面有清晰的疲劳线纹迹，这种疲劳线常常是判断疲劳断口的有力证据。

图2-3　发动机叶片疲劳断口照片

图2-4　翼梁下突缘疲劳断口照片

当初始的疲劳裂纹（疲劳源）产生后，它将不断扩展，如果交变应力的幅值不变，同时，材料是均匀的，那么，在裂纹的稳定扩展阶段，其扩展速度连续地变化，也就是说，裂纹以连续变化的速度向前推进，这时，在断口上不会出现贝壳状的疲劳线。在实验室里进行的标准试样的恒幅疲劳试验，就很少出现这种疲劳线。但是，实际构件在工作中交变应力幅值总是变化的，材料也常常不均匀，当应力幅值一改变，或者裂纹扩展到材料的不均匀处，则裂纹扩展速度就要发生突变。这时，裂纹的突然加快或突然减缓就会在断口上留下一条环向的疲劳线，它正是此时的裂纹前缘，所以，也常称为前缘线。交变应力幅值的变化和材料的不均匀性，是构成贝壳状纹迹的重要原因。在贝壳状纹迹中，环向疲劳线间还有一段段的径向纹迹（图2-1和图2-2），这是由于一次突然的大载荷变化造成的。一次大的载荷突变，常使裂纹在不同的平面内发生扩展，于是，在不同的平面间错开了一段径向纹迹，这就是径向纹迹的来由。

在恒幅交变应力下的均匀材料构件，在光滑区与粗粒区交界处也会出现环向疲劳线，它相当于裂纹的快速扩展阶段。在这短暂的时间里，由于裂纹扩展速度急剧增大，很容易造成扩展速度的突变，从而导致疲劳线的出现。

2.2 交变应力

交变应力即周期性变化的应力，常用 s 表示，需要特别指出的是，为区别疲劳应力和疲劳强度这两个物理量，疲劳应力符号常用 s 表示，疲劳强度则用 S 表示。常见的交变应力变化符合正弦规律，所以，可以用正弦波形描绘应力随时间变化的情况（图2-5）。应力的每一个周期性变化称为一个"应力循环"，在应力循环中，两个极值中代数值较大的一个称为"最大应力 s_{max}"，较小的一个称为"最小应力 s_{min}"。最大应力和最小应力的代数平均值称为"平均应力 s_m"，即

$$s_m = \frac{s_{max} + s_{min}}{2} \tag{2-1}$$

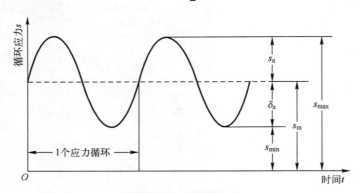

图 2-5 交变应力循环

图 2-5 所示的 s_a 称为应力幅，显见

$$s_a = \frac{s_{max} - s_{min}}{2} \tag{2-2}$$

最小应力与最大应力的比值

$$r = \frac{s_{min}}{s_{max}} \tag{2-3}$$

称为"循环特征"或"应力比"。由图2-5可以看出，一个交变应力可以看成两部分应力的组合：一部分是数值等于平均应力 s_m 的静应力，另一部分是在平均应力上对称变化的动应力。一个交变应力的 $s_{max}, s_{min}, s_m, s_a, r$ 五个量之间，存在着式（2-1）~式（2-3）

三个关系,所以,只有两个是独立的,只要任意给定两个,第三个就能确定,一般常给出 s_{max} 与 r 或给出 s_a 与 s_m。交变应力的应力水平需要用两个量(如 s_{max} 和 r)表示。而对于静应力来说,只用一个量(应力)就可以表示。

下面介绍交变应力的几种常用特殊情况:

(1) 对称循环,即 $s_m = 0$ 的情况(图 2-6),此时 $s_{max} = -s_{min}$,$r = -1$。

(2) 对于 $r \neq -1$ 的情况均称为"非对称循环",它有下面两种情况:

① 脉动循环,即 $s_{min} = 0$ 的情况(图 2-7),此时 $r = 0$。

② 拉-拉循环,即 $s_{min} \gg 0$ 的情况,图 2-5 就是拉-拉循环的情况,这时 $0 < r < 1$,如 $r = 0.1$。

(3) 静载荷下的应力,此时,s = 常数,即 $s_a = 0$,$s_{max} = s_{min} = s_m$,$r = +1$ 的情况。

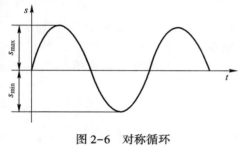

图 2-6 对称循环

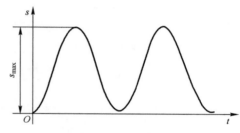

图 2-7 脉动循环

2.3 S-N 曲线

在交变应力下,材料对疲劳的抗力一般用 S-N 曲线与疲劳极限来衡量。在一定的应力比 r 下,使用一组标准试样,分别在不同的 S_{max} 下施加交变载荷,直至破坏,记下每根试样破坏时的循环次数 N。以 S_{max} 为纵坐标、破坏循环次数 N 为横坐标作出曲线,就是材料在指定应力比 r 下的 S-N 曲线,如两种钢的 S-N 曲线如图 2-8 所示。

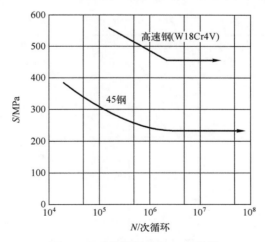

图 2-8 两种金属材料 S-N 曲线

从图 2-8 的 S-N 曲线可以看出,表示材料的疲劳强度与表示静强度明显不同,表示材料的静强度只需用单一的应力量 σ_b 即可,当应力达到 σ_b 时,材料就会破坏;但对材料的疲劳强度却不然,仅仅最大应力 S_{max} 达到某一数值材料就会破坏是不行的,必须指出对应于破坏循环次数 N 时材料破坏的 S_{max} 值。在一般文献中,将对称循环下某一指定循环次数 N 对应的 S_a 值,称为指定循环次数 N 下的"疲劳强度",可见,只有给出 (S,N) 两个量才能表示材料的疲劳强度。随着 N 不同,S 也随之不同,所以,全面地反映材料在交变应力下对疲劳的抗力,必须作出材料的 S-N 曲线。

试验表明,一般钢和铸铁等的 S-N 曲线均存在水平渐近线:$S_{max}=S_r$(图 2-8),这就意味着,当 $S_{max}>S_r$ 时,试样经受有限次循环就会发生破坏;当 $S_{max}<S_r$ 时,则试样能经受无限次循环而不发生破坏。S_r 就称为材料在指定应力比 r 下的"疲劳极限",当 $r=-1$(即对称循环)时,疲劳极限为 S_{-1},所以,一般手册中给出的疲劳极限常常是指 $r=-1$ 时的疲劳极限,用 S_{-1} 表示。试验指出,对钢材来说,只要经过 10^7 次的应力循环仍不破坏,则实际上就可以承受无限次应力循环;然而,有色金属及其合金的 S-N 曲线一般不存在水平渐近线(图 2-9),于是,常常以一定的破坏数 N(如 10^7 次的应力循环)所对应的 S_{max},作为"条件疲劳极限"。常用材料的疲劳极限值如表 2-1 和表 2-2 所示。

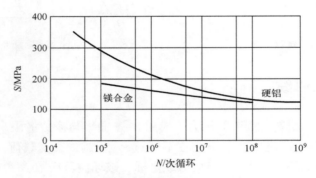

图 2-9 有色金属及其合金 S-N 曲线

表 2-1 常用材料的对称循环疲劳极限值

材料牌号	强度极限 σ_b/MPa	屈服极限 σ_s/MPa	应力集中系数 K_t	应力比 r	平均应力 S_m/MPa	疲劳极限 S_{-1}/MPa	疲劳极限对数标准差 s
LY12CZ	466	343	1	—	0	77.82	0.0014
			2			32.05	0.0015
			4			21.72	0.0038
LY12CZ	460	360	1	—	0	87.96	0.0003
			2.5			54.32	0.0055
LY12CZ	464	350	1	—	0	87.38	0.0017
			3			60.51	0.0035
			5			50.28	0.0028
LY12CZ	490	447	1	—	0	138.62	0.0108
			3			58.47	0.0439

(续)

材料牌号	强度极限 σ_b/MPa	屈服极限 σ_s/MPa	应力集中系数 K_t	应力比 r	平均应力 S_m/MPa	疲劳极限 S_{-1}/MPa	疲劳极限对数标准差 s
LY12CS	440	375	1	—	0	77.91	0.0083
			3			31.75	0.0126
LC4	549	494	1	—	0	66.97	0.0056
			2			44.25	0.0055
			4			26.04	0.0039
LC4	564	509	1	—	0	67.42	0.0163
			2			43.28	0.0014
			4			24.83	0.0052
LC9	660	615	1	—	0	143.63	0.0153
			2.4			93.88	0.0096
LC9	508	432	1	—	0	84.74	0.0019
			3			42.72	0.0242
			5			21.45	0.0021
MB15	339	185	1	−1		114.74	0.0067
40CrNiMoA	1070	965	1	−1		567.84	0.0189
			2			313.71	0.0105
			3			213.44	0.0062
30CrMoSiA	1132	1031	1	−1		648.55	0.0031
			2			360.75	0.0170
			2.5			253.82	0.0067
			3			235.82	0.0170
			4			208.45	0.0222
30CrMoSiA	1208	1110	3	—	0	164.09	0.0154
30CrMoSiNi2A	1650	1400	2.9	—	0	164.61	0.0162
			3.7			107.49	0.0122
			4.1			79.28	0.0262
30CrMoSiNi2A	1698	1270	3	—	0	313.10	0.0082
			5			217.22	0.0226
GC-4	1930	1415	1	—	0	707.38	0.0135
			3			249.26	0.0171
18Cr2Ni4WA	850	700	2	−1		356.49	0.0081
45	850	700	2	0		287.07	0.0022
2024-t3	73	54	1	—	0	20.42	0.0488
			1.5			14.50	0.0128
			2			10.71	0.0185
			4			4.68	0.0044
			5			5.23	0.0245

（续）

材料牌号	强度极限 σ_b/MPa	屈服极限 σ_s/MPa	应力集中系数 K_t	应力比 r	平均应力 S_m/MPa	疲劳极限 S_{-1}/MPa	疲劳极限对数标准差 s
2024-t4	77	55	1	—	0	15.59	0.0043
			3.4			8.40	0.0210
7075-t6	87	78	1	—	0	16.58	0.0018
			3.4			9.15	0.0310

表 2-2　常用金属材料的非对称循环疲劳极限值

材料牌号	强度极限 σ_b/MPa	屈服极限 σ_s/MPa	应力集中系数 K_t	应力比 r	平均应力 S_m/MPa	疲劳极限 S_r/MPa	疲劳极限对数标准差 s
LY12CZ	466	343	1	0.02		57.82	0.0020
			1	0.6		48.52	0.0056
			2	—	70	27.46	0.0368
			2		210	17.83	0.0419
			4		70	12.55	0.0164
			4		210	7.86	0.0226
LY12CZ	415	275	1.16	0.1		51.58	0.0104
LY12CZ	460	360	1	—	70	79.36	0.0168
			1		90	73.47	0.0108
			1		115	59.64	0.0176
			2.5		49	48.31	0.0259
			2.5		90	35.72	0.0111
			2.5		105	38.96	0.0031
			2.5		115	34.79	0.0134
LY12CZ	464	350	3	0.1		45.20	0.0130
			3	0.5		35.03	0.0168
			3	−0.5		51.37	0.0170
			5	0.1		36.96	0.0129
			5	0.5		25.87	0.0411
LY12CZ	490	447	1	0.1		99.80	0.0220
			1	0.5		76.06	0.0091
			3	0.1		44.87	0.0445
			3	0.5		33.24	0.0818
LY12CS	440	375	1	0.1		61.01	0.0348
			1	0.5		46.39	0.0071
			3	0.1		23.32	0.0247
			3	0.5		18.48	0.0084

(续)

材料牌号	强度极限 σ_b/MPa	屈服极限 σ_s/MPa	应力集中系数 K_t	应力比 r	平均应力 S_m/MPa	疲劳极限 S_r/MPa	疲劳极限对数标准差 s
LD10CS	552	464	1	0.1		139.48	0.0297
			3	0.1		68.44	0.0209
LC4	549	494	1	—	70	55.82	0.0164
					140	49.00	0.0093
					210	40.19	0.0114
			2	—	70	35.01	0.0169
					140	30.16	0.0203
					210	23.93	0.0127
			4	—	70	17.25	0.0179
					140	13.87	0.0090
					210	11.74	0.0066
LC9	660	615	2.4	—	70	74.59	0.0131
					140	44.41	0.0007
					210	35.49	0.0160
LC9	508	432	1	0.1		56.12	0.0105
				0.5		51.09	0.0288
			3	0.1		29.60	0.0097
				0.5		27.64	0.0304
			5	0.1		22.63	0.0103
				0.5		18.91	0.0019
40CrNiMoA	1190	1148	1	0.1		402.18	0.0225
			3	0.1		130.38	0.0415
30CrMoSiA	1208	1110	3	0.1		154.61	0.0075
				0.5		153.96	0.0088
30CrMoSiNi2A	1650	1400	2.9	0.1		132.03	0.0317
				0.5		126.17	0.0210
			3.7	0.1		91.36	0.0419
				0.5		81.87	0.0219
			4.1	0.1		69.75	0.0756
				0.5		55.66	0.0087
30CrMoSiNi2A	1698	1270	1	0.1		503.39	0.0078
			3	0.1		226.39	0.0096
				0.445		162.23	0.0847
				−0.5		186.14	0.0320
			5	0.1		150.75	0.0226
				0.5		129.85	0.0404

(续)

材料牌号	强度极限 σ_b/MPa	屈服极限 σ_s/MPa	应力集中系数 K_t	应力比 r	平均应力 S_m/MPa	疲劳极限 S_r/MPa	疲劳极限对数标准差 s
30CrMoSiNi2A	1445	1130	3	0.1		170.53	0.0051
30CrMoSiNi2A	1580	1235	3	0.1		165.34	0.0211
30CrMoSiNi2A	1800	1320	3	0.1		83.71	0.0112
GC-4	2012	1628	3	0.1		169.12	0.0072
GC-4	1930	1415	1	0.1		488.67	0.0025
			3	0.1		194.77	0.0066
45	850	700	2	—	100	264.13	0.0054
					200	249.60	0.0152
					300	223.57	0.0038

一般材料的 S-N 曲线，按其破坏循环数的多少可分为三个区域（图 2-10）：①短寿命区：破坏循环数在 10^4 以内或更少一些，应力水平较高；②中等寿命区：破坏循环数大致在 $10^4 \sim 10^6$ 范围内；③长寿命区：破坏循环数在 10^6 以上，应力水平较低，位于疲劳极限或条件疲劳极限的附近。

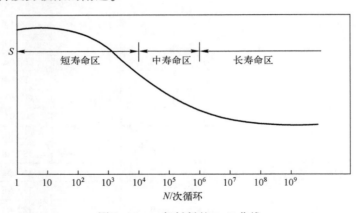

图 2-10 一般材料的 S-N 曲线

2.4 等寿命曲线

如前所述，对某一种材料，在一定的应力比下，利用一组试样进行疲劳试验，可以得到一条 S-N 曲线。当改变应力比 r 时，材料的 S-N 曲线也发生变化。例如给出若干个应力比数值，即可得到该材料对应于不同应力比 r 的 S-N 曲线族。图 2-11 即为某铝合金板材不同应力比 r 下的 S-N 曲线族，如在 $N=10^7$ 处作一垂直线（图 2-11 中虚线），该线与各 S-N 曲线交点的纵坐标 $S_{\max}$，表示在指定寿命 10^7 时，各应力比下的疲劳强度。根据每一应力比 r 及其对应的 $S_{\max}$，计算 $S_{\min}$ 和 S_m。以 $S_{\max}$ 与 $S_{\min}$ 为纵坐标、S_m 为横坐标，可绘出等寿命疲劳曲线：古德曼图（图 2-12）。曲线 AB 表示疲劳强度 $S_{\max}$，曲线 $A'B$ 表示 $S_{\min}$。

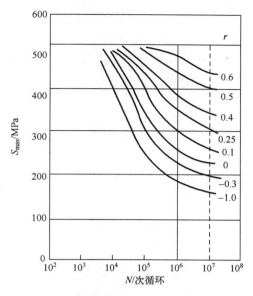

图 2-11　铝合金不同应力比 r 下 S-N 曲线族

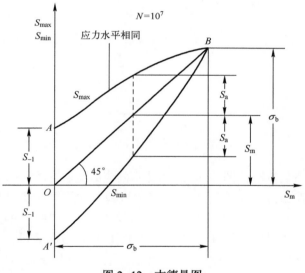

图 2-12　古德曼图

在对称循环条件下，$S_m=0$，此时，$S_{max}=-S_{min}=S_{-1}$，对应着图 2-12 中的点 A 和点 A'。在静载荷条件下，$S_{max}=S_{min}=S_m=\sigma_b$，对应着图 2-12 中的点 B。若用直线连接点 O 和点 B，则直线 OB 为一倾斜 45°的直线。由于曲线 AB 和 $A'B$ 分别表示 S_{max} 和 S_{min}，且直线 OB 上各点的纵坐标等于 S_m，所以，曲线 AB 和 $A'B$ 与直线 OB 所夹的垂直线均为 S_a，S_a 就是破坏时的应力幅值。从图 2-12 可以看到平均应力对疲劳强度的影响：要达到同样的寿命，随着 S_m 的增加，S_{max} 增加，而应力幅 S_a 却要减小。曲线 AB 和 $A'B$ 所包围的面积，表示在 10^7 循环内不会发生疲劳破坏的交变应力范围。

习惯上，常常将等寿命曲线绘成图 2-13 的形式，即以 S_a 为纵坐标，S_m 为横坐标。

图中点 A 表示对称循环的情况，点 B 表示静载荷的情况。一般来说，平均应力 S_m 为压应力（S_m 为负值）时，S_a 值较大（图 2-13 中虚线），这表示平均应力为压时，材料对抗疲劳破坏比平均应力为拉时有利。按照以上步骤，分别指定不同的寿命 N（如 10^5、10^6、10^7 和 ∞），就可以得到一族等寿命曲线（图 2-14）。

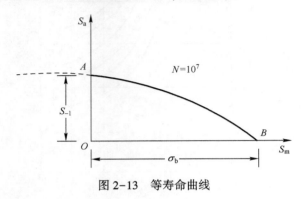

图 2-13 等寿命曲线

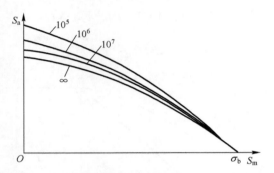

图 2-14 不同疲劳寿命 N 对应的等寿命曲线

在进行疲劳寿命估算时，图 2-11 所示的不同应力比 r 下的 S-N 曲线族，是重要的基本数据，但它的获得却需要进行大量的疲劳试验。如果试验条件受到限制，不能进行大量疲劳试验，就可以采用等寿命曲线，再反推 S-N 曲线族的办法。首先，先获取对应于几个寿命（如取 10^4、10^5、10^6 和 10^7）下的等寿命曲线，为此，可以参考同类型材料的等寿命曲线的变化规律，选择经验公式，这样只要进行对称循环疲劳试验，获取对应于几个寿命 N 的疲劳强度（S_{-1}）值，就能利用经验公式，作出这几个寿命下的图 2-14 所示形式的等寿命曲线。其次，对于一个给定的应力比 r，由 $r=S_{min}/S_{max}$ 可得 $S_a/S_m=(1-r)/(1+r)$，因此，可以按如下方法确定几个指定寿命 N 对应的 S_{max}（即 S）值。

给定任意 r 值，在一个指定寿命 N 的等寿命曲线图上，作一斜率为 $(1-r)/(1+r)$ 并过原点的直线，这条直线上各点的应力比均为 r 值，该直线与等寿命曲线的交点坐标若为 (S_a, S_m)，则 $S=S_a+S_m$ 就是该给定应力比 r 下对应于该指定寿命 N 的 S 值。有了几个指定寿命下的等寿命曲线，就能同样得到几个对应的 S 值，于是，在此给定的应力比 r 下的 S-N 曲线就有了几个点，根据这几个点就可以绘出一条曲线。每改变一个应力比，都可由上述步骤绘出一条 S-N 曲线，这样就得到了材料对应于各种不同应力比的 S-N

曲线族。

在疲劳寿命估算中,有时还用到平均应力 S_m 不变情况下的 S-N 曲线。如果有了几个指定寿命下的等寿命曲线,那么,在每一条等寿命曲线上,由指定的 S_m 查出 S_{max},由此得到若干个 (S,N) 点,S-N 曲线就很容易得出了。

2.5 循环应力-应变曲线和应变-寿命曲线

有些航天飞行器的构件,总的寿命常常很短,属于短寿命区的疲劳问题,此种问题称为"低周疲劳",以前所讨论的内容,基本上属于中等寿命区和长寿命区的疲劳问题,其应力水平一般都比较低,材料是在弹性范围内工作;在弹性范围内,应力是和应变成正比的,因此,材料对交变应力的抗力(疲劳强度)和对交变应变的抗力完全一致,也就是说,材料的疲劳强度越高,承受交变应力的能力越大,这里所说的"交变应变",指的是周期性变化的应变。

对于低周疲劳,交变应力一般都超过比例极限,在低周疲劳的每一循环中,有时会产生相当大的塑性变形。从断口的形貌来看,低周疲劳的破坏情况与一般的疲劳破坏也有所不同。如几千次循环下的断裂,常常很接近静力破坏的情形,因为在低周疲劳下伴随有塑性变形发生,应力和应变不成正比,应力变化较小,而应变变化较大,这种情况下控制应变更为合理,计算寿命常采用 ε-N(应变-疲劳寿命)曲线。

材料对交变应力的抗力和对交变应变的抗力不完全一致,所以,有必要把它们区分为材料的两种属性,两者之间主要差别如表 2-3 所示。首先,考虑材料对交变应力的抗力,在对称循环下,静拉伸强度极限 σ_b 相当于 $N=1/4$ 循环时的破坏应力,如图 2-15 所示。一般 S-N 曲线给出的循环数都在 10^4 循环以上,为了解低周时的疲劳强度,需要知道 $N=1/4$ 循环时的这一数据点如何与一般的 S-N 曲线相连接,图 2-16 示出了一些金属材料在轴向载荷作用下对称循环的试验结果,纵坐标是对称循环疲劳强度 S 与拉伸强度极限 σ_b 的比值。试验结果是由各种钢材、铝合金以及镁合金试验得到的,它们都位于两条曲线所包围的阴影面积中。由图 2-16 可以看到,在低周情况下,材料对交变应力的抗力(疲劳强度),与静拉伸强度 σ_b(对应于 $N=1/4$ 循环的应力)是密切相关的,即静拉伸强度越大,材料对交变应力的抗力也就越大。

表 2-3 低周疲劳与高周疲劳的差别

疲劳类别	高周疲劳	低周疲劳
定义	破坏循环数大于 10^4 的疲劳	破坏循环数小于 10^4 的疲劳
应力	低于弹性极限	高于弹性极限
塑性变形	无明显的宏观塑性变形	有明显的宏观塑性变形
应力-应变关系	线性关系	非线性关系
设计参量	应力	应变

再考虑材料对交变应变的抗力问题,进行低周疲劳试验时,若在每一循环下,不是施加一定的应力,而是施加一定的应变,则可得到交变应变 ε 和破坏循环数 N 的关系,这样,以交变应变 ε 为纵坐标、破坏循环数 N 为横坐标绘出 ε-N 曲线,即表示在各个

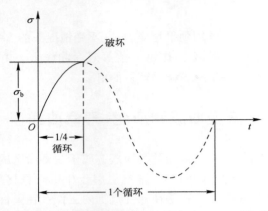

图 2-15 对称循环下静拉伸强度极限 σ_b 相当于 $N=1/4$ 循环的破坏应力

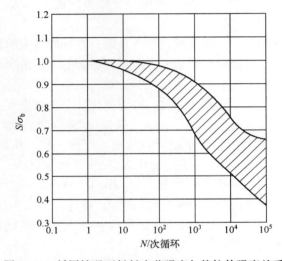

图 2-16 低周情况下材料疲劳强度与静拉伸强度关系

不同循环下材料对交变应变的抗力。一些金属的 ε-N 关系表示在图 2-17 的阴影面积中，试验所使用的材料包括各种钢材、铝合金、黄铜、磷青铜等，这些材料的塑性性质（延伸率）比较接近，但静强度相差较大。由图 2-17 可以看到，在 10^4 循环内，试验结果的变化范围很小，这就表明，材料对交变应变的抗力主要取决于塑性性质，而与静强度无关，高强度的钢材对交变应变的抗力并没有显示任何的优越性。

材料在单调加载下的应力-应变曲线，即单调应力-应变曲线分为工程应力-应变（S-e）曲线和真实应力-应变（σ-ε）曲线。工程应力为按照试样原始截面尺寸计算的应力：

$$S = \frac{F}{A_0} \tag{2-4}$$

式中，F 为轴向力；A_0 为试样原始截面积。

工程应变则为试样瞬间标距和原始标距之差与原始标距之比：

$$e = \frac{\Delta L}{L_0} \tag{2-5}$$

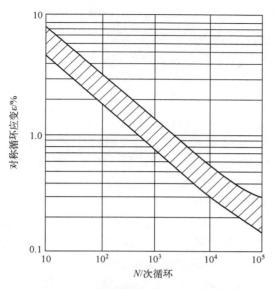

图 2-17 低周疲劳 ε-N 曲线

式中，L_0 为试样的初始基长；ΔL 为 L_0 的增量。

工程应力-应变曲线在应力达到极值 σ_b 以后有一段下降，这是由于试样产生颈缩，其实际面积减小，而在计算应力时仍用初始截面积 A_0 所致，并非试样中的应力真正有所降低。真应力表示在轴向加载试验中，根据瞬时真实横截面积 A 计算的轴向应力：

$$\sigma = \frac{F}{A} \tag{2-6}$$

真应变则为在轴向加载试验中，瞬间标距 L 与原始标距 L_0 之比的自然对数：

$$\varepsilon = \int_{L_0}^{L} \frac{\mathrm{d}L}{L} = \ln \frac{L}{L_0} \tag{2-7}$$

当塑性变形很大时，可忽略弹性体积变化，假设体积不变，可以导出发生颈缩以前的 σ 与 S、ε 和 e 之间关系：

$$\sigma = \frac{F}{A_0} \cdot \frac{A_0}{A} = S\left(\frac{L}{L_0}\right) = S(1+e) \tag{2-8}$$

$$\varepsilon = \ln \frac{L}{L_0} = \ln(1+e) \tag{2-9}$$

真断裂强度 σ_f 为试样断裂时的真实拉伸应力：

$$\sigma_f = \frac{F_f}{A_f} \tag{2-10}$$

式中，F_f 为试样断裂时的力；A_f 为试样断裂后的实际截面积。

真断裂延性 ε_f 为试样断裂时的真塑性应变：

$$\varepsilon_f = \ln\left(\frac{A_0}{A_f}\right) = \ln\left(\frac{1}{1-\psi}\right) \tag{2-11}$$

式中，ψ 为断面收缩率。

大量试验数据表明，真塑性应变 ε_p 与真应力 σ 在双对数坐标上成线性关系：

$$\sigma = K(\varepsilon_p)^n \tag{2-12}$$

式中，n 为应变硬化指数；K 为强度系数。

由式（2-12）可得出真应力-应变曲线的表达式为

$$\varepsilon = \varepsilon_e + \varepsilon_p = \frac{\sigma}{E} + \left(\frac{\sigma}{K}\right)^{\frac{1}{n}} \tag{2-13}$$

式中，ε 为真应变（总应变）；ε_e 为真弹性应变；ε_p 为真塑性应变；E 为弹性模量。

如果拉伸载荷加到点 A 后卸载至零（图 2-18），再加绝对值相等的压缩载荷，则曲线从点 A 先以斜率为弹性模量 E 的斜线下行，然后变向屈服直至点 B。若到点 B 后又重新加载，则以斜率 E 上升然后屈服，返回到点 A。加载与卸载的应力-应变迹线 ABA 形成一个闭环，称为迟滞回环。材料在循环加载下，会产生循环硬化或循环软化，因此，在开始阶段所得的迟滞回环并不闭合，但经过一定次数的循环后，迟滞回环接近于封闭环，即可得到稳定的迟滞回环。将应变幅控制在不同的水平上，可以得到一系列大小不同的稳定迟滞回环，将它们的顶点连接起来，便得到材料的循环应力-应变曲线 OC（图 2-19）。由此可见，循环应力-应变曲线是稳态迟滞回环顶点的轨迹，材料的稳态应力-应变行为可以方便地用它表示出来。

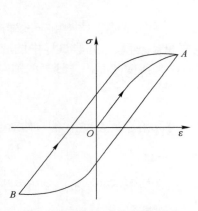

图 2-18 应力-应变迟滞回环

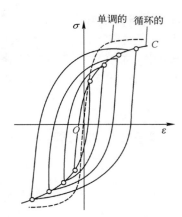

图 2-19 循环应力-应变曲线

大量研究发现，循环应力-应变曲线也可用与单调应力-应变曲线相似的公式表达：

$$\sigma = K'(\varepsilon_p)^{n'} \tag{2-14}$$

$$\varepsilon = \frac{\sigma}{E} + \left(\frac{\sigma}{K'}\right)^{\frac{1}{n'}} \tag{2-15}$$

式中，K' 为循环强度系数；n' 为循环应变硬化指数，$n' = 0.10 \sim 0.20$，平均值接近于 0.15，$n' = b/c$，b 为疲劳强度指数，c 为疲劳延性指数。

式（2-15）即为 Manson-Coffin 关系式。根据应变硬化指数 n' 和强屈比 σ_b/σ_s，可以判断材料是否为循环硬化或循环软化：①当 $n' > 0.15$ 时，循环硬化；当 $n' < 0.15$ 时，循环软化；②当 $\sigma_b/\sigma_s > 1.4$ 时，循环硬化；当 $\sigma_b/\sigma_s < 1.4$ 时，循环软化；而当 $\sigma_b/\sigma_s = 1.2 \sim 1.4$ 时，可能硬化，也可能软化。

已有的大量试验数据表明，对大多数工程材料（灰铸铁除外），稳定的迟滞回环与循环应力-应变曲线之间存在着简单的近似关系，即稳定的迟滞回环与放大 1 倍的单轴

循环应力-应变曲线形状相似，因此，稳定的迟滞回环的方程可以表示为

$$\frac{\Delta\varepsilon}{2}=\frac{\Delta\sigma}{2E}+\left(\frac{\Delta\sigma}{2K'}\right)^{\frac{1}{n'}} \tag{2-16}$$

图 2-20 示出了应变-寿命曲线，其中，曲线 1 表示平均应力 $\sigma_m=0$ 时的总应变-寿命曲线，由弹性线与塑性线叠加而成。弹性线受平均应力影响，弹性线一般为直线；曲线 3 为平均应力 $\sigma_m=0$ 时的弹性线，曲线 4 为平均应力 σ_m 为拉应力时的弹性线，曲线 5 为塑性线，它不受平均应力影响，塑性线的前面部分为直线，尾部不为直线。

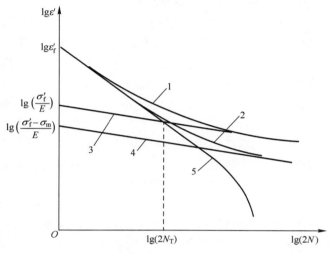

图 2-20 应变-寿命曲线

平均应力 $\sigma_m=0$ 时，弹性线方程为

$$\frac{\Delta\sigma}{2}=\sigma_f'(2N)^b \tag{2-17}$$

平均应力 $\sigma_m\neq0$ 时，弹性线方程为

$$\frac{\Delta\sigma}{2}=(\sigma_f'-\sigma_m)(2N)^b \tag{2-18}$$

式（2-18）也称为 Basquin 方程。

塑性线的方程为

$$\frac{\Delta\varepsilon_p}{2}=\varepsilon_f'(2N)^c \tag{2-19}$$

式（2-19）为 Manson-Coffin 关系式的另一种形式。弹性线与塑性线的交点为 N_T，称为过渡寿命，常以它作为高、低周疲劳的分界点。当疲劳寿命 $N>N_T$ 时称为高周疲劳，$N<N_T$ 时称为低周疲劳。

局部应力应变法中使用的应变-寿命曲线（图 2-20 中曲线 2）表达式为

$$\frac{\Delta\varepsilon_t}{2}=\frac{\Delta\varepsilon_e}{2}+\frac{\Delta\varepsilon_p}{2}=\frac{\sigma_f'-\sigma_m}{E}(2N)^b+\varepsilon_f'(2N)^c \tag{2-20}$$

式中，σ_f' 为疲劳强度系数；σ_m 为平均应力；b 为疲劳强度指数；ε_f' 为疲劳延性系数；c 为疲劳延性指数。式（2-20）是在 Manson-Coffin 关系式中加以弹性项得出的。

2.6 穿透型裂纹的受力状态与扩展形式

我国早期飞机都是按静强度准则设计的，在20世纪60年代初期才接触到疲劳问题，通过部件和全机疲劳试验确定其疲劳寿命，并以其出现宏观可检裂纹视为疲劳寿命的终点。但实际上，从裂纹形成到断裂还有相当长的寿命，部件或全机的总寿命应是裂纹形成寿命与裂纹扩展寿命之和。在常规的"安全寿命"设计中，是以光滑试样测得的 S-N 曲线为依据进行的疲劳设计。对某些重要的承力构件，即使根据疲劳极限结合安全系数进行设计，构件在使用过程中，有时仍会过早地发生意外破坏，这是由于测定材料疲劳特性所用试样与实际构件间有着根本的差别所致。构件在加工制造和使用过程中，会因锻造缺陷、焊接裂纹、表面划痕和腐蚀坑等，而造成表面或内部裂纹。带裂纹构件在承受交变载荷作用时，裂纹发生扩展，从而导致构件突然断裂，因此，承认构件存在裂纹这一客观事实，并考虑裂纹在交变载荷作用下的扩展特性，将是疲劳设计的发展途径和补充。

随着飞机、火箭、船舶等运载工具制造业的迅速发展，并且疲劳导致脆性断裂事故的大量出现，对结构设计的要求越来越高。为此，在安全寿命设计的基础上，引入了损伤容限设计，这种设计原则认为某些重要承力构件出现不大的损伤（裂纹）后，在所规定的检修期内仍能安全地工作，允许飞机构件在使用期间出现疲劳裂纹；但是，要保证裂纹的扩展速率很慢，能够使构件有足够的剩余强度持续工作，直到下次检修时予以发现、修复或更换。这样，就会遇到一个问题，即如何正确地、适当地选择构件材料，采取止裂措施和确定飞机检修周期，以保证构件正常地工作。为此，对裂纹扩展速率的研究，以及材料抵抗裂纹快速扩展能力的探讨必不可少，这就给断裂力学研究提出了新课题。

断裂力学是一门研究材料及结构断裂强度的力学。它是怎样提出和发展起来的呢？我们知道，在强度计算中，检验构件是否会发生断裂的强度条件是

$$\sigma < \sigma_b$$

式中，σ_b 为材料的强度极限，它是材料断裂的主要指标。按照这种观点，哪种材料 σ_b 高，哪种材料抵抗断裂的能力就强。在工程实际中，特别是在飞机设计中，为了以较轻的重量承受较大的载荷，需要强度高的材料。过去人们在相当长的一段时间里，致力于提高材料的强度极限 σ_b。随着冶炼技术的进步，新材料、新工艺的快速发展，一大批高强度材料不断涌现，并用于航空工业，有些材料的 σ_b 可达到2000MPa以上。

高强度材料的广泛应用，带来了新的问题，即在工程实践中不断出现了一些低应力下断裂的严重事故，也就是说，在应力远小于 σ_b 时构件就发生了断裂。例如，1950年美国的"北极星"导弹固体燃料发动机壳体，在试射时发生爆炸事故，而其应力比材料的强度极限（σ_b 在1400MPa以上）小得多。1967年12月，美国俄亥俄河上一桥梁发生异常振动，并伴有响亮的破裂声，最后，倒塌成24块坠入河中，这时载荷只达设计载荷的10%。在飞机结构方面，1969年12月，美国F-117飞机在执行训练任务中，作投弹恢复动作时，左翼脱落导致飞机坠毁，当时飞机的速度、总重和过载等指标均远低于设计指标；主要是机翼框轴由于热处理不当出现缺陷，从而引起低应力下的断裂。

在国内，也发生过机翼大梁和机翼螺栓在远低于 σ_b 的应力下断裂的实例。这些重大事故的产生使人们认识到，高强度材料不一定在任何情况下都"强"；σ_b 高，不一定在任何情况下抵抗断裂的能力都强。研究人员用 18Ni 钢的两种不同热处理状态的材料，做成尺寸相同的两个圆筒，加内压进行断裂破坏试验。热处理状态 A 的材料强度极限为 1750MPa，热处理状态 B 的材料强度极限为 2200MPa，显然，后者的 σ_b 比前者高出 20% 左右，按照材料力学观点，好像用热处理状态 B 的材料做成的圆筒断裂时的应力，要比热处理状态 A 的材料做成的圆筒高，但试验结果恰恰相反，热处理状态 B 的材料做成的圆筒的断裂应力，反而比热处理状态 A 的材料做成的圆筒下降了 25% 左右。这是为什么呢？通过对试验观察和分析发现，在圆筒试样表层存在着微小的却是不可忽视的裂纹，它们的破坏过程不是应力达到 σ_b 而破坏，而是在低于 σ_b 的应力下微小裂纹扩展而造成的断裂，这种低应力下的断裂现象是由于实际构件中存在着微小裂纹而产生的。在实际构件中微小裂纹的存在不可避免，它可能来自材料在冶炼过程中产生的缺陷，或夹杂着气泡，也可能由工艺过程中焊接、淬火、各种冷加工、电镀等所产生，而在使用过程中经过介质腐蚀、温度影响以及交变载荷的作用，也会造成微小裂纹，这种微小裂纹的存在正是在材料力学中没有考虑到的。因此，对一种材料，特别是对高强度材料来说，只用适用于无裂纹构件的强度极限 σ_b 当作衡量材料抵抗断裂能力的指标就不够了，必须研究带裂纹的构件的强度问题，找到适用于带裂纹的实际构件的断裂强度条件，这就是断裂力学的研究课题。断裂力学的产生来自生产实际的需要，它正随着生产实践的发展而不断发展，断裂力学在飞机疲劳设计中的应用，反过来推动了断裂力学的发展。

按受力变形方式，带裂纹构件可分为张开型、滑开型和撕开型三种基本类型，也称为第 I、II 和 III 型（图 2-21），在垂直于裂纹面的拉应力 σ 作用下，裂纹张开，称为"张开型"，标作 I 型；在平行于裂纹面而垂直于裂纹尖端的剪应力 τ 作用下，裂纹平面内错开，称为"错开型"，标作 II 型；在平行于裂纹面且平行于裂纹尖端的剪应力 τ 作用下，裂纹撕开，称为"撕开型"，标作 III 型。

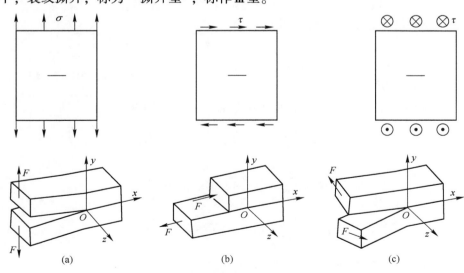

图 2-21 裂纹的三种基本类型

图 2-21 所示的是从前表面贯穿到后表面的裂纹，这样的裂纹称为穿透性裂纹。在这三种受力情况与扩展形式中，由于第 I 型（张开型）加载是最常见的，也是引起脆性破坏最危险的情况，因此，对 I 型加载研究最多。一般情况下，可认为裂纹尖端的塑性区域非常微小，从而，可用线弹性力学分析裂纹的行为。裂纹尖端附近区域的应力应变场皆可由一个参量 K 来表征，它标志着裂纹尖端附近区域应力场强弱的程度，称为应力强度因子。

如果一块薄板在边缘上受到平行于板的中面，并沿厚度均匀分布的力的作用，由于板的前后表面是自由表面，没有应力存在，而且板又很薄，可以假定：平板内部每个地方都没有垂直于板的中面方向的应力。于是，应力（包括正应力、剪应力）都沿着平行于板的中面的方向，而且沿板的厚度保持不变，这种状态称为平面应力状态。板越薄，越接近于理想的平面应力状态。

如果受载物体为一个长的柱体，沿柱体纵轴方向的尺寸（长度）很大，其载荷垂直于纵轴并不沿长度变化。这时，两段截面的轴向位移很难实现，可假定为零。由于对称性，中间截面的轴向位移也为零，这样就相当于假定每一横截面都没有轴向位移，即柱体内每个地方都只发生平行于横截面方向的变形，这种状态称为"平面应变状态"。柱体越长，越接近于理想的平面应变状态。

对于一块平板，受平行于中面、并沿厚度均匀分布的力的作用，若板的厚度很小（如一般的薄板），则属于平面应力状态；若板的厚度很大，并达到足够大的程度，则可将其近似看成柱体，而属于平面应变状态，板的厚度越大，越接近于理想的平面应变状态。

在均匀拉应力 σ 作用下的平板，板内有一垂直于拉应力方向的穿透裂纹（图 2-22），其长度 $2a$ 远比板的长度和宽度为小，并且板的上下边缘距裂纹较远时，此板可以看作"无限大"板。板厚足够大，可以看成平面应变状态。

用线弹性力学的方法，对裂纹尖端附近区域应变场进行分析，得出在该区域内任一点（其极坐标为 ρ, φ, 见图 2-22）应力分量 σ_x, σ_y, τ_{xy} 的表达式为

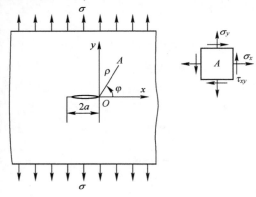

图 2-22 裂纹尖端应力场

I 型：
$$\begin{cases} \sigma_x = \dfrac{K_\text{I}}{\sqrt{2\pi\rho}}\cos\dfrac{\varphi}{2}\left(1-\sin\dfrac{\varphi}{2}\sin\dfrac{3\varphi}{2}\right) \\ \sigma_y = \dfrac{K_\text{I}}{\sqrt{2\pi\rho}}\cos\dfrac{\varphi}{2}\left(1+\sin\dfrac{\varphi}{2}\sin\dfrac{3\varphi}{2}\right) \\ \tau_{xy} = \dfrac{K_\text{I}}{\sqrt{2\pi\rho}}\sin\dfrac{\varphi}{2}\cos\dfrac{\varphi}{2}\cos\dfrac{3\varphi}{2} \end{cases} \quad (2\text{-}21)$$

式中，I 型开裂应力强度因子的形式通常为

$$K_\text{I} = \sigma\sqrt{\pi a} \quad (2\text{-}22)$$

对于平面应变情况，$\sigma_z=\mu(\sigma_x+\sigma_y)$，且 $\tau_{xz}=\tau_{yz}=0$。

Ⅱ型：
$$\begin{cases} \sigma_x = -\dfrac{K_{\mathrm{II}}}{\sqrt{2\pi\rho}}\sin\dfrac{\varphi}{2}\left(2+\cos\dfrac{\varphi}{2}\cos\dfrac{3\varphi}{2}\right) \\ \sigma_y = \dfrac{K_{\mathrm{II}}}{\sqrt{2\pi\rho}}\sin\dfrac{\varphi}{2}\cos\dfrac{\varphi}{2}\cos\dfrac{3\varphi}{2} \\ \tau_{xy} = \dfrac{K_{\mathrm{II}}}{\sqrt{2\pi\rho}}\cos\dfrac{\varphi}{2}\left(1-\sin\dfrac{\varphi}{2}\sin\dfrac{3\varphi}{2}\right) \end{cases} \quad (2\text{-}23)$$

对于平面应变情况，$\sigma_z=\mu(\sigma_x+\sigma_y)$，且 $\tau_{xz}=\tau_{yz}=0$。

Ⅲ型：
$$\begin{cases} \tau_{xz} = \dfrac{K_{\mathrm{III}}}{\sqrt{2\pi\rho}}\sin\dfrac{\varphi}{2} \\ \tau_{yz} = \dfrac{K_{\mathrm{III}}}{\sqrt{2\pi\rho}}\cos\dfrac{\varphi}{2} \\ \sigma_x = \sigma_y = \sigma_z = \tau_{xy} = 0 \end{cases} \quad (2\text{-}24)$$

式 (2-21)、式 (2-23) 和式 (2-24) 可用一个通式描述，即

$$\sigma_{ij} = K_i \cdot \dfrac{1}{\sqrt{2\pi\rho}} \cdot f_{ij}(\varphi) \quad (i = \mathrm{I}, \mathrm{II}, \mathrm{III}) \quad (2\text{-}25)$$

图 2-23 是以Ⅰ型为例给出裂纹尖端的应力示意图。

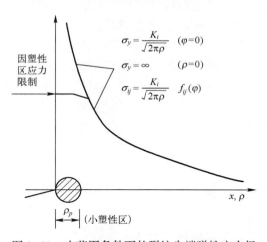

图 2-23　小范围条件下的裂纹尖端弹性应力场

不同形状的物体，不同的受载方式，其裂纹尖端附近应力场分布的解的结构相同。各应力分量具有以下共同特点：①与 K_i 成正比，K_{I}、K_{II}、K_{III} 是独立于 ρ 和 φ 的参量，称为应力强度因子；②与 ρ 的平方根成反比，因此称应力场具有 $\rho^{-\frac{1}{2}}$ 奇异性；③与角分布函数 $f_{ij}(\varphi)$ 成正比，角分布函数反映应力按 φ 进行分布的规律。

式 (2-21)、式 (2-23) 和式 (2-24) 略去了 ρ 的高阶项，所以，式 (2-21)、式 (2-23) 和式 (2-24) 仅适用于裂纹尖端很小的范围，即在 ρ 远比裂纹长度为小的范围内，式 (2-21)、式 (2-23) 和式 (2-24) 才是较好的近似表达式，它给出了裂

纹尖端附近的应力分布情况。从式（2-21）、式（2-23）和式（2-24）可以看出，裂纹尖端附近区域的整个应力场的强弱程度，仅仅取决于参量 K_i，所以 K_i 是裂纹尖端附近区域应力场强弱程度的度量，称为应力强度因子，它是名义应力 σ 和裂纹几何参量 a 的函数。从式（2-21）、式（2-23）和式（2-24）还可以看出，当 $\rho\to 0$ 时，应力分量将趋于无限大。实际上，裂纹尖端处应力不可能无限地增长，当到达材料屈服应力时，即在裂纹尖端附近形成一个微小的屈服区，因此无法直接用裂纹尖端处的应力大小作为裂纹发生失稳扩展的判据。

既然应力强度因子 K_i 的大小决定裂纹尖端附近区域的应力场强弱程度，根据材料脆性断裂的统计强度理论的观点，构件最大应力区足够大，体积内的应力都达到了材料特定的临界值时，即发生脆性断裂，因此，应力强度因子可以用来作为构件脆性断裂的判据，即

$$K_i = K_{iC} \tag{2-26}$$

式中，K_{iC} 为构件在静载荷作用下裂纹开始失稳扩展时的 K_i 值，即 K_i 的临界值，它是材料在三向拉伸应力状态下的裂纹扩展抗力，称为材料的平面应变断裂韧性。

这里要强调一下，从物理意义上来说，K_i 是描述裂纹尖端应力应变场的参数，代表带裂纹构件的工作状态，而 K_{iC} 则是材料本身的性质。由式（2-26）可知，在一般环境和静载荷作用条件下，要使带裂纹构件能安全使用，就需将其工作时的应力强度因子 K_i 限制在临界值 K_{iC} 之下。应该指出，式（2-21）、式（2-23）和式（2-24）是根据理想线弹性条件推导出来的，当实际构件裂纹尖端附近存在屈服区时，按理就不服从线弹性规律；但若屈服区很微小，则经过适当修正，仍可以用该式计算。

近代工业特别是航空和航天事业的高速发展，高强薄壁材料得到广泛使用，要进行断裂控制，必须知道材料的平面应力断裂韧性 K_C 数值。若航空和航天的高强薄壁构件用 K_{IC} 数值作为设计依据，则往往偏保守。

根据弹性力学的分析，平面应力状态下的应力公式和平面应变状态下相同，因此，在裂纹尖端附近处于裂纹延线上，距裂纹尖端点 O 距离为 ρ 处的应力 σ_y 的公式为

$$\sigma_y = \sqrt{\frac{a}{2\rho}} \cdot \sigma \tag{2-27}$$

引入平面应力状态下，无限大平板的 I 型应力强度因子

$$\overline{K}_I = \sqrt{\pi a} \cdot \sigma$$

因此，在平面应力状态下，带裂纹构件不发生断裂的强度条件可类似地写成

$$\overline{K}_I < K_C \tag{2-28}$$

式中，K_C 为材料的平面应力断裂韧性。需要强调的是，K_{IC} 与 K_C 虽然都是材料的断裂韧性，但 K_{IC} 是个常数，它是材料的一个基本参数，而 K_C 则随板的厚度变化而改变。图 2-24 给出了断裂韧性 K_C 值与厚度 B 关系曲线，从图中可见，平面应力状态下 K_C 是变化的，当 B 达到一定厚度 B' 后，趋近于平面应变状态，$K_C \to K_{IC}$ 为一常数，B' 与 B'' 之间是平面应力与平面应变的混合状态。因此，若在平面应变状态下检验带裂纹构件是否会断裂，只需求出其应力强度因子 K_I，并与由足够厚试样测出的材料平面应变断裂韧性 K_{IC} 相比较即可，这个 K_{IC} 常常是以往的试验所给定的；而在平面应力状态下，则必须用与构件相同厚度的试样测出断裂韧性 K_C 来与构件的应力强度因子比较。虽然平面

应力状态的问题要比平面应变状态的问题复杂,但由于航空工业中很多地方会遇到蒙皮之类的薄板,因此,对平面应力状态下断裂问题的探讨必不可少。

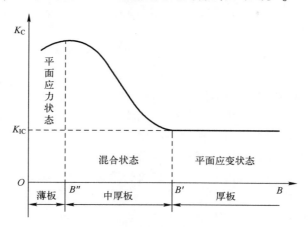

图 2-24 K_C 值与厚度 B 关系曲线

断裂韧性可采用试验方法测定,部分常用材料平面应变断裂韧性如表 2-4 所示。若按照标准试验方法测定 K_{IC},则所需试样的厚度尺寸很大,试验难以实现,因此,可以采用标准试验方法,测定这种材料的延性断裂韧度 J_{IC},然后换算成 K_{IC}。在现行的 J_{IC} 标准试验方法中,如中国国家标准 GB 2038—1991 以及美国标准 ASTME813,均采用阻力曲线法来测定 J_{IC}。

$$K_{IC}^2 = \frac{EJ_{IC}}{1-\nu^2} \qquad (2-29)$$

式中,K_{IC} 为平面应变断裂韧性($MPa \cdot m^{1/2}$);J_{IC} 为延性断裂韧度(N/mm);ν 为泊松比。

表 2-4 部分常用材料的断裂韧性

材料牌号	σ_b/MPa	σ_s/MPa	$K_{IC}/(MPa \cdot m^{1/2})$	材料牌号	σ_b/MPa	σ_s/MPa	$K_{IC}/(MPa \cdot m^{1/2})$
LD5	455	407	24.5	30CrMnSiA	1213	1132	101
	475	426	27.5		1340	1311	86.5
	427	320	45.8		1080	990	85
	431	325	41.5				
LD7	407	293	42.2	Ti-6AL-4V	942	844	90.8
45	803	513	96.8		883	755	103
40CrNiMoA	1010	916	142.6		951	892	79.7
30CrMnSiA	1152	1079	98.9			888	58.8
	1226	1132	120		918	911	91.4

弹塑性断裂力学指出,弹塑性条件下裂纹尖端附近的应力应变场,可以用 J 积分来度量,而延性断裂韧度 J_{IC} 是带裂纹的材料裂纹起始扩展点(开裂点)所对应的临界 J 积分值,它是代表材料在弹塑性条件下的抵抗裂纹扩展能力的一个材料参数,可以作为带裂纹构件在弹塑性条件下工作时的裂纹开裂准则。

疲劳裂纹扩展门槛值 ΔK_{th} 是导致疲劳裂纹扩展的 ΔK 的下限值,也就是说,在较大

的 ΔK 作用下裂纹发生扩展，不断减小 ΔK，裂纹扩展不断减慢，当 ΔK 下降到一定数值 ΔK_{th} 时，裂纹扩展停止。应当指出，ΔK 不断下降时，裂纹尖端塑性区越来越小，裂纹尖端越来越尖锐，当达到 ΔK_{th} 时，裂纹尖端塑性区已很小，裂纹锐度很高，因此，ΔK_{th} 与裂纹尖端塑性区大小无关。

ΔK_{th} 随材料状态（包括材料成分、冶炼方式、工艺规格、热处理程序）而异，同时与应力状态（平面应变还是平面应力）有关，还与环境因素（温度、湿度、介质）有密切关系，当然，ΔK_{th} 还是交变载荷应力比 r 的函数；但是，试验研究结果表明，对于同一种材料状态，在相同厚度、环境条件和应力比情况下，只要裂纹长度和韧带尺寸满足线弹性的要求，则 ΔK_{th} 与试样形状尺寸、裂纹长度无关，而是一个材料常数。

在进行 ΔK_{th} 的试验测定时，要使裂纹"绝对"停止扩展是不可能的，因此，必须对裂纹停止扩展（即 $da/dN = 0$）作一条件近似，将 ΔK_{th} 实际定义为 $da/dN = 10^{-7}$ mm/次循环所对应的 ΔK 值，也就是说，用 $da/dN = 10^{-7}$ mm/次循环来近似 $da/dN = 0$，这相当于用图 2-25 中的 $\Delta K'_{th}$ 近似 ΔK_{th}，由于 $da/dN < 10^{-7}$ mm/次循环时，$\lg(da/dN) - \lg\Delta K$ 曲线的斜率已经很高，所以，用 $\Delta K'_{th}$ 近似 ΔK_{th} 所引起的误差是相当小的。部分常用材料的裂纹扩展门槛值如表 2-5 所示。

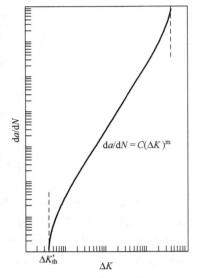

图 2-25 ΔK_{th} 定义

表 2-5 部分常用材料的裂纹扩展门槛值

材　　料	σ_b/MPa	应力比 r	$\Delta K_{th}/(MPa \cdot m^{1/2})$
20	正火	0.1	11.04
45	正火	0.2	10.26
	调质	0.1	3.98
40Cr	调质	0.2	6.92
40CrNiMoA	调质	0.2	5.54
18Cr2Ni4WA	调质	0.2	4.22
30CrMnSiNi2A	($\sigma_{0.2} = 1189$)	0.5	3.84
		0	6.33
		-1	13.05
Ti-6AL-4V	($\sigma_{0.2} = 823$)	0.5	2.22
		0	2.67
		-1	5.50
LY12	($\sigma_{0.2} = 322$)	0.5	1.76
		0	2.66
		-1	4.74

第 2 章 疲劳断裂基本概念

(续)

材　料	σ_b/MPa	应力比 r	ΔK_{th}/(MPa·m$^{1/2}$)
LC9	($\sigma_{0.2}=446$)	0.5	1.52
		0	2.50
		-1	3.91
2219-T8	—	0.1	2.7
		0.5	1.4
		0.8	1.3
7075-T7	497	0.04	2.5
Ti-6Al-4V	1035	0.15	6.6
		0.33	4.4
低碳钢	430	-1	6.36
		0.13	6.61
		0.35	5.15
		0.49	4.28
		0.64	3.19
		0.75	3.85
低合金结构钢	830	-1	6.26
		0	6.57
		0.33	5.05
		0.50	4.40
		0.64	3.29
		0.75	2.20
不锈钢	(665)	-1	6.05
		0	6.05
		0.33	5.92
		0.62	4.62
		0.74	4.06
镍铬钢	919	-1	6.36
	1686	-1	1.76
铝	76	-1	1.02
		0	1.65
		0.33	1.43
		0.53	1.21
铜	215	-1	2.67
		0	2.53
		0.33	1.76
		0.56	1.54
		0.69	1.40
		0.80	1.32
磷青铜	323	-1	3.75
	323	0.33	4.06
	323	0.50	3.19
	362	0.74	2.42
钛	539	0.62	2.2
镍	430	0	7.9

疲劳裂纹扩展门槛值 ΔK_{th} 在结构的损伤容限设计中具有重要的应用价值，对于一个在制造过程中产生了裂纹的构件来说，如果它在工作中承受交变载荷，那么保证其安全工作的一种有效保守方法是使其在使用载荷下裂纹尖端的 ΔK 值小于材料在结构工作条件下的 ΔK_{th} 值。另外，ΔK_{th} 可用于对承受交变载荷的构件进行材料和工艺选择，以提高构件在低 ΔK 下抵抗裂纹扩展的能力。ΔK_{th} 还可以在简化裂纹扩展阶段的疲劳载荷谱时，用作舍弃小载荷的依据，以及用于过载迟滞效应的广义 Wheeler 模型与广义 Willenberg 模型。

测定疲劳裂纹扩展门槛值方法有连续降载（降 K）法、百分比逐级降载法、恒 P 控制的 K 梯度法、恒 K 控制的 K 梯度法等。这些测试方法在许多文献中都有专门介绍，在此就不多述。

2.7 应力强度因子的有限宽度与塑性区修正

应力强度因子是裂纹尖端应力应变场奇异性强度的表征，它控制了裂尖附近的整个弹性场。应力强度因子是载荷（加载方式和大小）与裂纹体几何尺寸（裂纹形状和大小、构件几何形状和尺寸）的函数。式（2-25）所得到的应力强度因子与断裂韧性公式都是对于无限大平板（$W \gg 2a$）而言的，实际上，板宽总是有限的，裂纹长度有时只是板宽的几分之一，此时，应力强度因子公式（2-25）就不适用了，需要乘以一个修正系数 β（表 2-6），于是，对应于有限宽板中心裂纹的 I 型应力强度因子公式为

$$K_I = \sqrt{\pi a} \cdot \sigma \cdot \beta \tag{2-30}$$

式中，σ 为应力；a 为裂纹长度；β 为无量纲应力强度因子修正系数，对于给定的裂纹体及载荷条件，β 通常为裂纹长度的函数。

表 2-6 有限宽板的应力强度因子修正系数

类　型	修正系数 β
（中心裂纹拉伸）	$\beta = \dfrac{1}{\sqrt{\pi}}\left[1.77 + 0.277\left(\dfrac{a}{h}\right) - 0.510\left(\dfrac{a}{h}\right)^2 + 2.7\left(\dfrac{a}{h}\right)^3\right]$ $\beta = 1.00$（当 $a \ll h$ 时）
（单边裂纹拉伸）	$\beta = \dfrac{1}{\sqrt{\pi}}\left[1.99 - 0.41\left(\dfrac{a}{h}\right) + 18.7\left(\dfrac{a}{h}\right)^2 - 38.48\left(\dfrac{a}{h}\right)^3 + 53.85\left(\dfrac{a}{h}\right)^4\right]$ $\beta = 1.12$（当 $a \ll h$ 时）
（双边裂纹拉伸）	$\beta = \dfrac{1}{\sqrt{\pi}}\left[1.99 + 0.38\left(\dfrac{2a}{h}\right) - 2.12\left(\dfrac{2a}{h}\right)^2 + 3.42\left(\dfrac{2a}{h}\right)^3\right]$ $\beta = 1.12$（当 $a \ll h$ 时）
（纯弯曲） $\sigma = \dfrac{6M}{bh^2}$，$b$ 为板厚	$\beta = \dfrac{1}{\sqrt{\pi}}\left[1.99 - 2.47\left(\dfrac{a}{h}\right) + 12.97\left(\dfrac{a}{h}\right)^2 - 23.17\left(\dfrac{a}{h}\right)^3 + 24.80\left(\dfrac{a}{h}\right)^4\right]$ $\beta = 1.12$（当 $a \ll h$ 时）

前面提到，式（2-21）是由弹性理论分析得到的，因此，应力强度因子公式（2-22）和式（2-30）也只适用于弹性范围；但是，若使用的是塑性材料，则在裂纹尖端附近的应力不可能无限地增大，当应力达到屈服极限 σ_s 时，材料就进入塑性状态，即在裂纹尖端附近一个小区域内发生塑性变形，形成一个塑性区，其形状如图 2-26 所示，这对应力分布当然有一定的影响，塑性区的存在使裂纹表现得比它的实际尺寸更长，如果应力强度因子计算中考虑塑性区存在这一因素，就应在应力强度因子表达式中进行修正，修正的方法为在原裂纹尺寸上加上塑性区尺寸的一半。例如，修正后在拉伸载荷下无限大中心裂纹板应力强度因子为

$$K_\mathrm{I} = \sigma\sqrt{\pi(a+\rho_0)} \tag{2-31}$$

式中，$\rho_0 = \dfrac{1}{2}\rho_p$，$\rho_p$ 为裂纹延线方向塑性区的宽度。

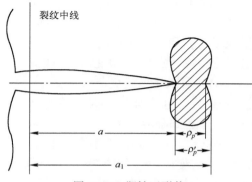

图 2-26　塑性区形状

由裂纹尖端应力公式（2-21），可导出平面问题主应力公式：

$$\left.\begin{matrix}\sigma_1\\ \sigma_2\end{matrix}\right\} = \frac{K_\mathrm{I}}{\sqrt{2\pi\rho}}\cos\frac{\varphi}{2}\left(1\pm\sin\frac{\varphi}{2}\right) \tag{2-32}$$

将屈服准则（Tresca 或 Mises 屈服准则）代入式（2-32），可得到裂纹尖端塑性区尺寸的形状方程。Mises 屈服准则为

$$(\sigma_1-\sigma_2)^2+(\sigma_2-\sigma_3)^2+(\sigma_3-\sigma_1)^2 = 2\sigma_s^2 \tag{2-33}$$

式中，σ_s 为材料屈服应力。

由 Mises 屈服准则得到的 I 型裂纹塑性区形状方程为

$$\rho(\varphi) = \begin{cases} \dfrac{\overline{K}_\mathrm{I}^2}{2\pi\sigma_s^2}\cos^2\dfrac{\varphi}{2}\left(1+3\sin^2\dfrac{\varphi}{2}\right) & \text{（平面应力）}\\[2mm] \dfrac{K_\mathrm{I}^2}{2\pi\sigma_s^2}\cos^2\dfrac{\varphi}{2}\left[3\sin^2+(1-2\nu)^2\right] & \text{（平面应变）}\end{cases} \tag{2-34}$$

在 $\varphi = 0°$ 线上，存在

$$\rho_p = \begin{cases} \dfrac{1}{2\pi}\left(\dfrac{\overline{K}_\mathrm{I}}{\sigma_s}\right)^2 & \text{（平面应力）}\\[2mm] \dfrac{1}{2\pi}\left[\dfrac{K_\mathrm{I}(1-2\nu)}{\sigma_s}\right]^2 & \text{（平面应变）}\end{cases} \tag{2-35}$$

上式为裂尖塑性区的一次近似解，如考虑应力松弛的影响，估计实际的塑性区大小和形状都极为困难。工程上，通常采用

$$\rho_p = \begin{cases} \dfrac{1}{\pi}\left(\dfrac{\overline{K}_{\mathrm{I}}}{\sigma_s}\right)^2 & （平面应力）\\ \dfrac{1}{2\sqrt{2}\pi}\left(\dfrac{K_{\mathrm{I}}}{\sigma_s}\right)^2 & （平面应变）\end{cases} \quad (2-36)$$

作为对 $\varphi=0°$ 处的修正。

2.8 疲劳裂纹扩展速率

损伤容限设计原则允许构件在使用寿命中出现裂纹，发生破损，但在下次检修前，要保持一定的剩余强度，这个"一定的剩余强度"用破损安全载荷衡量。如果说，在无裂纹时构件要求承受极限载荷，那么，在出现裂纹后，仍要保证能承受规定的破损安全载荷，根据不同用途飞机的不同要求，破损安全载荷一般取极限载荷的 60%~80%。当构件无裂纹时（$a=0$），可承受极限载荷值（图2-27）；对于一个含有表面初始裂纹 a_0 的构件，在承受静载荷（通常环境）时，只有其应力水平达到临界应力 σ_c 时，即裂纹尖端的应力强度因子达到临界值 K_{IC}（或 K_{C}）时，才会立即发生脆性断裂（图2-28）。若将静应力水平降低到 σ_0，则构件不会发生破坏，但如构件承受一个与静应力 σ_0 大小相等的脉动循环的交变应力（如图2-28左侧所示）作用，则当构件出现初始裂纹 a_0 后，裂纹将缓慢地扩展，其所能承受的载荷值下降，当它达到临界裂纹尺寸 a_c 时，同样地，会发生脆性破坏，此时，对应于破损安全载荷的裂纹长度 a_c 称为临界裂纹长度，裂纹在交变应力作用下，由初始值 a_0 到临界值 a_c 这一段扩展过程，称为疲劳裂纹的亚临界扩展，裂纹由可检长度 a_0 扩展到临界裂纹长度 a_c 所需的时间称为裂纹扩展寿命。为确保构件安全工作，要求构件的裂纹扩展寿命必须大于飞机的检修周期，因此，对构件进行损伤容限设计的一个重要问题，就是确定构件在疲劳载荷谱作用下的裂纹扩展寿命。

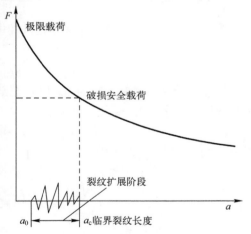

图 2-27 裂纹扩展 P-a 曲线

为了得到疲劳裂纹扩展寿命，需要确定裂纹扩展速率、可检裂纹长度 a_0 和临界裂纹长度 a_c 的数值，a_0 一般取作有关检测技术所能达到的裂纹大小，常取 1.0mm 左右，而临界裂纹长度 a_c 的确定，则需要首先得到图2-27所示的 P-a 曲线。一般来说，图2-27中的 P-a 曲线是利用具有不同裂纹长度 a 的一组模拟试样，进行静力破坏试验得到的，但完全用模拟试样得到 P-a 曲线既不经济，也费时间，为此，可以用断裂力学的知识作为试验的指导和依据。

式 (2-28) 给出了带裂纹构件的断裂条件，即

$$\overline{K}_\mathrm{I} = K_\mathrm{C} \tag{2-37}$$

而

$$\overline{K}_\mathrm{I} = \sqrt{\pi\left(a + \frac{1}{2}\rho_p\right)} \cdot \sigma \cdot \beta \tag{2-38}$$

于是

$$\sqrt{\pi\left(a + \frac{1}{2}\rho_p\right)} \cdot \sigma \cdot \beta = K_\mathrm{C}$$

$$\sigma = \frac{K_\mathrm{C}}{\sqrt{\pi\left(a + \frac{1}{2}\rho_p\right)} \cdot \beta} \tag{2-39}$$

式 (2-39) 给出了一条 σ-a 曲线（图 2-28），稍加变换就能得到 P-a 曲线（图 2-27），这条曲线在离开 $a=0$ 一段后，可以作为试验的参考依据，这是因为当 $a=0$ 时，由式 (2-39) 可知 $P \to \infty$，这显然是违背实际情况的；如图 2-27 所示，取 $a=0$ 时，$P = P_\mathrm{b}$（极限载荷）。

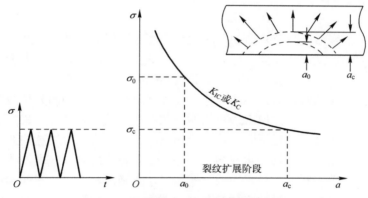

图 2-28 临界裂纹长度和亚临界裂纹扩展

疲劳裂纹通常出现在材料表面和内部夹杂物处，高应力、表面粗糙度、磨损、腐蚀等因素会加速其扩展。疲劳裂纹扩展速率 $\mathrm{d}a/\mathrm{d}N$ 是重要材料性能，通常情况下，疲劳裂纹扩展速率呈现如图 2-29 所示的三个区域，区域 1 由于靠近门槛值 ΔK_th 而常称为近门槛区，区域 2 则称为稳定或线性裂纹扩展区，Paris 公式在此区域能很好地拟合数据，区域 3 由于最大应力强度因子趋于断裂韧性，裂纹快速扩展而称为不稳定扩展区。

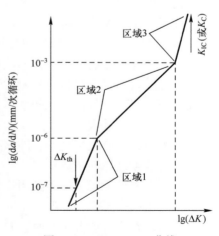

图 2-29 $\mathrm{d}a/\mathrm{d}N$-ΔK 曲线

第 3 章 疲劳统计理论

3.1 疲劳统计基础知识

全寿命是裂纹形成寿命与裂纹扩展寿命的总和。对于小型标准试件，一旦出现宏观裂纹后很快就会扩展至完全断裂，所以，小试件的裂纹形成寿命与全寿命差别不大，如不特别指明，小试件的疲劳寿命既可代表裂纹形成寿命，也可代表全寿命。在疲劳性能测试中，常常把试件疲劳寿命划分为三个区限：①短寿命区：在大应变循环下，试件疲劳寿命大致在 10^4 次循环以内；②中等寿命区：承受中等应力水平，试件疲劳寿命在 $10^4 \sim 10^6$ 次循环范围内；③长寿命区：施加的应力水平较低，试件疲劳寿命大致在 10^6 次循环以上。

一般来说，长寿命区疲劳寿命的分散性大于短寿命区的分散性。经验指出，对于高强度材料制成的光滑试件，在同一应力水平作用下，长寿命区疲劳寿命最高值和最低值相差可达数十倍以上。影响疲劳试验结果分散性的因素，主要有以下几个方面：①试验设备的不精确性；②试验材料的不均匀性，试件从原材料中不同的方位截取；③试件尺寸和形状的不一致性；④试件加工过程的不一致性；⑤试件热处理过程的不一致性，如试件在热处理炉中所处的位置不同；⑥试验环境的偶然变迁。上述这些造成疲劳试验结果分散的因素（包括一些未知因素在内），统称为"偶然因素"。每个试件的疲劳寿命取什么数值，事先无法知道，只有待试验做完，才能确定其大小。它的大小受到偶然因素的影响，这种随偶然因素而改变的量称为"随机变量"。除了以上所述的疲劳寿命，疲劳载荷、疲劳极限以及强度极限等都是随机变量。随机变量虽属偶然出现的一种变量，但随机变量的取值是遵循一定规律的。

母体也称为"总体"，它指的是研究对象的全体；而个体指的是母体中的一个基本单元。母体的性质是由许多个体的性质构成的，所以，要了解母体的性质，必须知道每一个体的性质。但若将母体中所有个体都一一加以研究，则会遇到两种主要困难。首先，在一般情况下，母体包含的个体为数众多，甚至趋于无限多，因此，不可能把所有个体都进行研究。其次，如工业生产中的一些大型部件，批生产量虽不多，但对个体疲劳寿命的测定是具有破坏性的，即该部件经疲劳试验后已不能使用；显然，不能对所有部件都进行这种破坏性试验。

由于以上两种原因，为了推测母体的性质，常从母体中抽取一部分个体加以研究，这些被抽取出的一部分个体称为子样或样本。子样所包含的个体的数目，称为子样大小或样本容量。在进行疲劳试验时，专供试验用的零、部件，或者为了鉴定材料疲劳性能而制作的小型标准件，常称为试件。根据每个大型试件或小型标准试件测得的一个疲劳寿命值，就相当于一个个体，根据一组试件测出的一组数据，则相当于一个子样。例如

子样大小为 $n=5$，即表示这个子样包含 5 个观测数据。

代表子样的统计性质的观测数据的特征值可以分为两类：一类是表示数据集中位置的，如平均值和中值；另一类是表示数据分散性质的，如标准差（标准偏差）、方差和变异系数等。

如果从母体中随机地抽取一个大小为 n 的子样，即取得了 n 个观测数据 $x_1, x_2, \cdots, x_n$，那么这 n 个数据的平均值称为"子样平均值"，以 $\bar{x}$ 表示：

$$\bar{x} = \frac{1}{n}(x_1 + x_2 + \cdots + x_n)$$

或写成

$$\bar{x} = \frac{1}{n}\sum_{i=1}^{n} x_i \tag{3-1}$$

显然，子样平均值反映了数据的平均性质。各个观测数据可看作围绕它而分布的，因此，子样平均值表示数据的集中位置。

在疲劳可靠性分析中，除了最常用的子样算术平均值 $\bar{x}$，还有几何平均值 G。若已知 n 个数据 $x_1, x_2, \cdots, x_n$，则这 n 个数据的几何平均值 G 为

$$\begin{cases} G = (x_1 x_2 \cdots x_n)^{1/n} \\ G = \left(\prod_{i=1}^{n} x_i\right)^{1/n} \end{cases} \tag{3-2}$$

式中，$\prod$ 为连乘号；$\prod_{i=1}^{n} x_i$ 表示 n 个数字 $x_1, x_2, \cdots, x_n$ 连乘。若将式（3-2）两端取对数，则

$$\begin{cases} \lg G = \frac{1}{n}(\lg x_1 + \lg x_2 + \cdots + \lg x_n) \\ \lg G = \frac{1}{n}\sum_{i=1}^{n} \lg x_i \end{cases} \tag{3-3}$$

由式（3-3）可知，几何平均值 G 的对数，等于各数据对数的算术平均值。习惯上，平均值都指算术平均值。对于几何平均值，必须注明"几何"二字。

"中值"也是一种表示数据集中位置的特征值，中值也称为"中位数"。将一组数据按大小顺序排列，居于正中间位置的数值，称为这组数据的"子样中值"，以符号 M_e 表示。因为观测数据的总数为奇数，所以，子样中值就是居于正中的那个数，即 M_e。当观测数据的总数为偶数时，则子样中值为居于中间位置的两个数据的平均值，即 M_e。

用"子样方差" s^2 作为分散性的度量，子样方差定义为

$$s^2 = \frac{\sum_{i=1}^{n}(x_i - \bar{x})^2}{n-1} \tag{3-4}$$

或

$$s^2 = \frac{\sum_{i=1}^{n} x_i^2 - \frac{1}{n}\left(\sum_{i=1}^{n} x_i\right)^2}{n-1} \tag{3-5}$$

式中，n 为观测值的个数，$(n-1)$ 为方差的自由度；$\sum\limits_{i=1}^{n} x_i^2$ 为观测值的"平方和"；$\left(\sum\limits_{i=1}^{n} x_i\right)^2$ 是观测值的"和平方"。

"标准差"为"标准偏差"或"标准离差"的简称，它是表示观测数据分散性的一个特征值。子样方差 s^2 平方根 s 称为"子样标准差"，即

$$s = \sqrt{\frac{\sum\limits_{i=1}^{n}(x_i - \bar{x})^2}{n-1}} \tag{3-6}$$

或

$$s = \sqrt{\frac{\sum\limits_{i=1}^{n} x_i^2 - \frac{1}{n}\left(\sum\limits_{i=1}^{n} x_i\right)^2}{n-1}} \tag{3-7}$$

方差和标准差的计算公式还可分别写成以下形式：

$$s^2 = \frac{\sum\limits_{i=1}^{n} x_i^2 - n\bar{x}^2}{n-1} \tag{3-8}$$

$$s = \sqrt{\frac{\sum\limits_{i=1}^{n} x_i^2 - n\bar{x}^2}{n-1}} \tag{3-9}$$

在疲劳统计分析中，常常用子样标准差作为分散性的指标。s 越大，表示数据越分散；s 越小，分散性就越小。子样标准差具有如下性质：①标准差是衡量分散性的重要指标，其数值越大，表示观测数据分散程度越大；②标准差恒为正值，其单位与观测值的单位相同；③一组观测值可视为由母体中抽取的一个子样，所以，由观测值求出的 s 称为子样标准差，以便与后面将介绍的母体标准差有所区别。

标准差的计算是以与平均值的偏离大小为基准的。如果两种同性质的数据的标准差一样，那么，根据标准差的意义，可以知道这两组数据各个观测值偏离其平均值的程度相同。标准差只与各个观测值的偏差绝对值有关，而与各个观测值本身大小无关。为计及观测值本身的影响，将标准差除以平均值 $\bar{x}$，由此得到的特征值就称为"变异系数"或"离差系数"C_v：

$$C_v = \frac{s}{\bar{x}} \times 100\%$$

变异系数可作为衡量一组数据相对分散程度的指标，有时用百分数表示，变异系数是无量纲的。不同性质、不同单位的两组观测值的分散性，也可用它们的变异系数进行比较。

如上所述，疲劳寿命、疲劳载荷、疲劳极限以及强度极限等都是随机变量，若以随机变量 ξ 表示，则随机变量 ξ 数学期望定义为

$$E(\xi) = \int_{-\infty}^{\infty} x f(x) \mathrm{d}x \tag{3-10}$$

算符 $E(\ )$ 可看作施加在 ξ 上的一种运算，$E(\xi)$ 代表随机变量分布的集中位置。随机变

量 ξ 的方差用 $\mathrm{Var}(\xi)$ 表示，其定义为

$$\mathrm{Var}(\xi) = \int_{-\infty}^{\infty} [x - E(\xi)]^2 f(x) \mathrm{d}x \tag{3-11}$$

算符 $\mathrm{Var}(\ )$ 可看作施加在 ξ 上的一种运算。$\mathrm{Var}(\xi)$ 的平方根 $\sqrt{\mathrm{Var}(\xi)}$ 称为随机变量 ξ 的标准差。方差 $\mathrm{Var}(\xi)$ 的表达式可简化为

$$\mathrm{Var}(\xi) = E(\xi^2) - 2E(\xi)E(\xi) + [E(\xi)]^2$$

所以

$$\mathrm{Var}(\xi) = E(\xi^2) - [E(\xi)]^2 \tag{3-12}$$

无论两个随机变量 ξ、η 各自遵循何种分布，也无论 ξ 与 η 是否互相独立，$\xi+\eta$ 的数学期望等于 ξ 的数学期望与 η 的数学期望之和。当已知 $E(\xi)$ 和 $E(\eta)$ 时，即可求出 $E(\xi+\eta)$。

$$E(\xi+\eta) = E(\xi) + E(\eta) \tag{3-13}$$

同样，可求得两个随机变量之差的数学期望。

$$E(\xi-\eta) = E(\xi) - E(\eta) \tag{3-14}$$

根据式（3-13）给出的两个随机变量之和的数学期望，不难推出 n 个随机变量 ξ_1，ξ_2，$\cdots$，ξ_n 之和的数学期望：

$$E(\xi_1+\xi_2+\cdots+\xi_n) = E(\xi_1) + E(\xi_2) + \cdots + E(\xi_n) \tag{3-15}$$

随机变量之和的方差：

$$\mathrm{Var}(\xi+\eta) = \mathrm{Var}(\xi) + \mathrm{Var}(\eta) + 2\mathrm{Cov}(\xi,\eta) \tag{3-16}$$

当两个随机变量 ξ 和 η 互相独立时，可证明协方差 $\mathrm{Cov}(\xi,\eta)$ 等于零，即 $\mathrm{Cov}(\xi,\eta) = 0$，此时，式（3-16）变成

$$\mathrm{Var}(\xi+\eta) = \mathrm{Var}(\xi) + \mathrm{Var}(\eta) \tag{3-17}$$

同样，还可求出两个随机变量之差的方差。仿照式（3-16）的推导过程，可得

$$\mathrm{Var}(\xi-\eta) = \mathrm{Var}(\xi) + \mathrm{Var}(\eta) - 2\mathrm{Cov}(\xi,\eta) \tag{3-18}$$

当两个随机变量互相独立时，$\mathrm{Cov}(\xi,\eta) = 0$。于是，式（3-18）可写成

$$\mathrm{Var}(\xi-\eta) = \mathrm{Var}(\xi) + \mathrm{Var}(\eta) \tag{3-19}$$

根据式（3-17）和式（3-19）可得出结论：无论两个随机变量 ξ 和 η 各自遵循何种分布，$\xi+\eta$ 的方差与 $\xi-\eta$ 的方差是相等的，其值均为 $\mathrm{Var}(\xi)+\mathrm{Var}(\eta)$；但是，当两个随机变量不相互独立时，必须知道二维随机变量的概率密度函数 $p(x,y)$，由此求出协方差 $\mathrm{Cov}(\xi,\eta)$，方能计算二维随机变量之和（或差）的方差。

根据式（3-17）给出的二维随机变量之和的方差，不难推出 n 个随机变量 ξ_1，ξ_2，$\cdots$，ξ_n 之和的方差。当 n 个随机变量互相独立时，则

$$\mathrm{Var}(\xi_1+\xi_2+\cdots+\xi_n) = \mathrm{Var}(\xi_1) + \mathrm{Var}(\xi_2) + \cdots + \mathrm{Var}(\xi_n) \tag{3-20}$$

子样平均值 $\bar{\xi}$ 是随机变量的函数：

$$\bar{\xi} = \frac{1}{n}(\xi_1 + \xi_2 + \cdots + \xi_n) = \frac{1}{n}\sum_{i=1}^{n}\xi_i$$

再根据式（3-15），可推出其数学期望为

$$E(\bar{\xi}) = \frac{1}{n}[E(\xi_1) + E(\xi_2) + \cdots + E(\xi_n)]$$

因为子样中每一个体（观测值）都来自同一母体，所以，ξ_1，ξ_2，$\cdots$，ξ_n 都具有相同的概率密度函数。设它们共同母体的平均值为 μ，则
$$E(\xi_1) = E(\xi_2) = \cdots = E(\xi_n) = \mu$$
因此，子样平均值的数学期望可写成
$$E(\bar{\xi}) = \mu \tag{3-21}$$
按式（3-20）再计算子样平均值的方差，有
$$\mathrm{Var}(\bar{\xi}) = \frac{1}{n^2}[\mathrm{Var}(\xi_1) + \mathrm{Var}(\xi_2) + \cdots + \mathrm{Var}(\xi_n)]$$
设各随机变量 ξ_1，ξ_2，$\cdots$，ξ_n 共同母体的方差为 σ^2，则
$$\mathrm{Var}(\xi_1) = \mathrm{Var}(\xi_2) = \cdots = \mathrm{Var}(\xi_n) = \sigma^2$$
于是，子样平均值的方差可写成
$$\mathrm{Var}(\bar{\xi}) = \frac{\sigma^2}{n} \tag{3-22}$$
故子样平均值的标准差为 $\sigma/\sqrt{n}$。

如果从一个指定的母体中，连续不断地抽取大小为 n 的子样，并相应地求出一个又一个的子样平均值，这许许多多的子样平均值必然遵循某一定的概率分布。$E(\bar{\xi})$ 就是该概率分布的母体平均值，$\mathrm{Var}(\bar{\xi})$ 就是该概率分布的母体方差。因为在推导 $E(\bar{\xi})$ 和 $\mathrm{Var}(\bar{\xi})$ 的公式时，并未假定被抽样母体的分布情况，所以，无论母体为何种概率分布，只要母体平均值 μ 和方差 σ^2 都存在，$E(\bar{\xi})$ 必定等于 $E(\mu)$，$\mathrm{Var}(\bar{\xi})$ 必定等于 σ^2/n。

最后，还应指出，勿将平均值和数学期望这两个概念混淆。如式（3-10）给出的数学期望虽然是从平均值发展而来的，但平均值不一定是数学期望。因为一般平均值的含义比较广泛，任一集合体中的任意个数值都存在平均值，如一组观测数据的平均值、子样平均值、母体平均值等，它可以是常数，也可以是随机变量。而数学期望则表示一个随机变量所有可能取得的数值平均值，它只有对大量观测才有意义。当根据大量观测能够给出随机变量的概率密度函数时，可以由式（3-10）求出其数学期望，即母体平均值，此乃一个常数，如按正态分布的母体平均值为 μ。

根据长期工作经验，常常先将疲劳寿命 N 的观测值作对数变换后，再绘制直方图。这样，可以更明显地看出数据有序的变化。进行统计分析时，常需要寻求一条曲线拟合直方图的外形，该曲线称为"试验频率曲线"。根据长期实践经验，构成直方图的研究对象尽管各有不同，但它们的试验频率曲线都具有一些共同的特性：①曲线纵坐标恒为非负值；②在曲线中部至少存在一高峰；③曲线两端向左右延伸，直至纵坐标等于零或趋近于零；④曲线与横坐标轴所包围的面积应该等于1。

当试验观测次数 n 不断增加时，分组数据的组数随之增多（图 3-1），试验频率曲线的形式将作越来越小地变化，最后趋于稳定。还可以设想，当 $n \to \infty$ 时，即可用频率近似概率，频率曲线下所包围的面积将表示概率。频率曲线纵坐标则表示概率密集的程度，因此，称它为"概率密度"，这种曲线也就称为"概率密度曲线"。实际上，虽然观测次数有限，不可能进行无限多次观测，但只要设想可能存在无限多个个体，则无论是否一一观测，概率密度曲线总是客观存在的。既然概率密度曲线是由无限多个个体构成的，因此，概率密度曲线代表了无限大母体的特性。根据对各种研究对象所作出的试

验频率曲线及其特征，前人提出了一些概率密度函数 $f(x)$，以数学形式表达出概率密度曲线。利用数学分析方法，描绘试验频率曲线的数学表达式称为理论频率函数，在数理统计学中，理论频率函数常称为概率密度函数。最适用于疲劳可靠性的概率密度函数，有"正态概率密度函数"和"威布尔概率密度函数"。最常用的概率密度函数为

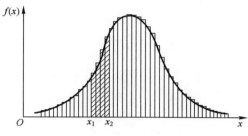

图 3-1 试验频率曲线

$$f(x)=\frac{1}{\sigma\sqrt{2\pi}}\mathrm{e}^{-\frac{(x-\mu)^2}{2\sigma^2}} \tag{3-23}$$

也可写成
$$f(x)=\frac{1}{\sigma\sqrt{2\pi}}\exp\left[-\frac{(x-\mu)^2}{2\sigma^2}\right]$$

式中，$\mathrm{e}=2.718$ 为自然对数的底；μ 和 σ 为两个常数。函数 $f(x)$ 称为正态概率密度函数。按照这一函数所绘出的正态概率密度曲线（图 3-2），就是通常所说的"高斯曲线"。正态概率密度曲线具备以上所述的那些特性，曲线左右两部分是对称的，适宜表达对数疲劳寿命观测值的变化规律。

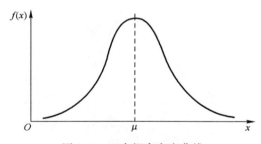

图 3-2 正态概率密度曲线

适用于疲劳统计分析的概率密度函数，除了正态概率密度函数，还有威布尔概率密度函数：

$$f(N)=\frac{b}{N_a-N_0}\left[\frac{N-N_0}{N_a-N_0}\right]^{b-1}\mathrm{e}^{-\left[\frac{N-N_0}{N_a-N_0}\right]^b} \tag{3-24}$$

或写成
$$f(N)=\frac{b}{N_a-N_0}\left[\frac{N-N_0}{N_a-N_0}\right]^{b-1}\exp\left\{-\left[\frac{N-N_0}{N_a-N_0}\right]^b\right\}$$

式中，N_0、N_a 和 b 为三个常数。按照威布尔概率密度函数画出的曲线表示在图 3-3 中，曲线与横坐标轴交于 N_0，曲线左右两部分不对称，而是向一方倾斜。在某些情况下，根据实际观测的结果，疲劳寿命 N 的分布规律用威布尔概率密度曲线表达更为合适。

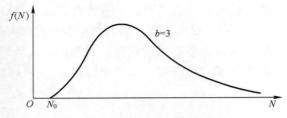

图 3-3 威布尔概率密度曲线

在疲劳寿命统计推断中,经常要使用到统计量 U、χ^2 和 t 等进行区间估计,现对这些统计量作简单介绍。设随机变量 X 服从正态分布,做变换

$$U = \frac{X-\mu}{\sigma} \tag{3-25}$$

随机变量的函数 U 当然仍是一随机变量。因为 X 可在区间 $(-\infty,\infty)$ 内取值,故 $U=(X-\mu)/\sigma$ 的取值范围也是从 $-\infty$ 到 ∞。U 的概率密度函数 $\phi(u)$ 为

$$\phi(u) = \frac{1}{\sqrt{2\pi}} e^{-\frac{u^2}{2}} \quad (-\infty < u < \infty) \tag{3-26}$$

随机变量 U 就是所谓的"标准正态变量",$\phi(u)$ 则称为标准正态概率密度函数。与式 (3-23) 对比,可以得知,它相当于母体平均值 μ 为 0、标准差 σ 为 1 的正态概率密度函数,所以,标准正态分布常用符号 $N(0;1)$ 表示,式 (3-25) 称为正态变量的标准化置换,标准正态概率密度曲线示于图 3-4 中。

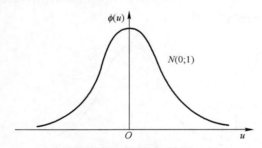

图 3-4 标准正态概率密度曲线

随机变量 χ^2 的概率密度函数表达式为

$$f_\nu(x) = \frac{\left(\frac{1}{2}\right)^{\frac{\nu}{2}}}{\Gamma\left(\frac{\nu}{2}\right)} x^{\frac{\nu}{2}-1} e^{-\frac{x}{2}} \quad (0 < x < \infty) \tag{3-27}$$

式中,x 为 χ^2 变量的取值;ν 为 χ^2 概率密度函数的一个参数,当这个参数改变时,χ^2 概率密度函数也随之改变,参数 ν 称为"自由度";当 ν 逐渐增大时,χ^2 概率密度曲线接近于对称的形式。

χ^2 变量的数学期望和方差为

$$E(\chi^2) = \frac{\alpha}{\beta} = \nu \tag{3-28}$$

$$\text{Var}(\chi^2) = \frac{\alpha}{\beta^2} = 2\nu \tag{3-29}$$

χ^2 分布具有如下性质：

(1) 若 $U_1, U_2, \cdots, U_\nu$ 为 ν 个互相独立的标准正态变量，则 $\sum_{i=1}^{\nu} U_i^2$ 遵循自由度为 ν 的 χ^2 分布。

(2) 若 χ_1^2 与 χ_2^2 为互相独立的 χ^2 变量，其自由度各为 ν_1 及 ν_2，则 $\chi_1^2 + \chi_2^2$ 也是一个服从 χ^2 分布的随机变量，其自由度为 $\nu_1 + \nu_2$。将其进行推广："有限个互相独立的 χ^2 变量之和仍为一 χ^2 变量，其自由度为每个 χ^2 变量的自由度之和"。

(3) 若 s_x^2 表示从正态母体 $N(\mu;\sigma)$ 中随机抽取的大小为 n 的子样方差，则 $(n-1)s_x^2/\sigma^2$ 为一遵循 χ^2 分布的随机变量，其自由度为 $\nu = n-1$。

$$\chi^2 = \frac{(n-1)s_x^2}{\sigma^2} \tag{3-30}$$

根据 χ^2 统计量分布，可知随机变量函数

$$\eta = \sqrt{\frac{\chi^2}{\nu}} \tag{3-31}$$

的概率密度函数为

$$g(y) = \frac{2\left(\dfrac{\nu}{2}\right)^{\frac{\nu}{2}}}{\Gamma\left(\dfrac{\nu}{2}\right)} y^{\nu-1} e^{-\frac{1}{2}\nu y^2} \quad (0 < y < \infty) \tag{3-32}$$

因为 χ^2 的取值是 $0 \sim \infty$，所以 $\eta = \sqrt{\dfrac{\chi^2}{\nu}}$ 的取值也是 $0 \sim \infty$。

若标准正态变量 U 和 η 是两个互相独立的随机变量，则这两个随机变量的比称为"t_x 变量"：

$$t_x = \frac{U}{\eta} = \frac{U}{\sqrt{\dfrac{\chi^2}{\nu}}} \tag{3-33}$$

t_x 变量的取值范围是 $-\infty \sim \infty$。设 t 是变量 t_x 的取值，则分布函数 $P(t_x < t_0)$ 为

$$P(t_x < t_0) = \int_{-\infty}^{t_0} h(t)\,\mathrm{d}t \tag{3-34}$$

$$h(t) = \frac{\Gamma\left(\dfrac{\nu+1}{2}\right)}{\sqrt{\pi\nu}\,\Gamma\left(\dfrac{\nu}{2}\right)} \left(1 + \frac{t^2}{\nu}\right)^{-\frac{\nu+1}{2}} \tag{3-35}$$

式中，$h(t)$ 为 t 概率密度函数。

因为 $h(t)$ 是偶函数，所以，t 概率密度曲线和标准正态概率密度曲线类似，对纵坐标轴是对称的。进一步的数学证明指出：当 $\nu \to \infty$ 时，t 分布趋于标准正态分布。实际上，当 $\nu \geq 30$ 时，两者已十分相近。

3.2 疲劳寿命概率分布

如前面所述，正态概率密度函数和威布尔概率密度函数常用于疲劳寿命可靠性分析。根据式（3-23）可画出正态概率密度曲线（图3-5）。当 $x=\mu$ 时，$f(x)$ 为极大值；曲线的对称轴位于横坐标 μ 处。在 $x=\mu\pm\sigma$ 处，曲线存在拐点。对称轴左右两部分曲线向外延伸，并且以横坐标轴为曲线的渐近线。曲线的形状由母体标准差 σ 决定，σ 越大，曲线外形越扁平，表示分散性越大；σ 越小，曲线外形越狭高，表示分散性越小。若已知 μ 和 σ，正态概率密度曲线就可以完全确定。为了叙述方便，采用一简单符号 $N(\mu;\sigma)$ 表示母体平均值为 μ、标准差为 σ 的正态分布。

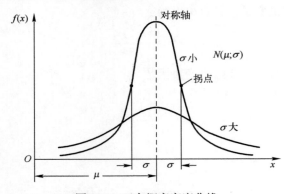

图3-5 正态概率密度曲线

当已知正态概率密度函数时，可以求出正态变量的分布函数 $F(x_p)$，即正态变量 X 小于某一数值 x_p 的概率 $P(X<x_p)$：

$$F(x_p) = P(X < x_p) = \frac{1}{\sigma\sqrt{2\pi}} \int_{-\infty}^{x_p} e^{-\frac{(x-\mu)^2}{2\sigma^2}} dx \qquad (3-36)$$

式中，$F(x_p)=P(X<x_p)$ 的几何意义是，在数值上等于从 $-\infty$ 到 x_p 曲线与横坐标轴之间所包围的面积（图3-6中的阴影部分）。

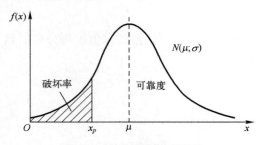

图3-6 正态概率密度曲线

当对数疲劳寿命遵循正态分布时，则 $F(x_p)$ 相当于破坏率，破坏率越小，安全寿命就越低。对于飞机零、部件，破坏率常常取0.1%（千分之一），它表示1000个零、部件中，只可能有1个未达到安全寿命而提前发生破坏。这样小的概率，实际上很难实现,因此,根据破坏率为 0.1% 所确定的安全寿命是比较可靠的。即使对如此小破坏概率事件,在疲劳可靠性设计中也会注意防范,这将在以后述及。对于重要的零、部件,破坏率还可以取得更低一些;对一般便于更换或易于检查的零、部件,破坏率可以取得高一些,从而可以给出比较长的安全寿命。

在正态概率密度函数已知的前提下,由式(3-36)可以看出,$F(x_p)$ 的数值完全取决于 x_p。如以 $F(x_p)$ 为纵坐标,x_p 为横坐标,则可画出分布函数的曲线(图 3-7)。从图 3-7 中可以看到,$F(x_p)$ 随 x_p 的增加而增加,这是因为当 x_p 增加时,x_p 以左曲线所包围的阴影面积随之扩大(图 3-6);当 $x_p=\mu$ 时,此部分面积应等于 0.5,即 $F(x_p)=0.5$;当 x_p 趋于 $-\infty$ 或 ∞ 时,$F(x_p)$ 分别以 0 和 1 为极限。

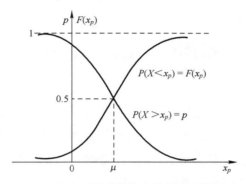

图 3-7 分布函数曲线与超值累积频率曲线

根据正态概率密度函数,还可以求出"超值累积频率函数",即正态变量 X 大于某一数值 x_p 的概率 $P(X>x_p)$:

$$P(X>x_p) = \frac{1}{\sigma\sqrt{2\pi}} \int_{x_p}^{\infty} e^{-\frac{(x-\mu)^2}{2\sigma^2}} dx \tag{3-37}$$

显然,当研究对象 x 为对数疲劳寿命时,超值累积频率函数 $P(X>x_p)$ 相当于可靠度 p。$P(X>x_p)$ 也是 x_p 的函数,它和 $P(X<x_p)$ 存在以下关系:

$$P(X>x_p) + P(X<x_p) = 1 \tag{3-38}$$

超值累积频率曲线也表示在图 3-7 中,$P(X>x_p)$ 随 x_p 的增大而减小,与 $P(X<x_p)$ 曲线的变化相反。

正态变量的超值累积频率函数 $P(X>x_p)$ 在疲劳可靠性中占有重要地位。以下根据式(3-37)进一步说明 $P(X>x_p)$ 和 x_p 的函数关系。对式(3-37)积分时,可采用标准化变量置换的方法,令

$$\begin{cases} u = \dfrac{x-\mu}{\sigma} \\ du = \dfrac{dx}{\sigma}, \quad dx = \sigma du \end{cases} \tag{3-39}$$

利用以上关系式,则式(3-37)可写成

$$P(X>x_p) = \frac{1}{\sigma\sqrt{2\pi}} \int_{x_p}^{\infty} e^{-\frac{(x-\mu)^2}{2\sigma^2}} dx = \frac{1}{\sqrt{2\pi}} \int_{u_p}^{\infty} e^{-\frac{u^2}{2}} du \tag{3-40}$$

此时，积分下限按式（3-39）相应地变成

$$u_p = \frac{x_p - \mu}{\sigma} \tag{3-41}$$

由式（3-40）可以看到，经变换后的被积函数自然转化为标准正态概率密度函数：

$$\phi(u) = \frac{1}{\sqrt{2\pi}} e^{-\frac{u^2}{2}}$$

这样，$P(X>x_p)$ 不仅可用正态概率密度曲线所包围的面积表示，也可用标准正态概率密度曲线所包围的面积表示。u_p 称为与可靠度 p 相关的"标准正态偏量"。由此可见，x_p 与 p 之间的关系是通过 u_p 联系的。

若取可靠度为 $p=50\%$，则 $u_p=0$，此时

$$x_{50} = \mu \tag{3-42}$$

可见母体平均值 μ 相当于 50% 可靠度的对数疲劳寿命，50% 可靠度的疲劳寿命 N_{50} 称为"中值疲劳寿命"，它是 x_{50} 的反对数；N_{50} 的含义是，母体中有一半（50%）个体寿命高于 N_{50}，有一半个体寿命低于 N_{50}。

如果已知 X_1 和 X_2 为两个互相独立的正态变量，其母体平均值分别为 μ_1 和 μ_2，母体标准差分别为 σ_1 和 σ_2，那么，$\varsigma = X_1 + X_2$ 必然也是正态变量，根据式（3-13）和式（3-17），可知其数学期望为 $\mu_1+\mu_2$，方差为 $\sigma_1^2+\sigma_2^2$，标准差为 $\sqrt{\sigma_1^2+\sigma_2^2}$，故 ς 的概率密度函数为

$$f(x) = \frac{1}{\sqrt{\sigma_1^2+\sigma_2^2}\sqrt{2\pi}} \exp\left\{-\frac{[x-(\mu_1+\mu_2)]^2}{2(\sigma_1^2+\sigma_2^2)}\right\} \tag{3-43}$$

仿照以上推导过程，可知两个正态变量之差 $\varsigma = X_1 - X_2$ 也是正态变量，其数学期望为 $\mu_1-\mu_2$，方差为 $\sigma_1^2+\sigma_2^2$。上述两个正态变量之和（或差）的结果，推广到 n 个正态变量 X_1，X_2，…，X_n 的情况，它们的母体平均值分别为 μ_1，μ_2，…，μ_n，母体标准差分别为 σ_1，σ_2，…，σ_n。设

$$\varsigma = a_1 X_1 + a_2 X_2 + \cdots + a_n X_n \tag{3-44}$$

式（3-44）表明 ς 是正态变量，其数学期望为

$$E(\varsigma) = a_1\mu_1 + a_2\mu_2 + \cdots + a_n\mu_n \tag{3-45}$$

方差为

$$\text{Var}(\varsigma) = a_1^2\sigma_1^2 + a_2^2\sigma_2^2 + \cdots + a_n^2\sigma_n^2 \tag{3-46}$$

由此可得出结论，互相独立的正态变量的齐次线性函数 ς 仍然是正态变量，其数学期望及方差分别由式（3-45）和式（3-46）给出。

如以 N 表示疲劳寿命，设随机变量 $X=\lg N$，则对数疲劳寿命的概率密度函数 $f(x)$ 服从正态分布，即

$$f(x) = \frac{1}{\sigma\sqrt{2\pi}} \exp\left[-\frac{(x-\mu)^2}{2\sigma^2}\right]$$

根据上式可得疲劳寿命的概率密度函数 $p(N)$ 为

$$p(N) = \frac{1}{\sigma N \sqrt{2\pi} \ln 10} e^{-\frac{(\lg N - \mu)^2}{2\sigma^2}} \quad (0 < N < \infty) \tag{3-47}$$

值得注意，式（3-47）中 μ 和 σ 分别为对数疲劳寿命的母体平均值和母体标准差，疲劳寿命 N 的概率密度曲线示于图 3-8 中。根据式（3-47）给出的 N 的概率密度函数 $p(N)$，可求得 N 的数学期望，即母体平均值 μ_N。

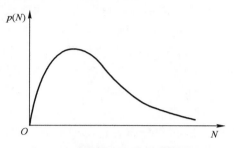

图 3-8 疲劳寿命的概率密度曲线

$$\mu_N = \exp\left[\frac{1}{2}\sigma^2 \ln^2 10 + \mu \ln 10\right]$$

或写成

$$\lg \mu_N = \frac{\ln \mu_N}{\ln 10} = \frac{1}{2}\sigma^2 \ln 10 + \mu \tag{3-48}$$

式（3-48）给出了正态变量 X 的母体平均值 μ、方差 σ^2 与随机变量 N 的母体平均值 μ_N 之间的关系。μ 可以看作对数疲劳寿命 $(x = \lg N)$ 的母体平均值，如子样大小为 n，则 μ 的估计量为

$$\hat{\mu} = \frac{1}{n}(\lg N_1 + \lg N_2 + \cdots + \lg N_n)$$

对正态分布来说，$\hat{\mu}$ 相当于可靠度为 50% 的对数疲劳寿命估计量，即

$$\hat{\mu} = \lg \hat{N}_{50}$$

此处，$\hat{N}_{50}$ 是可靠度为 50% 的疲劳寿命估计量（中值疲劳寿命估计量），它等于各疲劳寿命观测值 N_1，N_2，$\cdots$，N_n 的几何平均值：

$$\hat{N}_{50} = (N_1 N_2 \cdots N_n)^{\frac{1}{n}}$$

但是，μ_N 代表疲劳寿命 N 的母体平均值，它的估计量是各疲劳寿命观测值的算术平均值：

$$\hat{\mu}_N = \frac{1}{n}(N_1 + N_2 + \cdots + N_n)$$

对比估计值 $\hat{\mu}$ 和 $\hat{\mu}_N$ 也可以清楚地看到 μ 和 μ_N 二者不同。式（3-48）给出了 $\lg \mu_N$ 和 μ 之间的差数为 $\frac{1}{2}\sigma^2 \ln 10$，$\sigma^2$ 为对数疲劳寿命的母体方差，这一关系式仅在对数疲劳寿命服从正态分布的条件下成立。可以证明，对数疲劳寿命 $\lg N_p$ 的可靠度 p 即代表疲劳寿命 N_p 的可靠度 p_N。由式（3-47）还可求得任一指定疲劳寿命 N_p 的可靠度 p_N：

$$p_N = \frac{1}{\sigma\sqrt{2\pi}\ln 10}\int_{N_p}^{\infty}\frac{1}{N}e^{-\frac{(\lg N - \mu)^2}{2\sigma^2}}dN \tag{3-49}$$

如上所述，正态分布理论适用于中、短寿命区的情况，而威布尔分布理论不限于在这个范围内，对于疲劳寿命大于10^6次循环的长寿命区，有些试验结果也近似地符合威布尔分布，从而能给出在长寿命区的安全寿命。特别是，对于轴承、齿轮的疲劳寿命，利用威布尔分布理论处理，常常会得到满意的结果，但由于威布尔概率密度函数的数学形式较繁，使得它在一些统计推断方面受到限制。威布尔概率密度函数的优点在于存在最小安全寿命，即100%可靠度的安全寿命，而按照正态分布理论，只有当对数安全寿命$x_p = \lg N_p$趋于$-\infty$时，即$N_p = 0$时，可靠度才等于100%，显然，这是不符合实际情况的，亦即正态分布理论不足之处。为了弥补这一不足，可增加一待定参数N_0，将$x_p = \lg N_p$改换成$x_p = \lg(N_p - N_0)$，此处N_0为100%可靠度的最小安全寿命，即使如此，有时还会给出$N_0 \to 0$的结果。采用威布尔分布理论，在极高可靠度范围（99.99%～100%）内所给出的安全寿命或最小安全寿命仍然比较符合实际情况。

在同一循环载荷作用下，各试件疲劳寿命N的分布规律，可以由以下威布尔概率密度函数表示：

$$f(N) = \frac{b}{N_a - N_0} \left[\frac{N - N_0}{N_a - N_0} \right]^{b-1} \exp\left\{ -\left[\frac{N - N_0}{N_a - N_0} \right]^b \right\} \quad (N_0 < N < \infty) \quad (3-50)$$

式中，N_0为最小寿命参数；N_a为特征寿命参数；b为威布尔形状参数（斜率参数）。由于威布尔概率密度函数中包含三个待定参数（在正态分布中只有两个，即μ和σ），所以，它更能完善地拟合试验数据点。

当$b = 1$时，式（3-50）中的$f(N)$为一简单的指数概率密度函数；当$b = 2$时，$f(N)$为瑞利概率密度函数；当$b = 3 \sim 4$时，接近正态概率密度函数；威布尔概率密度曲线表示在图3-9中，曲线高峰通常偏斜向左，偏斜程度随b而变化，对于$b > 1$的情况，当$N = N_0$时，曲线与横坐标轴相交，由图3-9可以看到，存在大于零的最小寿命值N_0；差值$(N_a - N_0)$越大，曲线外形越扁平，分散性越大；曲线右端延伸至无限远处，以横坐标轴为渐近线；威布尔概率密度函数和其他概率密度函数一样，满足$\int_{N_0}^{\infty} f(N) \mathrm{d}N = 1$的要求，即曲线和横坐标轴所包围的面积等于1。

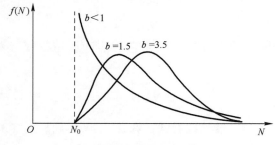

图3-9 威布尔概率密度曲线（1）

若再取$b = 2$，则得瑞利概率密度函数：

$$f(x) = \frac{2x}{x_a^2} \mathrm{e}^{-\frac{x^2}{x_a^2}}$$

按威布尔分布的随机变量简称威布尔变量，以符号N_ξ表示。根据式（3-50）给出的威布尔概率密度函数 $f(N)$，可以求出威布尔变量的分布函数 $F(N_p)$，即 N_ξ 小于某一数值 N_p 的概率 $P(N_\xi<N_p)$：

$$F(N_p) = P(N_\xi < N_p) = \int_{N_0}^{N_p} f(N)\,\mathrm{d}N \tag{3-51}$$

以上积分式表示在 N_0 和 N_p 之间曲线与横坐标轴所包围的面积（图 3-10 中的阴影面积）。

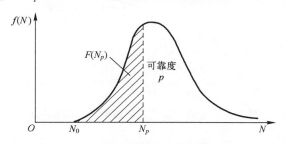

图 3-10 威布尔概率密度曲线（2）

将式（3-50）代入式（3-51），则

$$F(N_p) = \int_{N_0}^{N_p} \frac{b}{N_a - N_0}\left[\frac{N-N_0}{N_a-N_0}\right]^{b-1} \exp\left\{-\left[\frac{N-N_0}{N_a-N_0}\right]^b\right\} \mathrm{d}N \tag{3-52}$$

为了计算以上积分，作如下变量置换：

$$\left[\frac{N-N_0}{N_a-N_0}\right]^b = Z, \quad \frac{N-N_0}{N_a-N_0} = Z^{\frac{1}{b}}, \quad \frac{\mathrm{d}N}{N_a-N_0} = \frac{1}{b} Z^{\frac{1-b}{b}} \mathrm{d}Z$$

当 $N=N_0$ 时，$Z=0$。

当 $N=N_p$ 时，$Z = \left[\dfrac{N_p-N_0}{N_a-N_0}\right]^b$。

故对 Z 积分时，积分下限应取零，积分上限应取

$$Z_p = \left[\frac{N_p-N_0}{N_a-N_0}\right]^b$$

于是，式（3-52）可写成

$$F(N_p) = \int_0^{Z_p} \frac{b}{N_a-N_0} Z^{b-1} \mathrm{e}^{-Z} \frac{N_a-N_0}{b} Z^{\frac{1-b}{b}} \mathrm{d}Z$$

$$= \int_0^{Z_p} \mathrm{e}^{-Z} \mathrm{d}Z = -\left[\mathrm{e}^{-Z}\right]_0^{Z_p} = 1 - \mathrm{e}^{-Z_p}$$

将 Z_p 值代入上式，即得分布函数：

$$F(N_p) = 1 - \exp\left\{-\left[\frac{N_p-N_0}{N_a-N_0}\right]^b\right\} \tag{3-53}$$

如以 $P(N_\xi<N_p) = F(N_p)$ 为纵坐标，N_p 为横坐标，可画出分布函数曲线（图 3-11）。从图 3-11 可以看到，$P(N_\xi<N_p)$ 随伴 N_p 增加而增大，因为，当 N_p 向右推移时，在 N_0 与 N_p 之间曲线 $f(N)$ 与横坐标轴所包围的面积随之扩大（图 3-10）。由式（3-53）可知，当 $N_p \to \infty$ 时，$P(N_\xi<N_p)$ 以 1 为极限（图 3-11）。如果将 $P(N_\xi<N_p)=1$ 和 $N_p=\infty$ 代入式（3-51），则得

$$\int_{N_0}^{\infty} f(N) \, \mathrm{d}N = 1$$

上式表明，曲线 $f(N)$ 和横坐标轴所包围的面积等于 1。

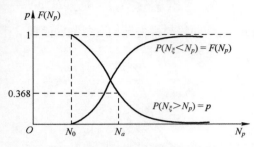

图 3-11　分布函数曲线与超值累积频率曲线

分布函数 $P(N_\xi < N_p)$ 相当于破坏率，相当于可靠度的超值累积频率函数应为

$$P(N_\xi > N_p) = 1 - P(N_\xi < N_p) = \exp\left\{-\left[\frac{N_p - N_0}{N_a - N_0}\right]^b\right\} \tag{3-54}$$

用可靠度 p 表示 $P(N_\xi > N_p)$，则

$$p = \exp\left\{-\left[\frac{N_p - N_0}{N_a - N_0}\right]^b\right\} \tag{3-55}$$

如已知参数 N_0、N_a 和 b，并给定可靠度 p 时，由式（3-55）可直接求出 N_p，N_p 即表示可靠度为 p 的疲劳寿命。曲线 $p = P(N_\xi > N_p)$ 也表示在图 3-11 中，当 $N_p = N_0$ 时，$p = 1$，可见最小寿命 N_0 也就是可靠度为 100% 的安全寿命。当 $N_p = N_a$ 时，式（3-55）还给出

$$p = \exp\left\{-\left[\frac{N_p - N_0}{N_a - N_0}\right]^b\right\} = \mathrm{e}^{-1} \approx \frac{1}{2.718} \approx 36.8\%$$

由此可知，特征寿命参数 N_a 为 36.8% 可靠度的疲劳寿命（图 3-11）。在威布尔概率密度函数中并不包含 μ 和 σ^2，因此，只能通过威布尔分布的三个参数 N_0、N_a 和 b 表达 μ 与 σ^2 值。

首先，求威布尔变量 N_ξ 的数学期望，根据式（3-10）所给出的数学期望的定义，可得

$$E(N_\xi) = \int_{N_0}^{\infty} N f(N) \, \mathrm{d}N$$

将式（3-50）代入上式，并作如下变量置换：

$$\left[\frac{N - N_0}{N_a - N_0}\right]^b = Z, \quad \frac{N - N_0}{N_a - N_0} = Z^{\frac{1}{b}}, \quad \frac{\mathrm{d}N}{N_a - N_0} = \frac{1}{b} Z^{\frac{1-b}{b}} \mathrm{d}Z \tag{3-56}$$

则

$$E(N_\xi) = \int_0^{\infty} b\left(Z^{\frac{1}{b}} + \frac{N_0}{N_a - N_0}\right) Z^{\frac{b-1}{b}} \mathrm{e}^{-Z} \frac{(N_a - N_0)}{b} Z^{\frac{1-b}{b}} \mathrm{d}Z$$

$$= (N_a - N_0) \int_0^{\infty} Z^{\left(1 + \frac{1}{b}\right) - 1} \mathrm{e}^{-Z} \mathrm{d}Z + N_0$$

按 $\Gamma(\alpha)$ 函数定义，上式中的积分为

$$\int_0^\infty Z^{(1+\frac{1}{b})-1} e^{-Z} dZ = \Gamma\left(1+\frac{1}{b}\right)$$

于是，可得威布尔变量的数学期望，即母体平均值 μ：

$$\mu = E(N_\xi) = N_0 + (N_a - N_0)\Gamma\left(1+\frac{1}{b}\right) \tag{3-57}$$

当已知威布尔分布的三个参数时，可以根据式（3-57）求出威布尔分布的母体平均值。

按照数学期望的几何意义，母体平均值 μ 是概率密度曲线 $f(N)$ 与横坐标轴所包围的面积的形心位置（图3-12），而母体中值 N_{50} 则是可靠度为 50% 的 N_p。由图3-12可以看到，当 $b=1.74$ 时，曲线高峰向左偏斜，此时 $\mu > N_{50}$。而对正态母体，由于曲线的对称性，母体平均值和母体中值二者是重合的。正如式（3-42）表明，$\mu = N_{50}$，因此，材料疲劳性能应采用中值疲劳寿命或中值疲劳强度来表达，而不使用平均值。因为平均值不能明确地显示可靠度的大小，如威布尔变量的母体平均值 μ 就随威布尔分布参数而变化，从而对应不同的可靠度。对于威布尔概率密度函数，当平均值等于中值时，即 $\mu = N_{50}$，则它与正态概率密度函数相当接近，此时威布尔形状参数 $b=3.57$。

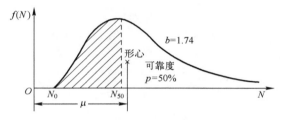

图 3-12 威布尔概率密度曲线（3）

根据式（3-12），可求威布尔变量的方差 $\text{Var}(N_\xi)$：

$$\sigma^2 = \text{Var}(N_\xi) = (N_a - N_0)^2 \left[\Gamma\left(1+\frac{2}{b}\right) - \Gamma^2\left(1+\frac{1}{b}\right)\right] \tag{3-58}$$

式（3-58）可用作母体分散性的度量。由此可知，σ^2 随 (N_a-N_0) 的增加而增加，随 b 的增加而减小。威布尔分布拟合数据点的适应性很强，其概率密度曲线外形可向左、右偏斜。偏斜程度可由偏态系数给出。

3.3 疲劳寿命分布参数点估计

根据一个子样估计母体的参数（如 μ 和 σ^2），属于点估计量的问题。凡子样大小 n 大于 50 的称为大子样。在疲劳寿命试验中，由一个试件只能测定出一个数据。由于常常受到试验条件的限制，不可能提供那么多数据，所以，对大多数情况只能采用小子样（$n<50$）的试验方法。

将子样特征值作为母体参数估计量时，一般需满足一致性要求和无偏性要求。当子样大小 $n \to \infty$ 时，子样平均值 $\bar{x}$ 将演变为随机变量的数学期望 $E(\xi)$，母体分布也就是指随机变量的分布，因之 $\bar{x}$ 将与母体平均值 μ 接近一致；同样，当 $n \to \infty$ 时，子样方差 s^2

将与随机变量方差 $\text{Var}(\xi)$（即母体方差 σ^2）接近一致。可见，若把子样平均值 $\bar{x}$ 作为母体平均值 μ 的估计量 $\hat{\mu}$，子样方差 s^2 作为母体方差 σ^2 的估计量 $\hat{\sigma}^2$，则当子样大小 n 增加时，估计量将越来越接近被估计的母体参数（真值），此即所谓满足一致性的要求。

无偏性要求指的是，每抽取一大小为 n 的子样，就可求得一个估计量，估计量作为一个随机变量，其数学期望必须等于被估计的那个母体参数。若以子样平均值 $\bar{x}$ 作为母体平均值 μ 的无偏估计量 $\hat{\mu}$，则子样平均值的数学期望必须等于 μ，因此，母体平均值无偏估计量 $\hat{\mu}$ 应满足以下条件：

$$E(\hat{\mu}) = \mu \tag{3-59}$$

作为随机变量的子样平均值可以写成

$$\bar{\xi} = \frac{1}{n} \sum_{i=1}^{n} \xi_i$$

根据式（3-21）可知，$\bar{\xi}$ 的数学期望恰好等于 μ，即

$$E(\bar{\xi}) = \mu$$

上式表明，以子样平均值 $\bar{x}$ 作为母体平均值 μ 的估计量是满足无偏性要求的。所以

$$\bar{x} = \hat{\mu} \tag{3-60}$$

设各试件疲劳寿命观测值为 $N_1, N_2, \cdots, N_n$，对数疲劳寿命正态母体平均值估计量为

$$\hat{\mu} = \bar{x} = \frac{1}{n} \sum_{i=1}^{n} \lg N_i$$

对于正态分布，可得

$$\mu = x_{50} = \lg N_{50}$$

考虑以上两式，可以求得中值疲劳寿命估计量 $\hat{N}_{50}$：

$$\lg \hat{N}_{50} = \frac{1}{n} \sum_{i=1}^{n} \lg N_i$$

$$\hat{N}_{50} = (N_1 N_2 \cdots N_n)^{\frac{1}{n}}$$

如果已知疲劳寿命符合威布尔分布，则威布尔分布母体平均值 μ 也可由子样平均值 $\bar{N}$ 来估计，即

$$\hat{\mu} = \bar{N} = \frac{1}{n} \sum_{i=1}^{n} N_i \tag{3-61}$$

母体方差无偏估计量 $\hat{\sigma}^2$ 应满足以下无偏性要求：

$$E(\hat{\sigma}^2) = \sigma^2 \tag{3-62}$$

当以子样方差 s^2 作为母体方差 σ^2 的估计量 $\hat{\sigma}^2$ 时，能满足式（3-62）的无偏性要求，故

$$s^2 = \hat{\sigma}^2 \tag{3-63}$$

无论母体为何种分布，估计式（3-60）和式（3-62）均可适用。但应指出，估计量决不等于母体参数（真值）μ 和 σ^2；只有当子样足够大时，估计量才接近真值，估计的准确程度与子样大小有关。

母体方差的无偏估计量：

$$\hat{\sigma}^2 = s^2 = \frac{\sum_{i=1}^{n}(x_i - \bar{x})^2}{n-1} = \frac{\sum_{i=1}^{n}x_i^2 - \frac{1}{n}\left(\sum_{i=1}^{n}x_i\right)^2}{n-1}$$

标准差估计量$\hat{\sigma}=s$通过将母体方差的无偏估计量$\hat{\sigma}^2$取平方根得到，但严格来说，s作为母体标准差估计量是有偏的，因为它不满足无偏性要求：$E(s_\xi) \neq \sigma$，所以，在疲劳可靠性中，常将它加以修正。为了消除此种偏倚，通过应用χ^2分布寻求母体标准差的无偏估计量，但这样得到的无偏估计量只适用于正态母体。"正态母体标准差的无偏估计式"，还可写成

$$\hat{\sigma} = \hat{k}s \tag{3-64}$$

式中

$$\hat{k} = \sqrt{\frac{n-1}{2}} \frac{\Gamma\left(\frac{n-1}{2}\right)}{\Gamma\left(\frac{n}{2}\right)} \tag{3-65}$$

称为标准差修正系数。当已知母体为正态分布时，可应用式（3-64）求母体标准差无偏估计量。为便于计算，表3-1给出对应不同n值的修正系数$\hat{k}$。

表3-1 标准差修正系数$\hat{k}$

n	5	6	7	8	9	10	11	12	13	14
$\hat{k}$	1.063	1.051	1.042	1.036	1.031	1.028	1.025	1.023	1.021	1.020
n	15	16	17	18	19	20	30	40	50	60
$\hat{k}$	1.018	1.017	1.016	1.015	1.014	1.014	1.009	1.006	1.005	1.005

从表3-1可以看到，$\hat{k}$值与1相差无几，因此，在一般工程应用中也可不作修正，而取$\hat{\sigma}=s$。特别是，当$n>50$时，$\hat{k} \rightarrow 1$，因此，对大子样来说，子样标准差s恒为母体标准差σ的无偏估计量。但在航空产品疲劳可靠性设计中，则经常要对子样标准差s进行修正。对于母体平均值μ无偏估计量$\hat{\mu}=\bar{x}$，无论母体为何种分布都是适用的，所以，当已知母体服从正态分布时，将$\hat{\mu}=\bar{x}$和$\hat{\sigma}=\hat{k}s$代入式（3-41），则得对应任一可靠度p的x_p估计量：

$$\hat{x}_p = \hat{\mu} + u_p \hat{\sigma} = \bar{x} + u_p \hat{k}s \tag{3-66}$$

按小子样可确定各个疲劳寿命N_i所对应的可靠度估计量。已知任一分布的母体，从中抽取一个大小为n的子样，得到n个观测值，将它们按大小顺序排列如下：

$$x_1 < x_2 < \cdots < x_i < \cdots < x_n$$

式中，i为观测值由小到大按照顺序排列的"序数"。若已知该母体的概率密度函数为$f(x)$，则第i个观测值x_i的破坏率$F(x_i)$（分布函数）即可确定。无论被抽样的母体为何种分布（无论$f(x)$为何种概率密度函数），x_i破坏率的数学期望为$i/(n+1)$。$i/(n+1)$称为"平均秩"，工程上常把平均秩作为母体破坏率的估计量。这样，对应第i个观测

值 x_i 的母体可靠度 p 估计量为

$$\hat{p} = 1 - \frac{i}{n+1} \tag{3-67}$$

在做疲劳试验时，如果在某种加载条件下仅使用一个试件（$n=1$），那么，根据式（3-67）可知，该试件疲劳寿命的可靠度估计量只有 50%。

$$\hat{p} = 1 - \frac{i}{n+1} = 1 - \frac{1}{1+1} = 50\%$$

3.4 疲劳寿命分布参数区间估计

由于一些母体参数（如平均值 μ、标准差 σ）除在某些情况给定以外，其真值是不知道的。因为理论上的真值是设想经过无限多次观察所获得的数值，而从一个子样得到的数据，观测次数有限，由此求得的母体参数点估计量不可能等于真值，所以，有时需用区间估计母体参数，区间的限度可以反映出估计的误差。在一定概率下，通过子样特征值估计母体参数的所在区间，就是母体参数的区间估计。虽然作为母体平均值 μ 的估计量 $\bar{x}$ 满足一致性和无偏性的要求，但对于一个小子样，观测次数非常有限，由此求得的子样平均值 $\bar{x}$，只可能接近而不可能等于母体平均值 μ，甚至有时差别很大，所以，根据有限次数的观测值估计母体平均值时，没有十分把握。然而，在一定概率下，可以用子样平均值估计母体平均值的所在区间，这就是母体平均值的区间估计。

对母体平均值 μ 进行区间估计时，预先假定 μ 为某一未知数值，此时，写出标准正态变量的取值：

$$u = \frac{\bar{x} - \mu}{\sigma_0 / \sqrt{n}}$$

在一般情况下，从标准正态概率密度曲线围成的面积内，选取任一概率 γ（图 3-13 阴影面积），曲线两端与横坐标轴所包围的空白面积各为 $(1-\gamma)/2$。按正态分布数值表，确定出相应的 u_γ 值，这样，标准正态变量就以概率 γ 位于区间 $(-u_\gamma; u_\gamma)$ 之内，即

$$-u_\gamma < u < u_\gamma$$

γ 称为置信度，亦即可信的程度，以通俗语言表达就是有多大把握，因此，可以说，有 γ 的把握以下不等式成立。

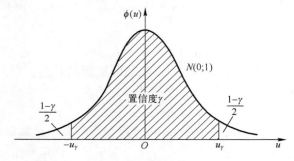

图 3-13 标准正态概率密度曲线

$$\begin{cases} -u_\gamma < \dfrac{\bar{x}-\mu}{\sigma_0/\sqrt{n}} < u_\gamma \\ \bar{x}-u_\gamma \dfrac{\sigma_0}{\sqrt{n}} < \mu < \bar{x}+u_\gamma \dfrac{\sigma_0}{\sqrt{n}} \end{cases} \quad (3\text{-}68)$$

式（3-68）称为正态母体平均值 μ 的区间估计式。该式表明，以 γ 的置信度（有 γ 的把握），区间 $(\bar{x}-u_\gamma\sigma_0/\sqrt{n}\,;\bar{x}+u_\gamma\sigma_0/\sqrt{n})$ 包含 μ 值；这个区间称为置信区间，$\bar{x}+u_\gamma\sigma_0/\sqrt{n}$ 和 $\bar{x}-u_\gamma\sigma_0/\sqrt{n}$ 分别称为置信上限和置信下限。式（3-68）的使用条件是要已知母体标准差或使用大子样，但有时无法满足上述条件。根据实践经验，应用 t 分布理论，子样大小 n 一般在 5 以上即可。设 $\bar{X}$ 表示从正态母体 $N(\mu;\sigma)$ 中随机抽取的大小为 n 的子样平均值，于是，可写出标准正态变量：

$$U = \dfrac{\bar{X}-\mu}{\dfrac{\sigma}{\sqrt{n}}} \quad (3\text{-}69)$$

将变量 U 代入式（3-33），可得

$$t_x = \dfrac{\dfrac{\bar{X}-\mu}{\sigma}\sqrt{n}}{\sqrt{\dfrac{\chi^2}{\nu}}} = \dfrac{(\bar{X}-\mu)\sqrt{\nu n}}{\sigma\sqrt{\chi^2}}$$

如以 s_x^2 表示从正态母体 $N(\mu;\sigma)$ 中随机抽取的子样的方差，且 $\chi^2=(n-1)s_x^2/\sigma^2$，其自由度为 $\nu=n-1$。将 χ^2 及 ν 值代入上式，可得自由度为 $\nu=n-1$ 的 t_x 变量：

$$t_x = \dfrac{(\bar{X}-\mu)\sqrt{n(n-1)}}{\sigma\sqrt{\dfrac{(n-1)s_x^2}{\sigma^2}}}$$

即

$$t_x = \dfrac{\bar{X}-\mu}{s_x}\sqrt{n} \quad (3\text{-}70)$$

首先，选定一置信度 γ（图 3-14），以确定两横坐标 t_γ 和 $-t_\gamma$ 值，使得在 t_γ 和 $-t_\gamma$ 之间曲线以下所包围的面积（图中阴影面积）等于 γ。如此，t_γ 值按以下条件求出：

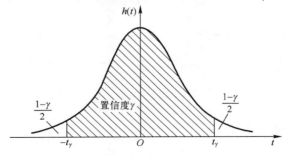

图 3-14　t 概率密度曲线

$$\int_{t_\gamma}^{\infty} h(t)\,\mathrm{d}t = \frac{1-\gamma}{2} \tag{3-71}$$

于是，t_x 变量位于区间 $(-t_\gamma; t_\gamma)$ 内的概率等于 γ，即以 γ 的置信度，以下不等式成立：

$$-t_\gamma < t_x < t_\gamma \tag{3-72}$$

将式（3-70）代入式（3-72），则

$$-t_\gamma < \frac{\overline{X} - \mu}{s_x} \sqrt{n} < t_\gamma$$

此处假定 μ 为某一未知数值，设在一次抽样中，随机变量 $\overline{X}$ 和 s_x 分别取得 $\overline{x}$ 和 s 值，因此，上式可写成

$$-t_\gamma < \frac{\overline{x} - \mu}{s} \sqrt{n} < t_\gamma \tag{3-73}$$

经移项后，以上不等式还可写成

$$\overline{x} - t_\gamma \frac{s}{\sqrt{n}} < \mu < \overline{x} + t_\gamma \frac{s}{\sqrt{n}} \tag{3-74}$$

此即正态母体平均值 μ 的区间估计式。式（3-74）表明，以 γ 的置信度，置信区间 $\left(\overline{x} - t_\gamma \frac{s}{\sqrt{n}}; \overline{x} + t_\gamma \frac{s}{\sqrt{n}}\right)$ 包含 μ 值。

由图 3-14 可以看到，置信度 γ 越大，$|t_\gamma|$ 就越大，置信区间（估计的范围）也就越宽。而我们希望置信区间小些，置信度大些才好。但根据以上理论给出的结果，置信区间减小，置信度也将随之减小。若要解决这一矛盾，既不降低置信度，又能缩小置信区间，则只有采取增加子样大小 n 的办法。因为当 n 增加时，$t_\gamma \frac{s}{\sqrt{n}}$ 值减小，置信区间 $\left(\overline{x} - t_\gamma \frac{s}{\sqrt{n}}; \overline{x} + t_\gamma \frac{s}{\sqrt{n}}\right)$ 也随之变小。

对于正态母体，母体平均值 μ 即母体中值，由母体中抽取的子样平均值即母体中值估计量。若已知一组 n 个观测值 $x_1, x_2, \cdots, x_n$，则子样平均值和标准差分别为

$$\overline{x} = \frac{1}{n} \sum_{i=1}^{n} x_i$$

$$s = \sqrt{\frac{\sum_{i=1}^{n} x_i^2 - \frac{1}{n}\left(\sum_{i=1}^{n} x_i\right)^2}{n-1}}$$

根据 t 分布理论式（3-74），母体平均值 μ（中值）的区间估计式为

$$\overline{x} - t_\gamma \frac{s}{\sqrt{n}} < \mu < \overline{x} + t_\gamma \frac{s}{\sqrt{n}}$$

移项后，上式还可写成

$$-\frac{s t_\gamma}{\overline{x} \sqrt{n}} < \frac{\mu - \overline{x}}{\overline{x}} < \frac{s t_\gamma}{\overline{x} \sqrt{n}} \tag{3-75}$$

式中，$(\mu - \overline{x})/\overline{x}$ 表示子样平均值 $\overline{x}$ 与母体真值 μ 的相对误差。

令 δ 表示相对误差限度（绝对值），即

$$\delta = \frac{st_\gamma}{\bar{x}\sqrt{n}} \tag{3-76}$$

δ 为一小量，根据实际情况选取 1%~10%，一般取 $\delta=5\%$。当 $\bar{x}$、s、n 满足式（3-76）判据时，式（3-75）表明，用子样平均值作为母体中值的估计量时，以 γ 的置信度，相对误差不超过 $\pm\delta$。这样，利用式（3-76）的判据，则可给出最少观测值个数，即最少有效试件个数。

对母体标准差进行区间估计时，先选定一置信度 γ（图 3-15 中阴影面积），使曲线左右两端与横坐标轴所包围的面积各为 $(1-\gamma)/2$，以确定区间 $(\chi^2_{\gamma_1}; \chi^2_{\gamma_2})$。当已知自由度 $\nu = n-1$ 时，$\chi^2_{\gamma_1}$ 和 $\chi^2_{\gamma_2}$ 的数值可由以下两个积分式确定：

$$\begin{cases} P(\lambda^2 > \lambda^2_{\gamma_1}) = \int_{\lambda^2_{\gamma_1}}^{\infty} f_\nu(x)\,\mathrm{d}x = 1 - \frac{1-\gamma}{2} = \frac{1+\lambda}{2} \\ P(\lambda^2 > \lambda^2_{\gamma_2}) = \int_{\lambda^2_{\gamma_2}}^{\infty} f_\nu(x)\,\mathrm{d}x = \frac{1-\lambda}{2} \end{cases}$$

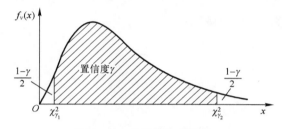

图 3-15 χ^2 概率密度曲线

当 γ 和 ν 已知时，同样可由 χ^2 分布数值表查得 $\chi^2_{\gamma_1}$ 和 $\chi^2_{\gamma_2}$ 值。这样，χ^2 变量位于区间 $(\chi^2_{\gamma_1}; \chi^2_{\gamma_2})$ 内的概率必然等于 γ，也就是，以置信度 γ 来说，以下不等式成立：

$$\chi^2_{\gamma_1} < \chi^2 < \chi^2_{\gamma_2}$$

将式（3-30）代入上式，则

$$\chi^2_{\gamma_1} < \frac{(n-1)s_x^2}{\sigma^2} < \chi^2_{\gamma_2}$$

假定 σ 为某一待定的未知数值。设在一次抽样中，随机变量 s_x 取得 s 值，则上式可写成

$$\chi^2_{\gamma_1} < \frac{(n-1)s^2}{\sigma^2} < \chi^2_{\gamma_2}$$

经移项后，以上不等式还可写成

$$\frac{1}{\chi^2_{\gamma_2}} < \frac{\sigma^2}{(n-1)s^2} < \frac{1}{\chi^2_{\gamma_1}}$$

即

$$s\sqrt{\frac{n-1}{\chi^2_{\gamma_2}}} < \sigma < s\sqrt{\frac{n-1}{\chi^2_{\gamma_1}}} \tag{3-77}$$

此即"正态母体标准差 σ 区间估计式"。该式表明,以置信度 γ 来说,置信区间 $(s\sqrt{(n-1)/\chi_{\gamma_2}^2};\ s\sqrt{(n-1)/\chi_{\gamma_1}^2})$ 包含 σ 值。

3.5 安全疲劳寿命区间估计

正态母体"百分位值" x_p 按以下概率表达式定义:

$$P(X > x_p) = \int_{x_p}^{\infty} f(x)\,dx = p$$

式中,$f(x)$ 为正态变量 X 的概率密度函数。

式(3-41)给出的对应任一可靠度 p 的 $x_p = \mu + u_p\sigma$ 即为百分位值,该值可表示对数安全寿命或安全疲劳强度,其估计量由式(3-66)给出,即

$$\hat{x}_p = \hat{\mu} + u_p\hat{\sigma}$$

式中,$\hat{\sigma} = \hat{k}s$。

由子样确定的百分位值 $(\bar{x} + u_p\hat{\sigma})$ 可能大于母体真值 $(\mu + u_p\sigma)$,也可能小于母体真值,没有十分把握恰好等于真值,而是以一定概率发生在它的左右区间(图 3-16),该区间随着观测值个数 n 增多而减小。

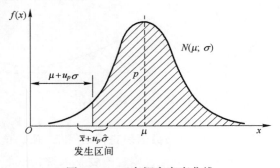

图 3-16 正态概率密度曲线

首先,根据式(3-65)和式(3-66)将 $\bar{x} + u_p\hat{\sigma}$ 写成随机变量函数的形式:

$$\zeta = \bar{X} + u_p\hat{k}s_x$$

式中,$\bar{X}$ 和 s_x 分别表示作为随机变量的子样平均值和子样标准差。在实际应用中,可假定 ζ 近似遵循正态分布,分别计算 ζ 的数学期望 $E(\zeta)$ 和方差 $\mathrm{Var}(\zeta)$。

$$E(\zeta) = E(\bar{X} + u_p\hat{k}s_x) = E(\bar{X}) + u_pE(\hat{k}s_x)$$

由式(3-60)和式(3-64)可知,$E(\bar{X}) = \mu$;$\hat{\sigma} = \hat{k}s$ 为正态母体标准差无偏估计量,即

$$E(\hat{k}s_x) = \sigma$$

于是,$E(\zeta)$ 可写成

$$E(\zeta) = \mu + u_p\sigma \tag{3-78}$$

再计算 ζ 的方差:

$$\mathrm{Var}(\zeta) = \mathrm{Var}(\bar{X} + u_p\hat{k}s_x)$$

$$\text{Var}(\zeta) = \text{Var}(\overline{X}) + u_p^2 \hat{k}^2 \text{Var}(s_x) \tag{3-79}$$

由式（3-22）可知

$$\text{Var}(\overline{X}) = \frac{\sigma^2}{n}$$

又已知自由度为 $\nu = n-1$ 的 χ^2 变量：

$$\frac{(n-1)s_x^2}{\sigma^2} = \chi^2$$

$$s_x = \frac{\sigma}{\sqrt{n-1}} \chi$$

因此

$$\text{Var}(s_x) = \text{Var}\left(\frac{\sigma}{\sqrt{n-1}} \chi\right) = \frac{\sigma^2}{n-1} \text{Var}(\chi)$$

根据式（3-12）可得

$$\text{Var}(s_x) = \frac{\sigma^2}{n-1} \{ E(\chi^2) - [E(\chi)]^2 \} \tag{3-80}$$

由式（3-28）可知，χ^2 的数学期望为

$$E(\chi^2) = \int_0^\infty x f_\nu(x) \, dx = \nu$$

根据统计学知识，还可知

$$E(\chi) = \sqrt{2} \frac{\Gamma\left(\frac{\nu+1}{2}\right)}{\Gamma\left(\frac{\nu}{2}\right)}$$

将上两式代入式（3-80），则

$$\text{Var}(s_x) = \frac{\sigma^2}{n-1} \left\{ \nu - 2 \left[\frac{\Gamma\left(\frac{\nu+1}{2}\right)}{\Gamma\left(\frac{\nu}{2}\right)} \right]^2 \right\}$$

即

$$\text{Var}(s_x) = \frac{\sigma^2}{n-1} \left\{ n-1 - 2 \left[\frac{\Gamma\left(\frac{n}{2}\right)}{\Gamma\left(\frac{n-1}{2}\right)} \right]^2 \right\} \tag{3-81}$$

再将 $\text{Var}(\overline{X})$ 和 $\text{Var}(s_x)$ 代入式（3-79），得

$$\text{Var}(\zeta) = \frac{\sigma^2}{n} + \frac{u_p^2 \hat{k}^2 \sigma^2}{n-1} \left\{ n-1 - 2 \left[\frac{\Gamma\left(\frac{n}{2}\right)}{\Gamma\left(\frac{n-1}{2}\right)} \right]^2 \right\}$$

利用式（3-65），可将上式简化为

$$\mathrm{Var}(\zeta) = \sigma^2 \left[\frac{1}{n} + u_p^2(\hat{k}^2 - 1) \right] \tag{3-82}$$

由式（3-78）和式（3-82），可写出标准正态变量：

$$U = \frac{\zeta - E(\zeta)}{\sqrt{\mathrm{Var}(\zeta)}} = \frac{(\overline{X} + u_p \hat{k} s_x) - (\mu + u_p \sigma)}{\sigma \sqrt{\frac{1}{n} + u_p^2(\hat{k}^2 - 1)}}$$

由式（3-30）可知，t_x 变量为

$$t_x = \frac{U}{\sqrt{\frac{\chi^2}{\nu}}}$$

将 U、χ^2 和 $\nu = n-1$ 各值代入上式，可得

$$t_x = \frac{(\overline{X} + u_p \hat{k} s_x) - (\mu + u_p \sigma)}{\sqrt{\frac{(n-1) s_x^2}{(n-1)\sigma^2}} \sigma \sqrt{\frac{1}{n} + u_p^2(\hat{k}^2 - 1)}} = \frac{(\overline{X} + u_p \hat{k} s_x) - (\mu + u_p \sigma)}{s_x \sqrt{\frac{1}{n} + u_p^2(\hat{k}^2 - 1)}}$$

在一次抽样中，t_x 的取值为

$$t = \frac{(\overline{x} + u_p \hat{\sigma}) - (\mu + u_p \sigma)}{s \sqrt{\frac{1}{n} + u_p^2(\hat{k}^2 - 1)}} \tag{3-83}$$

当给定置信度 γ 和自由度 $\nu = n-1$ 时，可由 t 分布数值表查得 t_γ 值，则 t 将以置信度 γ 位于 $-t_\gamma$ 和 t_γ 区间内，即

$$-t_\gamma < t < t_\gamma$$

$$-t_\gamma < \frac{(\overline{x} + u_p \hat{\sigma}) - (\mu + u_p \sigma)}{s \sqrt{\frac{1}{n} + u_p^2(\hat{k}^2 - 1)}} < t_\gamma$$

经移项后，即得百分位值的区间估计式：

$$-\frac{t_\gamma s \sqrt{\frac{1}{n} + u_p^2(\hat{k}^2 - 1)}}{\overline{x} + u_p \hat{\sigma}} < \frac{(\overline{x} + u_p \hat{\sigma}) - (\mu + u_p \sigma)}{\overline{x} + u_p \hat{\sigma}} < \frac{t_\gamma s \sqrt{\frac{1}{n} + u_p^2(\hat{k}^2 - 1)}}{\overline{x} + u_p \hat{\sigma}}$$

现在的目的是，在给定置信度 γ 下，确定使 $(\overline{x} + u_p \hat{\sigma})$ 与 $(\mu + u_p \sigma)$ 之间误差不超出某一限度时的最少观测值个数 n，即最少试件个数判据。若以 δ 表示误差限度，则

$$\delta = \frac{t_\gamma s \sqrt{\frac{1}{n} + u_p^2(\hat{k}^2 - 1)}}{\overline{x} + u_p \hat{\sigma}}$$

利用 $\hat{\sigma} = \hat{k} s$，将 δ 写成变异系数 $s/\overline{x}$ 的函数：

$$\delta = \frac{t_\gamma \left(\frac{s}{\overline{x}}\right) \sqrt{\frac{1}{n} + u_p^2(\hat{k}^2 - 1)}}{1 + u_p \hat{k} \left(\frac{s}{\overline{x}}\right)} \tag{3-84}$$

对于可靠度 $p=50\%$，$u_p=0$，此时式（3-84）即退化成式（3-76）。误差限度可选取 $1\%\sim10\%$。

若给定 δ 取值，则由式（3-84）可给出变异系数 $s/\bar{x}$、可靠度 p、置信度 γ 和观测值个数 n 之间的关系式，即估计母体百分位值的最少试件个数判据：

$$\frac{s}{\bar{x}} \leqslant \frac{\delta}{t_\gamma \sqrt{\frac{1}{n}+u_p^2(\hat{k}^2-1)} -0.05u_p\hat{k}} \tag{3-85}$$

$s/\bar{x}$ 是通过试验由 n 个观测值计算的。当 n 满足式（3-85）要求，且不存在系统误差时，将 $(\bar{x}+u_p\hat{\sigma})$ 作为母体真值 $(\mu+u_p\sigma)$ 的估计量，以 γ 的置信度，相对误差不超过 $\pm\delta$。

应该指出，可靠度与置信度是两个不同的概念，譬如，对于置信度 $\gamma=95\%$，意味着，由 100 个子样求出的 100 个可靠度 p 的对数安全寿命 $(\bar{x}+u_p\hat{\sigma})$，其中有 95 个与真值 $(\mu+u_p\sigma)$ 相对误差不超过 $\pm5\%$。可见，置信度是针对子样而言，而可靠度是针对个体而言。

根据 t 分布理论，可以确定给定置信度 γ 下疲劳寿命的置信下限，即

$$P\{t<t_\gamma\} = \gamma \tag{3-86}$$

式中，t_γ 为 t 分布的 γ 分位值。将式（3-83）和式（3-64）代入式（3-86），变换后得

$$P\left\{(\bar{x}+u_p\hat{k}s)-t_\gamma s\sqrt{\frac{1}{n}+u_p^2(\hat{k}^2-1)} < (\mu+u_p\sigma)\right\} = \gamma \tag{3-87}$$

由式（3-87）可得可靠度 p 和置信度 γ 对应的对数疲劳寿命的单侧置信下限：

$$\hat{x}_{p\gamma} = \lg\hat{N}_{p\gamma} = (\bar{x}+u_p\hat{k}s)-t_\gamma s\sqrt{\frac{1}{n}+u_p^2(\hat{k}^2-1)} \tag{3-88}$$

同样，可得可靠度 p 和置信度 γ 对应的对数疲劳寿命的单侧置信上限：

$$\hat{x}_{p\gamma} = \lg\hat{N}_{p\gamma} = (\bar{x}+u_p\hat{k}s)+t_\gamma s\sqrt{\frac{1}{n}+u_p^2(\hat{k}^2-1)} \tag{3-89}$$

第 4 章　影响疲劳强度的因素

结构在一定的载荷作用下会发生破坏，这是静强度和疲劳强度都存在的问题，但是两者的载荷条件和破坏情况则有区别，应力集中、腐蚀和温度等因素对材料的静强度和疲劳强度都有影响，但是，影响的情况和程度不一样。零件的表面粗糙度和零件尺寸的大小对零件的静强度 σ_b 没有明显的影响，但是，对于零件的疲劳强度则影响明显。此外，疲劳强度研究还受加载频率和擦伤等因素的影响，而在静强度中并不存在这类问题。通过长期的生产实践和科学试验，人们对影响疲劳强度的很多因素都有了一定的认识，研究发现，影响材料或结构疲劳强度的因素很多（表 4-1），本章将简要介绍工程中常遇到的影响疲劳强度的一些因素。

表 4-1　影响疲劳强度的因素

工作条件	载荷特性（应力状态、循环特征、高载效应等）、载荷交变频率、使用温度、环境介质
零件几何形状及表面状态	缺口效应、尺寸效应、表面粗糙度、表面防腐蚀
材料本质	化学成分、金相组织、纤维方向、内部缺陷
表面热处理及残余应力	表面冷作硬化、表面热处理、表面涂层

4.1　缺口效应

由于构造上的需要，许多零件的外形常有沟槽（如螺纹、卡环槽、键槽等）、孔（如油孔、销钉孔等）以及轴肩（截面尺寸由粗到细的过渡）等，所有这些都造成了零件截面尺寸的剧烈改变。在外力作用下，在截面突变的局部地方，应力急剧增加，而离开这个区域稍远，应力却大为降低，这种现象称为"应力集中"。如图 4-1 所示中间带有小圆孔的薄板，在外力 P 作用下产生拉应力，在离孔较远的截面 A—A 上，其应力均匀分布，但在截面 B—B 上，靠近孔边缘的小范围内，应力则很大。又如图 4-2 所示有轴肩的阶梯轴，受到弯矩 M 的作用，在离轴肩较远的截面 A—A 上，其应力按直线分布，可按材料力学中的弯曲应力公式进行计算，但在轴肩处截面 B—B 上，其局部的最大应力 σ_{max} 要比 A—A 处的最大应力大得多，这些都是应力集中的现象。

对于图 4-1 所示薄板，若板厚为 δ，在 P 作用下，截面 B—B 的名义应力（即平均应力）σ_n 为

$$\sigma_n = \frac{P}{2b\delta}$$

其最大应力为 σ_{max}。通常把 σ_{max} 与 σ_n 的比值称为理论应力集中系数，用 K_t 来表示，即

第 4 章 影响疲劳强度的因素

$$K_t = \frac{\sigma_{max}}{\sigma_n} \tag{4-1}$$

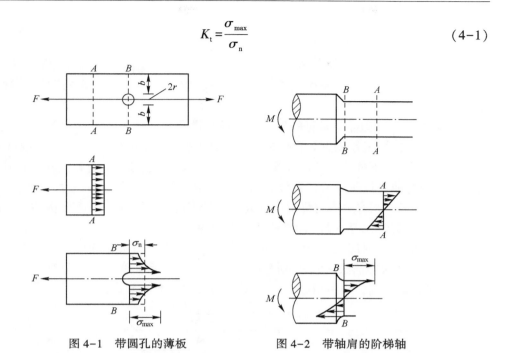

图 4-1 带圆孔的薄板　　图 4-2 带轴肩的阶梯轴

对于各种不同的零件，在各种不同的载荷作用下，由应力集中所引起的局部最大应力可通过"弹性力学"计算或光弹性实验得到，而名义应力 σ_n 则可按材料力学常规的计算方法得到，这样就可求得 K_t 值，K_t 值一般以图表或曲线形式给出。

应力集中对疲劳强度的影响极大，并且是各种影响因素中起主要作用的因素。大量的破坏事件和试验研究都曾指出，疲劳源总是出现在应力集中处。英国空军飞机螺旋桨曾发生过大量的破坏事故，就是由于螺旋桨轴的应力集中所引起的。"彗星Ⅰ号"机身气密座舱的破坏，也是由于铆钉孔处的应力集中所致。一般电机或发动机的疲劳裂纹，都出现在有高度应力集中的尖锐圆角或键槽处。齿轮发生的疲劳破坏，也是由于作为悬臂梁的轮齿承受弯曲时，齿根处存在很高的局部应力作用。

应力集中大大降低了零件的疲劳强度，这是因为在交变应力作用下，应力集中将更加促使疲劳裂纹的形成与扩展，因此，有应力集中的零件的疲劳极限要比无应力集中的光滑试样的疲劳极限低，降低的倍数称为有效应力集中系数，用 K_f 来表示。设 $(S_{-1})_d^K$ 是对称循环下，应力集中大试样的疲劳极限，$(S_{-1})_d$ 表示对称循环下，光滑大试样的疲劳极限，则有效应力集中系数等于

$$K_f = \frac{(S_{-1})_d}{(S_{-1})_d^K} \tag{4-2}$$

显然，K_f 是大于 1 的，其值通常由试验决定，在许多文献中，常将有效应力集中系数称为疲劳缺口系数。弯曲（或挤压）时的有效应力集中系数用 K_σ 表示，扭转时的有效应力集中系数用 K_τ 表示，即

$$K_\sigma = \frac{(\sigma_{-1})_d}{(\sigma_{-1})_d^K} \tag{4-3}$$

$$K_\tau = \frac{(\tau_{-1})_\mathrm{d}}{(\tau_{-1})_\mathrm{d}^\mathrm{K}} \tag{4-4}$$

式中，$(\sigma_{-1})_\mathrm{d}$ 和 $(\tau_{-1})_\mathrm{d}$ 分别表示在对称循环下，光滑大试样弯曲和扭转时的疲劳极限；$(\sigma_{-1})_\mathrm{d}^\mathrm{K}$ 和 $(\tau_{-1})_\mathrm{d}^\mathrm{K}$ 分别表示在对称循环下，应力集中大试样弯曲和扭转时的疲劳极限。

表 4-2 给出了构件中常见的螺纹、键槽和横孔的 K_σ 与 K_τ 取值；图 4-3 表示有横孔的长方形板在拉压和弯曲下的有效应力集中系数；图 4-4 给出了横向钻孔圆棒（K_t = 2.8）在轴向拉伸下的疲劳缺口系数；图 4-5~图 4-7 分别表示钢制阶梯状圆轴，在对称循环下的弯曲、拉压及扭转有效应力集中系数曲线。由图 4-5~图 4-7 中曲线可知：①钢的 σ_b 越高，则有效应力集中系数 K_σ 及 K_τ 值越大。可见，高强度钢的 K_σ 及 K_τ 值比低碳钢大，所以，应力集中对高强度钢的疲劳极限影响较大。②对于给定的直径 d，圆角半径 r 越小，则应力集中越严重。③对于 σ_b 在 500~1200MPa 的钢材，可利用图 4-5~图 4-7 按内插法求 K_f。④图 4-5~图 4-7 中所示曲线只适用于 D/d = 2，d = 30~50mm 大试样的情况，当 D/d < 2 时，有效应力集中系数按下式折算：

表 4-2 工程中常用的 K_σ 和 K_τ 值

$\sigma_\mathrm{b}/(\mathrm{kg/mm^2})$	螺纹(K_τ=1) K_σ	键槽 K_σ			键槽 K_τ	横孔 K_σ d/D (0.15~0.25)	横孔 K_τ d/D (0.15~0.25)
		A 型	B 型	AB 型			
40	1.45	1.51	1.30	1.20		1.70	1.70
50	1.78	1.64	1.38	1.37		1.75	1.75
60	1.96	1.76	1.46	1.54		1.80	1.80
70	2.20	1.89	1.54	1.71		1.85	1.80
80	2.32	2.01	1.62	1.88		1.90	1.85
90	2.47	2.14	1.69	2.05		1.95	1.90
100	2.61	2.26	1.77	2.22		2.20	1.90
120	2.90	2.50	1.96	2.39		2.10	2.0

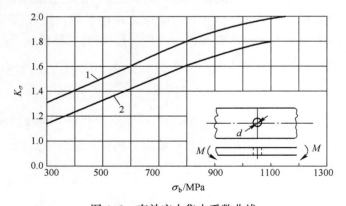

图 4-3 有效应力集中系数曲线

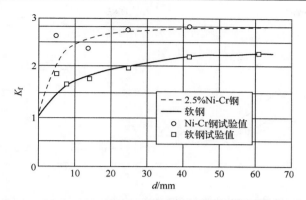

图 4-4　带横钻孔圆棒（轴向拉伸）有效应力集中系数曲线

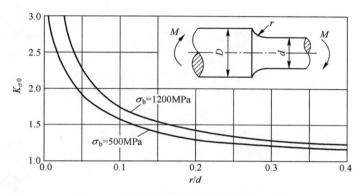

图 4-5　弯曲时有效应力集中系数 $K_{\sigma 0}$ 曲线
（$D/d=2$，$d=30\sim 50\text{mm}$）

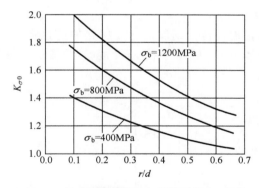

图 4-6　拉-压时有效应力集中系数 $K_{\sigma 0}$ 曲线
（$D/d=2$，$d=30\sim 50\text{mm}$）

$$K_{\sigma}=1+\xi(K_{\sigma 0}-1) \tag{4-5}$$
$$K_{\tau}=1+\xi(K_{\tau 0}-1) \tag{4-6}$$

式中，$K_{\sigma 0}$ 和 $K_{\tau 0}$ 都是 $D/d=2$ 时的有效应力集中系数；ξ 为 $D/d<2$ 时的折算系数，其值随 D/d 之值而变，具体数值可从图 4-8 曲线中查出。

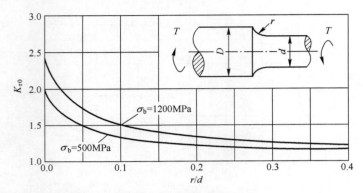

图 4-7 扭转时有效应力集中系数 K_{r0} 曲线（$D/d=2$，$d=30\sim 50$mm）

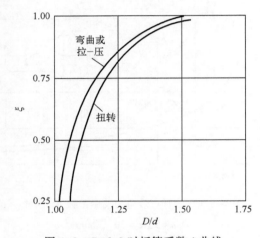

图 4-8 $D/d<2$ 时折算系数 ξ 曲线

例 4-1 已知某矿车车轮轴为合金钢制造，其材料的抗拉强度 $\sigma_b=900$MPa。如图 4-9 所示，$D=44$mm，$d=40$mm，圆角半径 $r=2$mm，试确定此轴在弯曲对称循环时的 K_σ 值。

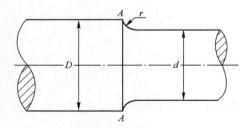

图 4-9 矿车车轮轴示意图

解：(1) 车轴尺寸的几何关系为

$$\frac{D}{d}=\frac{44}{40}=1.1$$

$$\frac{r}{d} = \frac{2}{40} = 0.05$$

（2）由图 4-5 中曲线可查得 $D/d=2$、$r/d=0.05$ 时的 $K_{\sigma 0}$ 值。

对于 $\sigma_b = 500\text{MPa}$ 的钢，$K_{\sigma 0} = 1.90$。

对于 $\sigma_b = 1200\text{MPa}$ 的钢，$K_{\sigma 0} = 2.25$。

对于 $\sigma_b = 900\text{MPa}$ 的钢，可用直线内插法求得

$$K_{\sigma 0} = 1.90 + \frac{900-500}{1200-500} \times (2.25-1.90) = 2.10$$

（3）由图 4-8 中曲线可查得 $D/d=1.1$ 时的折算系数 $\xi=0.65$。

（4）将上述结果代入式 (4-5)，即可求得该圆轴的有效应力集中系数。

$$K_\sigma = 1 + \xi(K_{\sigma 0} - 1) = 1 + 0.65 \times (2.10 - 1) \approx 1.72$$

现在来研究理论应力集中系数 K_t 与有效应力集中系数 K_f 之间的关系。实际上 K_f 的值是随应力水平的不同而变化的，在疲劳极限以后，K_f 的值不再变化。试验时得到的 K_f 还与试件尺寸有关，这样，在一种试件上得到的 K_f 不能直接应用到同样材料不同尺寸的试件上去；另外，不同材料对应力的集中敏感性不同，对于塑性较好的材料（如低碳钢），其 K_f 低于 K_t，但对塑性较差的材料（如高碳钢），则 K_f 一般都接近于 K_t，这是因为塑性材料在局部应力达到屈服应力时，这些局部地区将产生塑性变形，从而减轻了应力集中的危害性。为了对 K_f 和 K_t 之间作数值上的评价，常常引用"敏感系数" q：

$$q = \frac{K_f - 1}{K_t - 1} \tag{4-7}$$

或

$$K_f = 1 + q(K_t - 1) \tag{4-8}$$

敏感系数 q 在 $0 \to 1$ 之间变化，当应力集中对疲劳强度只有微小的影响时，K_f 应接近于 1，由式 (4-8) 可得 $q=0$，说明试样对应力集中没有敏感性；当 K_f 接近 K_t 时，$q=1$，表示试样对应力集中非常敏感。敏感系数 q 不但与材料的类型有关，而且也和试样的尺寸有关，如软钢 $q=0.3$，铝合金 $q=0.72$，说明对于塑性较好的材料，其敏感系数 q 是相当低的。

敏感系数 q 值还与材料强度极限 σ_b 有关，若 σ_b 增大，则 q 值就增大；若晶粒密度和材料性质不均匀，则 q 值减小。q 值还与构件的缺口曲率半径 r 有关，当 r 减小时，q 增大。因此，考虑构件中的缺口张开角 ω 影响时，其敏感系数 q 和有效应力集中系数 K_f 可采用如下经验公式确定：

$$q = \frac{1}{1 + \frac{\pi}{\pi - \omega}\sqrt{\frac{a}{r}}} \tag{4-9}$$

$$K_f = 1 + \frac{1}{1 + \frac{\pi}{\pi - \omega}\sqrt{\frac{a}{r}}}(K_t - 1) \tag{4-10}$$

式中，ω 为缺口张开角；r 为缺口根部半径；a 为材料常数，工程中一般取 $a=0.18\text{mm}$，

常用钢材料的常数 a 随强度极限的变化如图 4-10 所示。

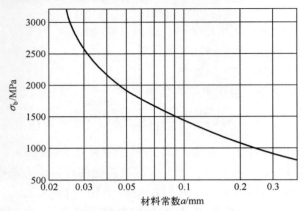

图 4-10　钢的 a 值随 σ_b 的变化关系曲线

对于钢材，敏感系数的值可采用下述经验公式确定：

$$q=\dfrac{1}{1+\sqrt{\dfrac{a}{r}}} \tag{4-11}$$

式中，$\sqrt{a}$ 为材料常数，其值与材料的强度极限 σ_b、屈服应力与强度极限的比值（屈强比）σ_s/σ_b 有关（图 4-11）。图 4-11 有两个横坐标，一个为强度极限 σ_b，另一个为屈强比 σ_s/σ_b。当需求 q_σ 时，可分别根据强度极限与屈强比由该图求出两个 $\sqrt{a}$ 值，然后，将二者的平均值代入式（4-11）即可确定 q_σ。当需求 q_τ 时，则只需根据屈强比求出 $\sqrt{a}$ 值，并代入式（4-11）即可。

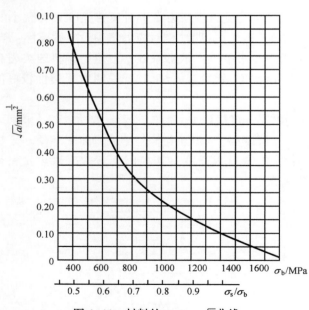

图 4-11　材料的 σ_s/σ_b-$\sqrt{a}$ 曲线

对于铝合金，敏感系数的经验公式为

$$q = \frac{1}{1+\dfrac{0.9}{r}} \qquad (4\text{-}12)$$

应该指出，目前对敏感系数的研究还不充分，因此，确定有效应力集中系数最可靠的方法是直接进行试验或查阅有关试验数据，但在资料缺乏时，通过敏感系数确定有效应力集中系数，仍不失为是一个相当有效的办法。

由图 4-5～图 4-7 可以看出，圆角半径 r 越小，有效应力集中系数 $K_{\sigma 0}$ 和 $K_{\tau 0}$ 越大；材料的静强度极限 σ_b 越高，应力集中对疲劳极限的影响越显著。所以，对于在交变应力下工作的零构件，尤其是用高强度材料制成的零构件，设计时应尽量减小应力集中。例如，增大圆角半径、减小相邻杆段横截面的粗细差别、采用凹槽结构（图 4-12（a））、设置卸载槽（图 4-12（b））、将必要的孔或沟槽配置在构件的低应力区等，这些措施均能显著提高构件的疲劳强度。

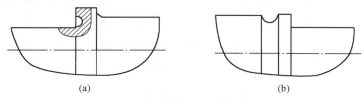

图 4-12 减缓应力集中的措施示意图

为了便于从直观上分析和判断应力集中的大小，可借助于力流线的概念。在研究圆轴横剖面带有半圆槽的应力集中问题时（图 4-13（a）），应用"流体力学比拟"非常有效。若将圆轴外形看成流体的边界，则等剖面杆的扭转问题，在数学上与理想流体在圆筒内绕中心做均匀角速度运动的情况一样，在任一点的流体速度可代表杆受扭时，其截面相应点上的剪应力。小半圆槽会使其附近的流体速度大大改变，在 a、b 点流速为零；相应地，在圆轴这两点上的剪应力亦为零。流体在半圆槽内侧的 m 点速度提高了 1 倍，相应地，在 m 点处的剪应力也为轴表面上离槽很远处剪应力的 2 倍。

对于带有尖角键槽的受扭圆轴（图 4-13（b）），由流体动力比拟可知，在凸角上的两点 a、b，流体速度为零，故在这些角上剪应力亦为零。在凹角上的两点 m、n 流体速度在理论上等于无限大，因此，在 m、n 处的剪应力也无限大，这意味着即使受到很小的反复扭矩，也容易引起疲劳破坏。为了改善这种状况，应在 m、n 处制成圆角。

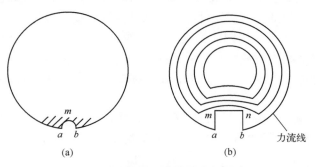

图 4-13 带有沟槽的圆轴横剖面力流线

流体动力比拟这一概念，也可应用到受拉的板件（图4-14）。在图4-14中画出了比拟流体运动的"力流线"，图4-14（a）表示受拉的光滑板件的力流线，从图4-14（b）和图4-14（c）可以看到，在剖面突然改变处m、n，力流线有显著的歪曲，表示这些地方有严重的应力集中。如将板件m、n处制成圆角（图4-14（d）），则力流线在该处的变化趋于缓和，从而使应力集中大大地降低。力流线的变化越小，局部应力也越小，在疲劳设计时，应用力流线的概念，对分析问题和解决问题会有很大帮助。

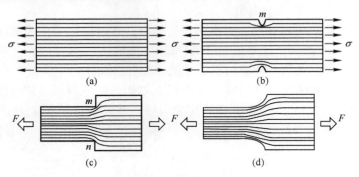

图4-14 受拉板的力流线

4.2 尺寸效应

试验证明，疲劳极限将随零件尺寸的增大而降低。引起疲劳强度降低的尺寸效应的因素很多，主要有工艺因素和比例因素。工艺因素包括：①大零部件的铸造质量比小零件差，缺陷也比小零件多；②大截面零件的锻造比或压缩比都比小零件小；③大零件热处理冷却速度比小零件慢，淬透深度小；④大零件机加切削力与切削时发热情况也与小零件不同；⑤大零件的材质比小零件差。由于以上工艺因素的综合影响，导致其疲劳强度降低。比例因素包括：①应力梯度。零件上应力分布不均匀，外层应力大，导致外层位移大，内层晶粒阻止外层的位移。在相同的外载荷作用下，大试件的应力梯度小，导致名义应力低；小试件的应力梯度大，名义应力高。图4-15所示两个圆柱形试样，承受弯矩M的作用，若两个试样的最大应力σ_{max}相同，对某一高应力区域来说，大试样在此应力区域内的金属结晶颗粒数，要大于小试样在此应力区域内的金属结晶颗粒数。对疲劳强度来说，至少要有一定数量的晶粒达到某一应力极限值时，才会产生疲劳裂纹。所以，大试样产生的疲劳裂纹可能性就大，大试样疲劳极限降低。高强度钢的金属结晶颗粒比较细小，在尺寸相同的情况下，晶粒越小，高应力区所包含的晶粒个数越多，这样就更容易形成出现疲劳裂纹的条件。因此，高强度钢受尺寸的影响比低强度钢更为严重。②统计因素。零件尺寸越大，出现薄弱晶粒和大缺陷的概率就越大，从而疲劳强度就越低。

尺寸大小的影响可由对比试验测得，设对称循环下，光滑大试样的疲劳极限为$(S_{-1})_d$，光滑小试样的疲劳极限为S_{-1}，则两者的比值称为尺寸系数，用ε表示。

$$\varepsilon = \frac{(S_{-1})_d}{S_{-1}} \tag{4-13}$$

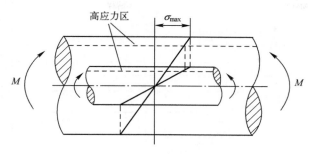

图 4-15　圆柱形试样

由于 $(S_{-1})_d < S_{-1}$，所以，ε 总是一个小于 1 的系数。表 4-3 和图 4-16~图 4-18 绘出了零件尺寸系数 ε 值及其曲线，图 4-16 中曲线 1 适用于 $\sigma_b = 500\text{MPa}$ 的合金钢，曲线 2 适用于 $\sigma_b = 1200\text{MPa}$ 的合金钢，σ_b 之值介于其间时，可从两条曲线间取插值；图 4-17（a）所示主要用于旋转弯曲下光滑圆棒碳素钢和合金钢试件大截面零件的尺寸系数选取，图 4-17（b）用于小截面；图 4-18 所示为轴向拉伸下软钢圆棒试件的尺寸系数。

表 4-3　尺寸系数 ε

尺寸范围/mm	10	20	30	40	60	100	200	350	500
碳素钢[①]	1	0.93	0.88	0.85	0.83	0.73	0.66	0.62	0.61
合金钢[②]	1	0.86	0.80	0.77	0.73	0.65	0.60	0.57	0.56

① $\sigma_b = 400 \sim 500\text{MPa}$。② $\sigma_b = 1200 \sim 1400\text{MPa}$。

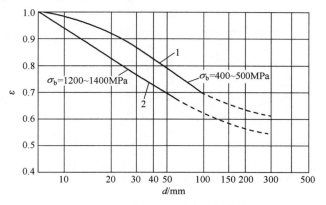

图 4-16　合金钢尺寸系数 ε 曲线

从图 4-16~图 4-18 可以看出，对于光滑试件：①尺寸效应与加载方式有关。拉压疲劳试验时，在 $d < 50\text{mm}$ 时，尺寸效应的影响不是十分明显（图 4-18），可取 $\varepsilon = 1$，表示不受尺寸影响。弯曲时尺寸效应最大，扭转时的尺寸效应比弯曲时小。②钢的强度极限越高，则尺寸效应越大。③合金钢的尺寸效应比碳钢小，合金结构钢的尺寸效应与碳素结构钢相同。④铸钢的尺寸效应敏感性比锻钢大。此外，尺寸系数 ε 受材料内部结构的均匀性及表面加工状态等影响，其分散性大，各种文献推荐的数据也有较大差别。

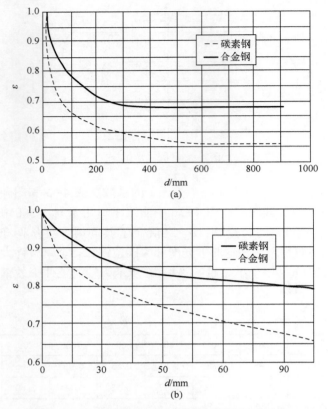

图 4-17 旋转弯曲下光滑圆棒试件的尺寸系数

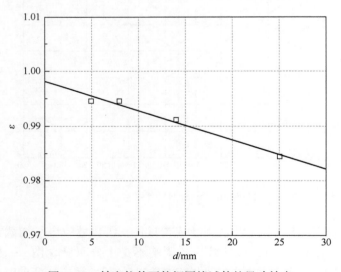

图 4-18 轴向拉伸下软钢圆棒试件的尺寸效应

4.3 表面状态

零部件材料的表面状态对疲劳强度有较大的影响,疲劳裂纹常常从零件表面开始,这是因为外表面的应力水平往往最高,缺陷往往也最多,另外,表面层材料的约束小,滑移带最易滑动。因此,零部件的表面状态对其疲劳强度有着显著的影响,这种影响程度用表面敏感系数 β 来描述。通常情况下,材料的疲劳强度或疲劳寿命是由标准光滑试件得到的,在用此数据估算零部件的疲劳强度或疲劳寿命时,需要用表面敏感系数 β 进行修正。需要指出的是,因为绝大多数结构或机械的疲劳关键部位往往就是应力集中部位,表面敏感系数 β 修正时,要注意表面状态的对应。表面状态主要包含表面加工粗糙度 β_1、表层组织结构 β_2 和表层应力状态 β_3,且 $\beta=\beta_1 \cdot \beta_2 \cdot \beta_3$。

4.3.1 表面加工粗糙度

表面粗糙度对疲劳强度有很大的影响,零件经加工后所造成的表面缺陷,是引起应力集中的因素,因而降低了疲劳强度。表面加工对疲劳极限的影响,可用表面加工系数 β_1 表示,β_1 是某种加工试样的疲劳极限与标准试样的疲劳极限的比值,它是一个小于1的系数,表示疲劳极限降低的百分数。图4-19中绘出了钢材在不同的表面加工方法下,β_1 与静强度 σ_b 之间的关系,从图中可知,表面加工系数 β_1 随材料强度的增大而降低,也就是说材料的强度 σ_b 越高,β_1 对粗糙度就越敏感,加工粗糙度对疲劳极限的影响越大。这是因为材料的强度 σ_b 越高,其延性往往就越差,对缺陷也就越敏感,但当表面加工痕迹的最大深度小于某一临界值时,材料的疲劳强度不再增加,这一临界值相当于精抛光水平。因此,要特别注意,钢材的强度越高,越要合理加工,保证足够的粗糙度,以充分发挥高强度钢的作用。

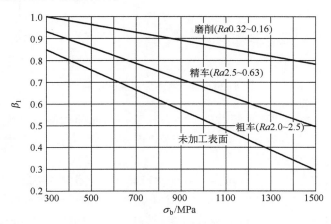

图 4-19 表面加工系数曲线

4.3.2 表层组织结构

由于零部件的表面层对疲劳强度有着重要的影响,人们通过各种表面处理工艺来提高表面层的疲劳强度，常用的方法包括表面渗碳、渗氮、表面淬火、表面激光强化等，这些处理方法的本质是改变表面层组织结构。经过表面处理后，表层材料的组织结构与原材料的组织结构有所不同，通常其疲劳强度得到提高，即 β_2 通常大于 1，从而达到提高零部件疲劳强度的目的。β_2 的确定完全依赖于试验，而不同的工艺参数对 β_2 的影响也很大。

4.3.3 表层应力状态

表面冷作变形是提高零部件疲劳强度的有效途径之一。表面冷作变形的方法主要包括滚压、喷丸、挤压等。表面冷作变形的本质是改变了零部件表层的应力状态，同时，也使表层的组织发生一些物理变化。图 4-20 所示一受到拉压循环载荷作用的圆棒，经过滚压后产生一个自相平衡的残余压应力，表面最大残余压应力为 σ_r；当外加循环载荷作用时，表层的应力水平减缓了，即表面受到的最大应力由 S_{max} 降为 $S_{max}-\sigma_r$，应力幅值不变，由此提高了该试件的疲劳强度。

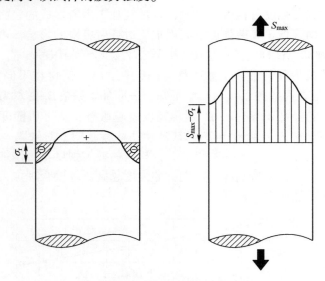

图 4-20　滚压对疲劳强度的影响

图 4-21 所示一中心圆孔平板试件，中心孔受挤压或预拉伸后产生自平衡残余压应力，孔边最大残余压应力为 σ_r，当外加循环载荷作用时，孔边应力水平得到减缓，故试件的疲劳强度得到了提高。

由于疲劳裂纹多发生于零件表面，将零件表面加以强化能提高其疲劳强度。例如我国从苏联进口的 РД-95 发动机，其压气机叶片就是由于疲劳强度不足，经常发生事故，对叶片进行喷丸处理，大大提高了疲劳强度，解决了疲劳强度不足的问题。实践证明，对于具有应力集中的零件，这种方法对其疲劳极限的提高尤为显著。各种表面强化工艺的影响用表层应力状态系数 β_3 来表示，β_3 为零件采用表面强化后的疲劳极限与未采用表面强化时的疲劳极限之比值（表 4-4），同时，也应该注意到，疲劳损伤主要是由拉应力产生的，而表面残余应力是自平衡体系，如若冷作强化变形量过大，可能会使表层产生微裂纹，反而降低零部件的疲劳强度。

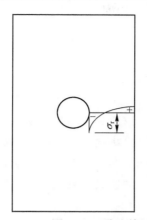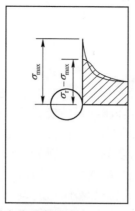

图 4-21 孔边挤压对疲劳强度的影响

表 4-4 表层应力状态系数 β_3

强化方法	材料	芯部强度 σ_b/MPa	应力集中系数			备 注
			$K_t=1$	$K_t=1.5$	$K_t \geq 2$	
高频淬火	钢	600~800	1.3~1.5	1.4~1.5	1.8~2.2	
		800~1000	1.2~1.4	1.5~2.0		
氮化		900~1200	1.1~1.3	1.5~1.7	1.7~2.1	
渗碳		400~600	1.8~2.2	3		
		700~800	1.4~1.5			
		1000~1200	1.2~1.3			
辊压		600~1500	1.1~1.4	1.4~1.6	1.6~2.0	
喷丸		600~1500	1.1~1.4	1.4~1.6	1.6~2.0	
镀铬		—	0.5~0.7			
镀镉		—	0.75~0.8			
镀镍		—	0.5~0.9			
镀锌		—	0.6~0.95			热浸
			1.0			电镀
镀铜			0.9			
喷丸	钛		1.2~1.25			
铬酸阳极化	铝		0.8			2000
			0.55			7000
硫酸阳极化			0.86			
硬阳极化			0.7~0.8			
镀镍			0.9			
喷丸			1.0~1.1			

注：1. 高频淬火系根据直径为 10~20mm，淬火硬化层厚度为 (0.05~0.20)d 的试样试验得的数据；对大尺寸试样，强化系数之值有所降低。
2. 氮化层厚度为 0.01d 时，用小值；厚度为 (0.03~0.04)d 时，用大值。
3. 喷丸强化系根据 8~40mm 的试样求得的数据；喷丸速度低时，用小值；速度高时，用大值。
4. 滚子滚压系根据 17~130mm 的试样求得的数据。

4.4 载荷

4.4.1 载荷形式

疲劳载荷形式对金属材料的疲劳及裂纹扩展机理有显著影响，恒幅载荷作用下的疲劳断口呈现均匀、细致的疲劳条带，裂纹扩展速率稳定，而随机谱载荷作用下的疲劳断口呈现离散、稀疏的疲劳条带，疲劳条带之间有明显的韧窝，说明加载过程中的载荷变化会导致裂纹尖端稳定扩展与瞬间韧窝分离之间的交替变化，也使由疲劳条带和韧窝组成的裂纹扩展区大于恒幅加载断口的裂纹扩展区。

4.4.2 载荷类型

零件受到的外载荷有拉压、弯曲、扭转三种类型。对于几何形状和边界条件复杂的元件，疲劳危险部位处于多轴应力状态；而在很多情况下，实际工程结构中的多轴应力是非比例的，非比例多轴疲劳问题的研究目前还不深入，此处主要讨论光滑标准试件在不同加载方式下的疲劳强度的差异。

载荷类型对疲劳强度的影响用载荷类型影响系数 δ 来描述，δ 的定义为其他加载方式下的疲劳强度与旋转弯曲疲劳强度的比值。δ 不仅取决于载荷类型，因为不同的载荷类型使试件中的应力分布不同；δ 还取决于材料，因为不同的材料有着不同的疲劳破坏机理。对于弹塑性材料，试验结果和理论分析表明，圆棒试件在反复扭转下的疲劳极限 τ_{-1} 大约为 σ_{-1} 的 58%，这一结果与 Von Mises 准则相一致。在有限寿命时，δ 值变化不大。对于脆性材料，δ 通常大于 0.58。不同的载荷类型对疲劳极限的影响系数如表 4-5 所示。

表 4-5 载荷类型影响系数 δ

应力类型	旋转弯曲	板弯曲	拉伸	扭转
影响系数	1	1.05	0.9	$1.04/\sqrt{3}$

4.4.3 加载频率

一般来说，疲劳强度是随着频率的减少而有所降低的，造成这种现象的主要原因是，试样的破坏循环数与每一应力循环中所产生的塑性变形有关，即使在中等频率下，施加最大应力的时间也很短。例如，在旋转弯曲试验中，对于每分钟 3000 次循环的速度，应力从零开始到最大应力所需的时间，等于 1/4 循环的时间，即

$$\frac{1}{4} \times \frac{60}{3000} = \frac{1}{200}(\text{s})$$

在这样短的时间内，塑性变形往往来不及发生，因此，应力循环的频率越高，材料受到的损伤也越小，这一影响对于低周疲劳特别显著。由于低周疲劳的每一循环中，常常产生较大的塑性变形，所以，受频率的影响较大。此外，对于高温疲劳，在中等寿命区或长寿命区内，也会受到频率的影响，而且温度越高，频率的影响越大。

根据钢材常温的试验结果，频率在 200~5000 次循环/min 之间，疲劳极限变化很小。表 4-6 还给出了各种板材试样在脉动拉伸下的试验结果，表中数据是两种频率所测定的疲劳强度的比值，其疲劳强度是对应 10^6 次循环的最大应力。由表 4-6 可以看到，频率对疲劳强度的影响是比较小的。

表 4-6 频率对疲劳强度的影响（循环基数 10^6）

材　料	10000 次循环/min 的疲劳强度 与 350 次循环/min 的疲劳强度的比值
碳钢（含 0.12%碳）	1.07
碳钢（含 0.25%碳）	1.05
碳钢（含 0.35%碳）	1.05
碳钢（含 0.60%碳）	1.00
合金钢（含 3%镍）	1.02
合金钢（含 3%镍，0.8%铬）	1.03
合金钢（含 3%镍，0.8%铬，0.3%钼）	1.02
合金钢（含 4%镍，1%铬）	1.01
	8000 次循环/min 的疲劳强度 与 350 次循环/min 的疲劳强度的比值
铝铜合金（硬铝）	1.01
铝锌合金（超硬铝）	1.03
铝锰合金	1.00

疲劳强度随着频率的减小而降低的另一个原因是，在试验过程中，一些材料的疲劳强度受到大气腐蚀的影响，会有所降低。在低频循环下，试验持续的时间较长，故疲劳强度的降低也比较显著。与上述相反，有些材料在高频应力循环下，由于反复变形而产生的内摩擦，使得材料本身的温度升高，在温度足以引起材料蠕变时，则疲劳极限也会有所降低。

一般疲劳试验机的工作频率为 8~160Hz。绝大多数金属材料的疲劳强度在这个加载频率范围内基本上没有大的变化。在无腐蚀环境前提下及此加载频率范围内，加载频率对金属材料的疲劳强度几乎没有影响。若加载频率高于 1000Hz 后，疲劳极限才稍有增加，但加载频率在 1670Hz 以后，疲劳强度随加载频率的增加又迅速下降。

4.4.4 平均应力

相对于平均应力 $\sigma_m=0$ 的对称循环载荷的疲劳寿命，在 $\sigma_m<0$ 时，疲劳寿命增加；而 $\sigma_m>0$ 时，疲劳寿命减少。平均应力的影响可用 Gerber 公式、Goodman 公式或 Soderberg 公式修正。在不同寿命时，平均应力的影响是不同的；对不同的材料，平均应力的影响也是不同的，如图 4-22 所示。一般来讲，平均应力对疲劳强度的影响较应力幅值低。拉伸平均应力使疲劳极限应力幅值减少，压缩平均应力使疲劳极限应力幅值增大。平均应力对正应力的影响高于剪切应力。

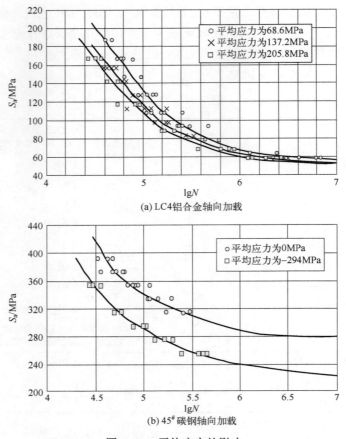

图 4-22 平均应力的影响

4.4.5 应力比

应力比会对金属材料的疲劳及裂纹扩展性能产生影响。随着应力比从-1增大至0.9，合金钢和高温合金材料的疲劳强度先降低再增大，这是因为低应力比下疲劳强度主要由应力幅控制，而高应力比下疲劳强度主要由平均应力控制。随着应力比增大，拉应力在疲劳加载历程中所占的比例逐渐增大，金属材料的裂纹扩展速率也逐渐增大。断口金相分析表明，随着应力比的增加，高应力比会产生不可恢复的塑性变形，导致断口形貌由典型疲劳断口特征逐渐转变为塑性拉断特征，断口面上的二次裂纹、等轴韧窝和孔洞增多。

4.4.6 载荷波形

在实际工作条件下，循环载荷的波形是多种多样的，与实验室常用的正弦波形相差甚远。试验结果表明，在常温无腐蚀环境下，波形对疲劳强度的影响甚微，在进行疲劳分析时，这种影响可以不加考虑。

4.4.7 载荷停歇和持续

有些工程结构和机械在服役期间受到的循环载荷具有中间停歇或载荷在某一水平上持续一段时间的情况。在常温无腐蚀环境下，载荷停歇和持续对大多数材料的疲劳强度影响不大。

从机理上讲，载荷中间停歇，使"疲劳"的材料得到了"休息"，疲劳寿命有所延长。试验结果表明：①载荷停歇对疲劳极限没有明显影响。②载荷停歇对疲劳寿命有一定的影响，其影响程度随材料而异。对于低碳钢，载荷停歇的影响较大；而对合金钢、铝合金、镁、铜等金属，载荷停歇的影响则很小。停歇越频繁，停歇时间越长，对疲劳寿命的影响就越大。

载荷持续对疲劳强度或疲劳寿命的影响取决于材料的蠕变/松弛性能，大多数金属材料具有蠕变/松弛行为，但不明显，因此，载荷持续使疲劳强度或疲劳寿命有所下降，但不显著。

4.4.8 欠应力

低于疲劳极限的局部应力称为"欠应力"或"欠载"。将初始经受过欠应力作用的试样，重新在高于疲劳极限的应力水平下进行试验时，则会发现，其疲劳强度比未经受过欠应力作用的试样要高。例如对阿姆可铁（一种纯铁）的试验研究指出，在稍低于疲劳极限下施加 7×10^7 次循环后，其疲劳极限增加 23%，并且还发现，如果每隔几百万次循环，少量增加一欠应力幅，那么疲劳强度会有更大的提高，软钢的疲劳试验也证明了这一点，此种疲劳强度增高的过程称为诱载强化。

4.5 环境

4.5.1 腐蚀环境

对于在水上或潮湿、盐雾环境下使用的飞机，经常需要承受腐蚀和交变应力的共同作用，应考虑"腐蚀疲劳"问题，受腐蚀疲劳破坏较多的是飞机螺旋桨和喷气发动机叶片。腐蚀环境的影响是一个较长的过程，铜、铜合金及钛合金的抗腐蚀性能是比较好的，但铝合金和镁合金的疲劳强度会因腐蚀作用大大降低，而且高强度的铝锌合金比铜铝合金情况更坏，腐蚀环境对铝合金缺口试样疲劳强度的影响大于光滑试样。即使对于钢材，腐蚀环境下的 $S-N$ 疲劳性能曲线一般也没有水平直线部分，破坏应力总是随着循环数的增加而降低。

金属材料受到腐蚀作用后疲劳强度降低的原因，主要是腐蚀环境使金属表面产生很多应力集中点，促使了疲劳裂纹的形成。断口金相分析发现，无腐蚀试样通常只有一个疲劳源，而腐蚀疲劳试样断口表面粗糙度增加，试样边沿处产生大量腐蚀产物和腐蚀坑，引起应力集中，疲劳裂纹更容易萌生，疲劳源的数量增多，对材料疲劳性能产生不利影响。这也可以进一步解释腐蚀环境对表面粗糙度低的试样影响较大，因为粗糙度高的试样表面上已有了很多应力集中点，试样经腐蚀后，一方面使应力集中点增多，另一方面将已有的应力集中点腐蚀,这两种趋势有相互抵消的作用,导致表面粗糙度较高的试样受腐蚀影响较小。此外,在应力循环的过程中,腐蚀的损伤作用也在不断地进行,从而造成了疲劳强度继续降低的现象,因此,腐蚀疲劳强度与应力循环的频率有关,当应力频率很高时,一定循环数下的时间较短,腐蚀作用较小,导致腐蚀疲劳强度随着应力循环频率的增加而提高。

腐蚀环境也会对金属材料的疲劳裂纹扩展性能产生不利影响,铝合金的疲劳裂纹扩展速率会因腐蚀作用而加快,腐蚀环境对铝锌合金的影响大于铜铝合金,并且,腐蚀和疲劳载荷对铝合金材料的裂纹扩展过程存在交互作用,随着疲劳载荷的降低,腐蚀和应力循环作用的时间延长,腐蚀环境对裂纹扩展性能的影响逐渐增强。通过对断口金相分析发现,干燥大气环境下,裂纹尖端发生明显的塑性变形,形成细致、连续的塑性疲劳条带,同时伴随有等轴韧窝的出现,裂纹扩展以韧性断裂机制为主,而腐蚀环境下,腐蚀液与裂纹表面会发生电化学反应,其中阳极反应生成大量腐蚀产物,在疲劳载荷作用下发生龟裂,加速裂纹扩展,阴极反应产生具有较强活性的原子氢[H],[H]通过扩散或位错输送进入裂纹尖端塑性区,造成金属晶内和晶界处应力集中,引起氢脆效应,导致材料塑性降低,从而形成短促、不连续的脆性条带,裂纹扩展以韧脆混合或者脆性断裂机制为主,使裂纹扩展速率加快。

此外,腐蚀液种类也会对铝合金材料的腐蚀疲劳及裂纹扩展性能产生影响,油箱积水腐蚀环境对铝合金材料腐蚀疲劳及裂纹扩展性能的不利影响大于3.5%NaCl溶液(图4-23和图4-24)。断口金相分析表明,3.5%NaCl和油箱积水这两种腐蚀环境下的疲劳断口均存在局部腐蚀坑与颗粒状腐蚀产物。但是,与3.5%NaCl环境相比,油箱积水环境下疲劳断口的裂纹扩展区还存在大量白色点状腐蚀产物,这说明油箱积水环境中不仅存在电化学腐蚀,还存在微生物腐蚀,腐蚀产物导致的裂纹扩展速率加快更加严重,因此,油箱积水腐蚀环境对疲劳裂纹扩展性能的不利影响更大。为了提高铝合金等金属材料的抗腐蚀能力,可以进行表面保护或强化处理;对零构件表面喷丸或挤压,都可以达到提高腐蚀疲劳强度的效果。实践经验指出,表层氮化是提高抗腐蚀能力最有效的方法。

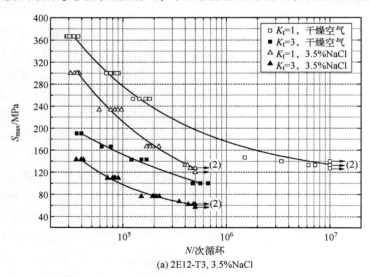

(a) 2E12-T3, 3.5%NaCl

第 4 章 影响疲劳强度的因素

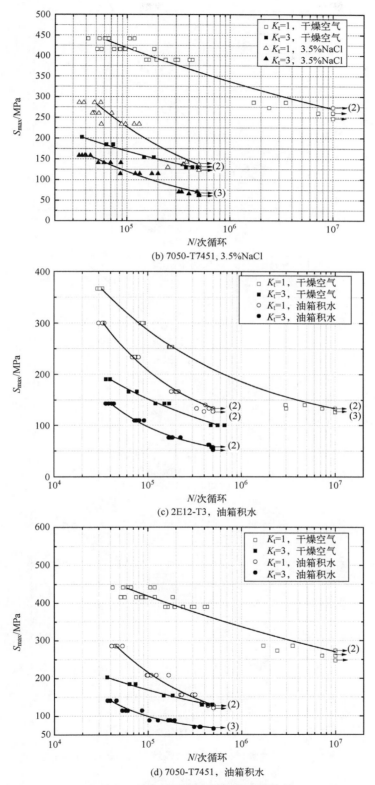

(b) 7050-T7451，3.5%NaCl

(c) 2E12-T3，油箱积水

(d) 7050-T7451，油箱积水

图 4-23 铝合金材料腐蚀疲劳试验结果

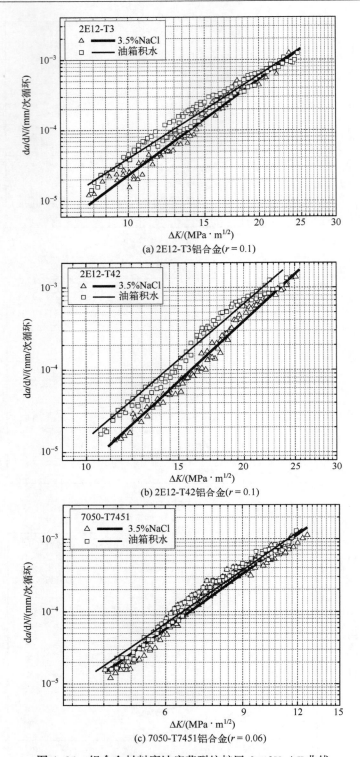

图 4-24 铝合金材料腐蚀疲劳裂纹扩展 da/dN-ΔK 曲线

4.5.2 微动磨蚀

当两个互相接触的固体表面具有微小的相对运动时，则表面会受到损伤，这就是擦伤磨蚀或微动磨蚀。擦伤磨蚀常常发生在限制相对运动的连接件中，如螺栓接头、铆钉接头等处（图4-25）。在擦伤的表面常常堆积有细微的氧化颗粒，在钢材中为氧化铁 Fe_2O_3，呈红棕色；而在铝镁合金中，这些细微的氧化颗粒是黑色的。受到擦伤的表面，因产生斑而导致疲劳强度显著降低，微动磨蚀结构对疲劳极限的影响十分显著，试验表明，微动磨蚀结构会使疲劳极限降低到原来的 1/3~1/8，其影响系数如表4-7所示。

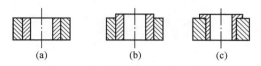

图 4-25 微动磨蚀衬套结构

表 4-7 微动磨蚀影响系数

材 料	无 衬 套		有 衬 套			胀孔或喷丸
	$\sigma_m = 0$	$\sigma_m = \sigma_a$	平衬套	长衬套	凸台衬套	
合金钢 钛合金（锻件）	1/6	1/3.5	1/3	1/3.5	1/4	1/2
铝合金 钛合金（辊压）	1/7	1/4	1/3.6	1/4	1/4.5	1/2.4
备注	按 $\sigma_m : \sigma_a$ 插值	图 4-25（a）	图 4-25（b）	图 4-25（c）		

擦伤磨蚀的机理，目前尚不十分清楚，但擦伤的过程，可以看成局部的磨损，如果此时伴随有腐蚀发生，就会大大加剧这种磨损的作用。擦伤磨蚀与相对位移的大小、擦伤面之间的压力及周围环境等有关。只要有很小的相对位移（千分之几毫米，甚至更小）就会造成擦伤，相对位移量增加时，损伤也增加，但达到一定值时就不再增加。一般来说，擦伤面之间的压力加大时，损伤加剧，但当这种压力足够大时，则又可以起到限制位移量的作用，从而减少损伤。此外，周围环境温度下降及湿度减低，均可能使擦伤增加。

对于连接件，如采用干涉配合或预紧力方法，可防止擦伤磨蚀的发生。一些现代飞机的连接件，常常在两个贴合面之间使用塑料垫片或多层纯铝箔胶合而成的垫片，在耳孔内使用干涉配合的不锈钢衬套，这些都是防擦伤腐蚀的有效措施。

4.5.3 高温疲劳和低温疲劳

温度对金属材料及结构的疲劳强度也有影响，通常可以分为高温和低温两类温度效应。关于高温环境对金属材料疲劳强度的影响，铝合金材料在 20~150℃ 范围内，疲劳强度基本不受影响，温度再增高，其疲劳强度降低很快，温度达到 350℃ 以上时，铝合金将只有很低的疲劳强度，铝铜合金对高温疲劳的抗力优于铝锌合金；碳钢在 20~150℃ 范围内，疲劳强度也基本不受影响，但在 150~350℃ 范围内，疲劳强度随温度上升而增加，温度超过 350℃ 后，疲劳强度又迅速降低，高温环境下，一般钢材的 $S-N$ 疲劳性能曲线没有水平直线部分，亦即不存在疲劳极限；镍铬钼合金钢在 400℃ 以前基本不受影响，但超过 400℃ 之后，其疲劳强度迅速降低（图 4-26 和图 4-27）；当温度达到 700℃ 高温时，高温合金的高周和超高周范围内的疲劳强度均会降低（图 4-28）。

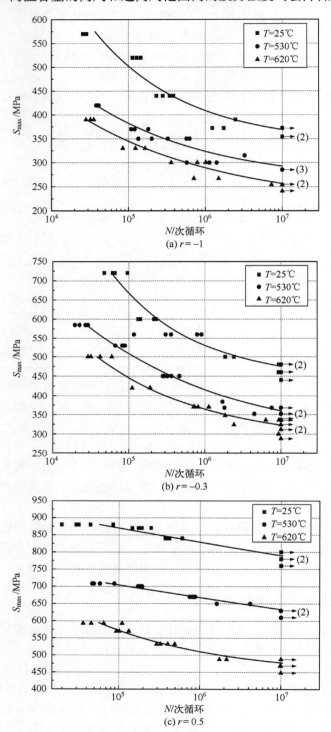

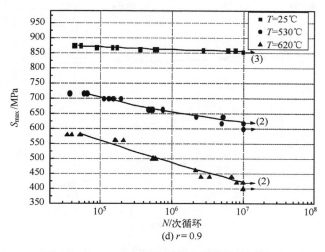

(d) $r = 0.9$

图 4-26 9CrCo 合金钢材料高温疲劳试验结果

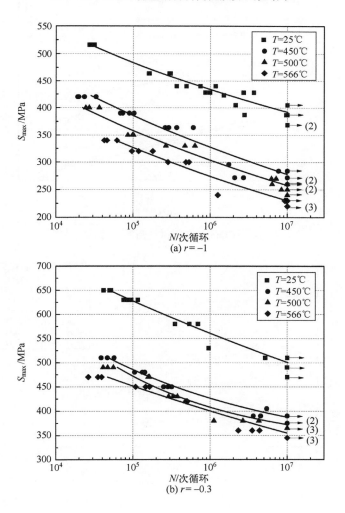

(a) $r = -1$

(b) $r = -0.3$

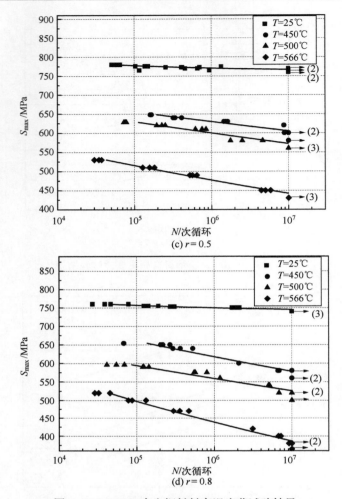

图 4-27 2CrMo 合金钢材料高温疲劳试验结果

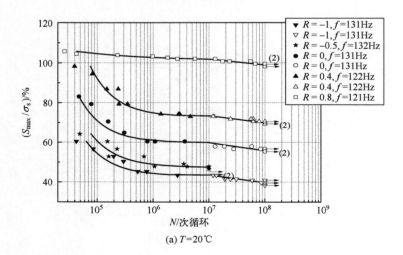

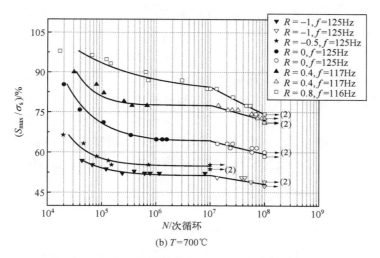

(b) $T=700℃$

图 4-28 GH3617M 高温合金材料高温疲劳试验结果

高温环境使金属材料疲劳强度降低的原因，主要是高温环境通常会增加疲劳加载下材料的局部循环塑性变形，改变材料位错结构，产生氧化物等，从而对材料的疲劳性能产生影响。断口金相分析表明，材料的塑性会随着温度升高而提高，促进材料的局部循环塑性变形和驻留滑移带生成，且有利于疲劳条带、二次裂纹、孔洞和韧窝的形成，加速疲劳裂纹萌生和扩展；高温环境下还会导致试样表面氧化，氧化层的脆性会加速裂纹成核和扩展，部分材料甚至会由单一疲劳源转变为多个疲劳源，缩短材料的疲劳寿命。

高温环境也会对金属材料的疲劳裂纹扩展性能产生影响，但对不同材料的影响存在差异，铝合金和钛合金疲劳强度的高温效应就不同。图 4-29 所示为 6 种铝合金（2024-T351、2397-T8、6061-T651、7050-T7451、7050-T7452 和 7475-T761）材料的高温疲劳裂纹扩展试验结果，与室温相比，高温环境下 6 种铝合金材料的疲劳裂纹扩展速率均更高，并且随着应力强度因子幅值增大，不同温度下裂纹扩展速率之间的差值逐渐减少，温度和载荷对铝合金材料裂纹扩展过程存在交互作用。断口金相分析表明，室温环境下铝合金晶界处位错阻力较大，裂纹扩展至晶界处时，为了将所消耗的能量最小化，沿着附近不同的晶面继续扩展，从而呈现具有台阶或撕裂棱等准解理断裂特征，而在高温环境下晶界结合强度减小，裂纹扩展阻力降低，裂纹扩展路径的曲折度降低，从而加速裂纹扩展过程，疲劳断口表面也更为平整，并且高温环境下裂纹表面氧化后也会促进二次裂纹的形成，因此，高温环境下的裂纹扩展速率更快。

图 4-30 所示为 4 种钛合金（TC18、TC21、TC4-DT 和 Ti-6Al-4V/ELI）材料的高温疲劳裂纹扩展试验结果，高温对这 4 种材料疲劳裂纹扩展性能的影响存在差异，其中，温度变化对 TC18 裂纹扩展性能影响不大，随着温度升高，TC21 和 Ti-6Al-4V/ELI 的裂纹扩展速率降低，而随着应力强度因子幅值增大，TC4-DT 由高温疲劳裂纹扩展速率低于室温变为高于室温，温度和载荷对钛合金裂纹扩展过程也存在交互作用。断口金

相分析表明，与铝合金材料不同，钛合金室温疲劳断口的塑性特征较强，且高温环境会使材料塑性增强和裂纹表面氧化，有利于疲劳条带和二次裂纹的形成，加速裂纹扩展进程，并且高温使材料的晶界黏聚强度降低，增加了晶界滑移，裂纹扩展速率增加，疲劳断口出现局部沿晶特征；此外，高温导致的塑性变形增大和氧化产物使得疲劳断口表面变粗糙，断面粗糙度会强化疲劳裂纹扩展试验过程中的裂纹闭合效应，有利于减缓疲劳裂纹扩展速率，而高温下的疲劳条带、二次裂纹增多以及晶界结合强度降低等效应则会加速疲劳裂纹扩展，钛合金材料疲劳裂纹扩展进程受到裂纹闭合与高温效应共同作用的影响，因此，不同温度下钛合金材料裂纹扩展速率的变化取决于裂纹闭合和高温效应之间的耦合效果。

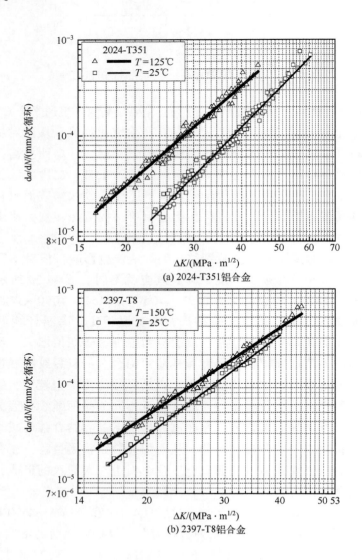

(a) 2024-T351铝合金

(b) 2397-T8铝合金

第 4 章 影响疲劳强度的因素

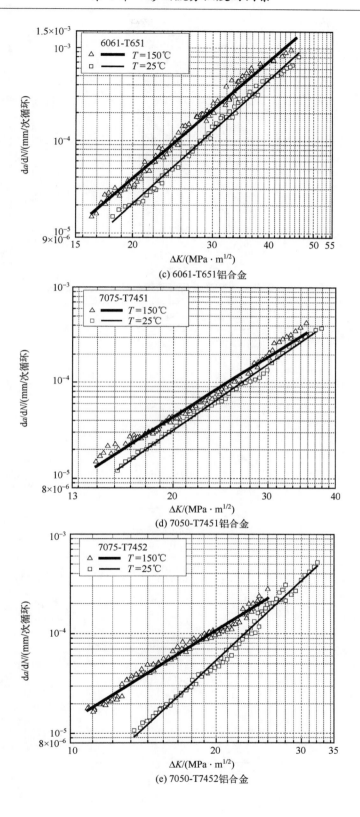

(c) 6061-T651铝合金

(d) 7050-T7451铝合金

(e) 7050-T7452铝合金

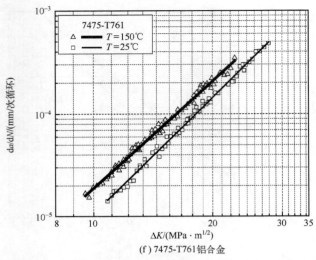

(f) 7475-T761铝合金

图 4-29 铝合金材料高温疲劳裂纹扩展 da/dN-ΔK 曲线

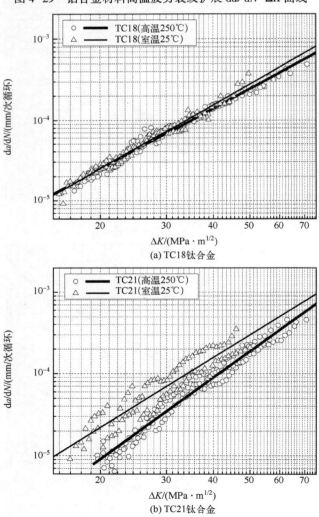

(a) TC18钛合金

(b) TC21钛合金

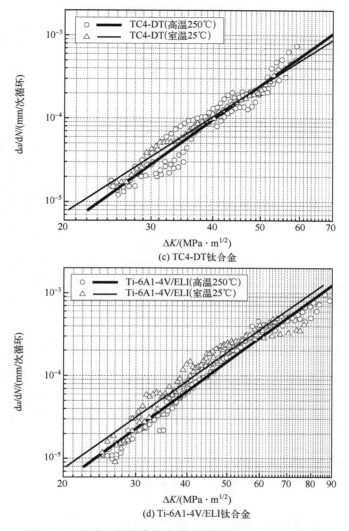

图 4-30 钛合金材料高温疲劳裂纹扩展 da/dN-ΔK 曲线

关于低温环境（-40℃以下）对金属材料疲劳强度的影响，无论碳钢、合金钢、不锈钢、铝合金和镁合金，其疲劳强度均随温度降低而增加，并且，随着加载应力水平降低，低温和室温疲劳寿命之间的相对差异增大，此时，低温环境作用的时间更长，低温与载荷之间的交互作用对疲劳性能的有益影响增大，研究表明，铜铝合金对低温与载荷之间的交互作用比铝锌合金更敏感（图4-31）。低温环境对缺口试样的疲劳强度也存在有利影响，但是缺口试样疲劳强度的增加比光滑试样要小，这是因为在低温时材料对应力集中敏感性较大。断口金相分析表明，与室温环境相比，低温环境下材料晶界处的位错阻力较大，裂纹扩展至晶界处时，为了将所消耗的能量最小化，沿着附近不同的晶面继续扩展，疲劳裂纹萌生区出现明显的解理状小平面，裂纹扩展区出现明显的沿晶特征，断口表面更加凹凸不平，裂纹闭合程度提高，疲劳裂纹萌生和扩展困难，疲劳寿命延长。

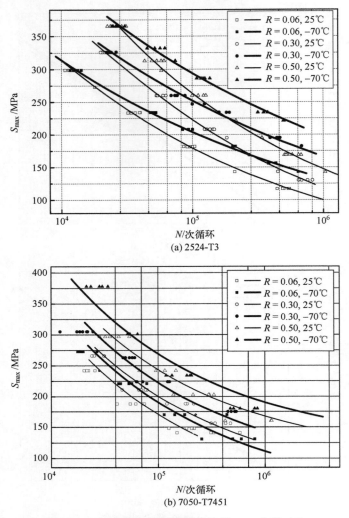

图 4-31 铝合金材料低温疲劳性能 S-N 曲线对比

图 4-32 呈现了低温环境对 6 种铝合金（2397-T8、2524-T3、6061-T651、7050（QD）、7050-T7451 和 7150）材料疲劳裂纹扩展性能的影响，与常温环境相比，相同应力强度因子加载下铝合金材料在低温环境下的裂纹扩展速率降低，随着应力强度因子降低，低温和室温疲劳裂纹扩展速率之间的相对差异增大，此时，低温环境作用得更充分。断口金相分析表明，随着温度降低，铝合金疲劳断口裂纹稳定扩展区的疲劳条带和韧窝特征减弱，出现明显的沿晶特征，裂纹尖端附近的位错滑移不易发生，且在穿越晶界的过程中受到阻滞，裂纹趋向于沿着晶界曲折扩展，疲劳寿命延长；在裂纹快速扩展区，裂纹尖端的应力强度因子较高，低温疲劳断口表面的脆性沿晶特征减少，而出现大量的塑性韧窝特征，此时，低温与载荷之间的交互作用对裂纹扩展行为的有益影响减弱，裂纹尖端在大应力强度因子作用下快速拉开，裂纹扩展速率加快，并且，随着加载应力水平提高，断口表面凹凸不平和沿晶特征减弱，而疲劳条带和韧窝特征增多，低温对铝合金材料疲劳裂纹萌生和扩展的抑制作用降低。

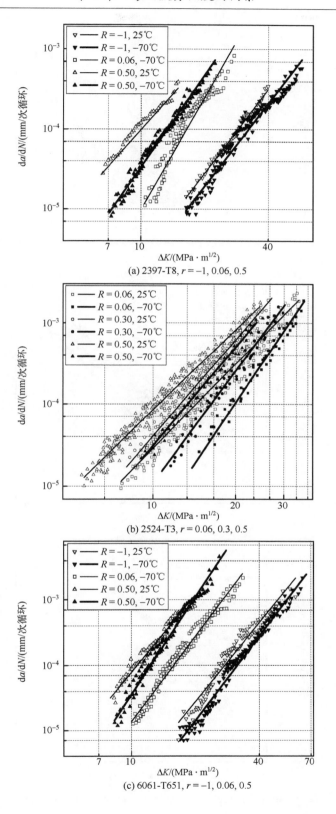

(a) 2397-T8, $r = -1, 0.06, 0.5$

(b) 2524-T3, $r = 0.06, 0.3, 0.5$

(c) 6061-T651, $r = -1, 0.06, 0.5$

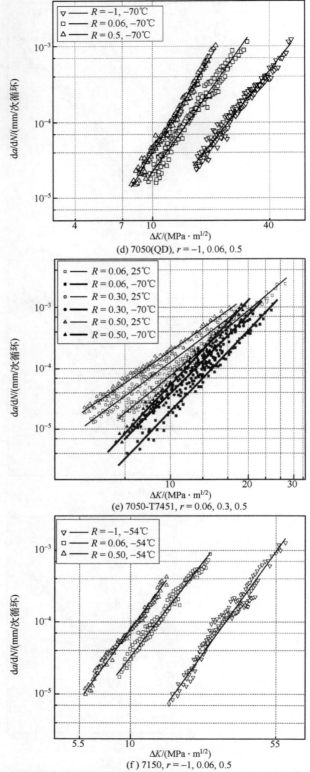

图 4-32 铝合金材料低温疲劳裂纹扩展性能 da/dN-ΔK 曲线对比

4.5.4 热疲劳

构件在交变的热应力作用下引起的破坏称为"热疲劳",这种热应力主要来自两方面:①由温度分布不均所引起的;②限制金属自由膨胀或收缩所引起的。热疲劳破坏常常表现为金属表面细微裂纹网络的形成,称为"龟裂"。对喷气发动机的涡轮,热疲劳是一个非常严重的问题,这是由于发动机多次起动和停车,使叶片受到重复的骤然加热和冷却,因而引起了交变热应力,这也是发动机导向器叶片、火焰筒产生裂纹的主要原因。根据某发动机使用情况模拟试验结果,镍基合金叶片经过85次的起动-停车循环后,产生了裂纹;钴基合金叶片经过295次这样的循环后,也产生了裂纹。与此相反,发动机在全功率下长时间连续地运转了360h,叶片上都未出现裂纹。

如以上所述,根据使用情况模拟试验,可直接提供零构件的热疲劳性能,但是,受到多种因素的影响,在实验室内模拟使用条件很困难,并且成本很大,因此,通常的方法是,针对一些对热疲劳起主要作用的因素来提供热疲劳性能资料。研究结果指出,对热疲劳起主要作用的因素有热膨胀系数、热传导率和对交变应力的抗力。

各种材料温度每升高1℃时,所引起的单位长度的变化,称为该材料的热膨胀系数(线膨胀系数)。在一定的温度下,由温度所引起的热应变,与热膨胀系数成正比,也就是说,材料的热膨胀系数越大,它的热应变就越大。这时,如果热应变受到限制,就会产生较大的热应力,可见,大的热膨胀系数对热疲劳强度不利。

热量从物体较热的部分传到较冷的部分称为热传导。热传导率大的材料,表示热量在该材料内传递迅速。当对构件缓慢地加热和冷却时,热应变和热应力仅仅是由于外界的约束所引起的,热传导不起作用;然而,实际上遇到更多的情况是快速的加热和冷却,热应变是由于物体中各部分冷热不均所引起的。这时,高的热传导率是有利的,因为热量可迅速地传播开来,使温度趋于均匀化,从而减少了热应变。如果对物体表面的加热速度极快,以至表面已达到最高温度而内部温度还来不及变化,那么热传导也就不起作用了。

热膨胀系数和热传导率都是材料的物理性质,与交变应变的产生直接相关,而疲劳性能主要表现在对交变应变的抗力上。如上节所述,在低周情况下,材料对交变应变的抗力,主要取决于材料的塑性性质,实际上,零构件的热疲劳破坏,通常是在低周情况下发生的,因此,要求材料有较好的塑性性质,像陶瓷一类的脆性材料,塑性性质很差,热疲劳的抗力也就很小,所以,在温度剧烈变化的环境下,都限制使用这种材料。

4.5.5 声疲劳

在声环境下工作的构件,因为受到噪声的激励而产生振动,由这种强迫振动引起的破坏,称为声疲劳或噪声疲劳。当声压水平超过140dB时,应该考虑声疲劳问题。例如,喷气发动机的喷管和飞机尾罩上的裂纹,就是由声疲劳所引起的。这里所说的"分贝"是声学中的单位,声的强度用每秒通过垂直于声传播方向的$1cm^2$面积的声能来度量,单位是尔格/厘米^{2}秒,以符号I表示,用分贝表示的声强水平为

$$\frac{1}{10}\lg\frac{I}{10^{-9}}(\text{dB})$$

在高速飞机和导弹中,噪声源主要来自两个方面:①推进系统,包括喷气发动机排

气噪声、燃烧噪声等，这类噪声主要取决于推进功率。在加力燃烧状态，靠近喷口的地方会产生很高的声强。例如，当使用大功率喷气发动机时，在尾喷管处，常常发现有声疲劳引起的裂纹。②高速空气动力，包括附面层噪声、尾流噪声、冲击波噪声等，这类噪声主要取决于飞机外形和速度。

关于声疲劳的设计，大致包括以下几个方面内容：声环境的描述、声环境下应力确定、声疲劳寿命的估算、零部件抗声疲劳设计、声疲劳的模拟试验。近年来，由于成功地研制出了气流电动式扬声器，作为高声强的声源，可以根据需要，模拟出各种不同的声环境，与实际飞行中结构的动态响应基本一致。因此，在实验室中进行这种声疲劳的模拟试验，不太困难。但从理论上进行声疲劳的寿命估算时，由于问题的复杂性，使得这方面的研究工作进展很慢。至于在防声疲劳设计方面，曾进行过一些工作，如采取减振措施或增加阻尼的办法，将振动的应力控制在安全的幅度以内。经验指出，声强水平在140~165dB时，最好使用胶结结构；在165~175dB时，最好使用蜂窝夹层结构。

4.6 机械零件疲劳强度

4.6.1 疲劳强度准则

零件在交变应力下的强度条件是，零件工作时最大交变应力 s_{max} 小于（或等于）零件在同一应力比 r 下的许用应力 $[S_r]$，即

$$s_{max} \leq [S_r]$$

因零件的许用应力可用零件的疲劳极限 $(S_r)_{零}$ 与安全系数 n 之比来表示，即许用应力 $[S_r]$ 可表示为

$$[S_r] \leq \frac{(S_r)_{零}}{n}$$

所以，交变应力下零件的强度条件可表示为

$$s_{max} \leq \frac{(S_r)_{零}}{n} \tag{4-14}$$

式中，s_{max} 为零件工作时最大交变应力，可按材料力学的公式计算；n 为安全系数；$(S_r)_{零}$ 为在应力比 r 下零件的疲劳极限。

在选取安全系数 n 值时，应考虑以下因素，如计算内力及应力时的可靠性、材料的均匀性、零件的制造工艺水平等，一般可参照下列原则选取：

（1）在计算精确度很高，且在确定内力、应力及强度性能时普遍采用试验数据，同时，工艺过程的质量及材料均匀性足够时，取安全系数为 $n=1.3\sim1.4$。

（2）对于普通的计算精确度，在缺乏内力及应力的可靠试验数据且材料均匀性及生产水平为中等时，取安全系数为 $n=1.4\sim1.7$。

（3）在计算精确度很低，没有内力及应力的试验数据，材料很不均匀时，尤其对于尺寸很大的零件及铸件，取安全系数为 $n=1.7\sim3.0$。

（4）零件所需的最可靠的安全系数值，可根据实际零件的试验及相应零件实际工作状态而确定。

下面的主要任务是确定在对称循环及非对称循环下零件的疲劳极限，从而建立相应的强度计算公式。

4.6.2 对称循环下零件的拉（压）、弯曲、扭转疲劳强度

在对称循环下，当考虑了应力集中、尺寸大小的影响后，由式（4-1）及式（4-13）可得到零件的疲劳极限：

$$(S_{-1})_{\mathrm{d}}^{\mathrm{K}} = \frac{(S_{-1})_{\mathrm{d}}}{K_{\mathrm{f}}} = \frac{\varepsilon}{K_{\mathrm{f}}} S_{-1}$$

考虑表面加工的影响，则零件在对称循环下的疲劳极限为

$$(S_{-1})_{零} = \frac{\varepsilon \beta}{K_{\mathrm{f}}} S_{-1} \tag{4-15}$$

式中，S_{-1} 为小试样在对称循环下的疲劳极限；K_{f} 为有效应力集中系数；ε 为尺寸系数；β 为表面状态系数。

因此，零件在对称循环下的许用应力为

$$[S_{-1}] = \frac{(S_R)_{零}}{n} = \frac{\varepsilon \beta}{n K_{\mathrm{f}}} S_{-1}$$

强度条件为

$$s_{\max} \leqslant \frac{\varepsilon \beta}{n K_{\mathrm{f}}} S_{-1} \tag{4-16}$$

式中，$s_{\max}$ 代表零件工作时对称循环应力的最大值。

弯曲、拉（压）时，$s_{\max}$ 可用 $\sigma_{\max}$ 代入；扭转时，$s_{\max}$ 可用 $\tau_{\max}$ 代入，因此，强度条件又可表示为

$$\sigma_{\max} \leqslant \frac{\varepsilon \beta}{n K_{\sigma}} \sigma_{-1} = [\sigma_{-1}] \tag{4-17}$$

$$\tau_{\max} \leqslant \frac{\varepsilon \beta}{n K_{\tau}} \tau_{-1} = [\tau_{-1}] \tag{4-18}$$

式中，σ_{-1} 和 τ_{-1} 分别表示在对称循环下，材料弯曲和扭转时的疲劳极限；对于钢材光滑小试样来说，在对称循环下，材料疲劳极限和抗拉强度极限 σ_{b} 大致存在以下关系：

$$\begin{cases} \sigma_{-1} = 0.40 \sigma_{\mathrm{b}} & （弯曲变形） \\ \sigma_{-1} = 0.28 \sigma_{\mathrm{b}} & （拉压变形） \\ \tau_{-1} = 0.22 \sigma_{\mathrm{b}} & （扭转变形） \end{cases} \tag{4-19}$$

表 4-8 中给出几种常用材料的疲劳极限。

表 4-8 常用材料的疲劳极限

材料名称	σ_{b}/MPa	σ_{s}/MPa	σ_{-1}/MPa	τ_{-1}/MPa
A5 钢	520	280	220	130
20#钢	400	240	170	100
45#钢	560~900	280~650	250~380	150~230
40Cr 钢	730~900	500~750	320~410	200~240

(续)

材料名称	σ_b/MPa	σ_s/MPa	σ_{-1}/MPa	τ_{-1}/MPa
40CrNi 钢	820~920	650~750	360~420	210~250
12CrNi3A 钢	950	700	420	210
20CrNi3 钢	960	870	430	~
40CrNiMo 钢	1000	850	456	230
50CrMnA 钢	1310	1190	640	~

应该特别指出的是，由式（4-16）可以看出，零件的许用应力 $[S_{-1}]$ 除了和材料疲劳性能 S_{-1} 有关，还和零件的状况（应力集中、绝对尺寸、表面状态）以及安全系数有关，因此，即使在同一零件的不同地方，由于尺寸的变化，应力集中程度也不一样，表面加工状态的不同，$[S_{-1}]$ 也就各不相同，所以，疲劳许用应力的计算，必须随着零件上每个可能出现疲劳破坏的薄弱地区，逐个算出它们的 $[S_{-1}]$，而不能笼统地用一个许用应力来代替，这和静载荷时是大不相同的，必须予以足够的注意。

4.6.3 弯扭组合疲劳强度

若零件工作时，承受弯扭组合载荷，在零件内产生对称循环的交变正应力 σ 及交变剪应力 τ，为保证零件不发生疲劳破坏，其应力应满足以下强度条件：

$$\frac{\sigma_{\max}^2}{[\sigma_{-1}]^2} + \frac{\tau_{\max}^2}{[\tau_{-1}]^2} \leq 1 \quad (4-20)$$

式中，$\sigma_{\max}$ 和 $\tau_{\max}$ 分别为零件最大工作正应力及最大工作剪应力；$[\sigma_{-1}]$ 和 $[\tau_{-1}]$ 分别为对称循环下，零件的许用正应力及许用剪应力。

又因

$$\begin{cases} [\sigma_{-1}] = \dfrac{\varepsilon\beta}{nK_\sigma}\sigma_{-1} \\ [\tau_{-1}] = \dfrac{\varepsilon\beta}{nK_\tau}\tau_{-1} \end{cases}$$

故对称循环下弯扭组合零件的强度条件可写成

$$\frac{\sigma_{\max}^2}{\left(\dfrac{\varepsilon\beta}{nK_\sigma}\sigma_{-1}\right)^2} + \frac{\tau_{\max}^2}{\left(\dfrac{\varepsilon\beta}{nK_\tau}\tau_{-1}\right)^2} \leq 1 \quad (4-21)$$

当零件纯弯曲时，则 $\tau_{\max}=0$，由式（4-21）可得

$$\sigma_{\max} \leq \frac{\varepsilon\beta}{nK_\sigma}\sigma_{-1}$$

这与式（4-17）给出的结果是一致的。

当零件承受纯扭转时，则 $\sigma_{\max}=0$，由式（4-21）可得

$$\tau_{\max} \leq \frac{\varepsilon\beta}{nK_\tau}\tau_{-1}$$

与式（4-18）相同。由此可见，纯弯曲、纯扭转的疲劳强度条件是弯扭组合疲劳强度

条件的特殊情况，同时也说明了式（4-21）与式（4-17）和式（4-18）的一致性。

例4-2 图4-9所示为一矿车的车轮轴简图，轮轴材料为合金钢，其抗拉强度 σ_b = 900MPa，疲劳极限 σ_{-1} = 400MPa。根据其受力情况算得轴截面变化处（经磨削加工）的弯矩 M = 550N·m，若规定安全系数 n = 2，试校核其强度。

解：（1）计算工作应力。

$$\sigma_{max} = \frac{M}{W} = 86(\text{MPa})$$

（2）计算影响疲劳强度的各因素。

在例4-1中已算出 K_σ = 1.72。

由图4-16中曲线可查出 d = 40mm 时，对应 σ_b = 1200MPa，ε = 0.74；对应 σ_b = 500MPa，ε = 0.85，因此，对应 σ_b = 900MPa 钢的尺寸系数 ε 可用内插法求得

$$\varepsilon = 0.74 + \frac{1200-900}{1200-500} \times (0.85-0.74) \approx 0.787$$

因该轴颈处经磨削加工，由图4-19查得 $\beta = \beta_1 = 1$。

（3）校核强度。

因车轴上各点为对称循环应力（$r = -1$），σ_{-1} = 400MPa，给定安全系数 n = 2，可根据式（4-17）校核强度。

$$[\sigma_{-1}] = \frac{\varepsilon\beta}{nK_\sigma}\sigma_{-1} = \frac{0.787 \times 1.0}{2 \times 1.72} \times 400 \approx 91.5(\text{MPa})$$

$$\sigma_{max} = 86\text{MPa} < 91.5\text{MPa}$$

故此车轴疲劳强度足够，是安全的。

对于承受复杂应力状态的结构，按材料性质和强度理论，通常将名义应力等效成正应力，进行疲劳强度校核。

（1）钢、钛合金。

$$s_m = \sigma_m \quad (K_\tau\tau_m \leq 0.2\sigma_s) \tag{4-22}$$

$$s_m = \sqrt{\sigma_m^2 + 3(\tau_m^*)^2} \quad (K_\tau\tau_m > 0.2\sigma_s) \tag{4-23}$$

$$s_a = \sqrt{(K_\sigma\sigma_a)^2 + 3(K_\tau\tau_a)^2} \tag{4-24}$$

其中

$$\tau_0^* = 1.53\tau_0 - 0.306\sigma_s$$

式中，s_a 和 s_m 分别为等效的平均应力和应力幅值；σ_m 和 τ_m 分别为名义正应力和剪应力的均值；σ_a 和 τ_a 分别为名义正应力和剪应力幅值；K_σ 和 K_τ 分别为拉伸和剪切应力集中系数；σ_s 为屈服极限。

（2）轻合金。

$$s_m = K_\sigma\sigma_m \quad (K_\tau\tau_m \leq 0.2\sigma_s) \tag{4-25}$$

$$s_m = \sqrt{(K_\sigma\sigma_m)^2 + 4(K_\tau\tau_m^*)^2} \quad (K_\tau\tau_m > 0.2\sigma_s) \tag{4-26}$$

$$s_a = \sqrt{(K_\sigma\sigma_a)^2 + 4(K_\tau\tau_a)^2} \tag{4-27}$$

其中

$$\tau_m^* = K_\tau\tau_m/0.6 - \sigma_s/3$$

4.6.4 非对称循环下零件的疲劳强度

对于钢材,按无限寿命观点进行疲劳强度计算时,需使用寿命趋于 ∞ 的等寿命曲线(图 4-33)。图 4-33 中曲线 AB 的纵坐标即表示各个平均应力 S_m 对应的疲劳极限;图中点 A 纵坐标为对称循环 $r=-1$(即 $S_m=0$)时的疲劳极限,点 C 纵坐标为脉动循环 $r=0$(即 $S_m=0$)的疲劳极限,点 B 为强度极限 σ_b。对于光滑小试样,当应力在等寿命曲线 $ACBC'A'$ 范围以内时,不会发生疲劳破坏。由于曲线 ACB 近于直线,为简化起见,可以把它作为直线处理(偏于安全),并且实际零件因受到应力集中、尺寸大小及表面状态的影响,疲劳极限有所降低。在对称循环时,零件的疲劳极限为

$$(S_{-1})_{\text{零}} = \frac{\varepsilon\beta}{K_f} S_{-1}$$

在图 4-33 中用 A_1 及 A_1' 表示,同时,应力集中、尺寸大小及表面状态对静载荷下强度极限 σ_b 没有影响,这样实际零件的疲劳极限值为直线 A_1B。对于塑性材料,还应考虑屈服条件,即零件的最大工作应力 $s_{\max}$ 应小于(等于)屈服极限 σ_s,图中用 ED 线表示,由 E 点作垂直线,交 $A_1'B$ 于 E' 点,这样折线 $A_1EDE'A_1'$ 是零件的等寿命曲线,零件应力只有在此折线范围内,才不会发生疲劳破坏。

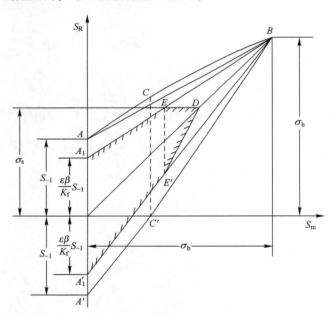

图 4-33 等寿命曲线(1)

下面主要讨论直线部分 A_1E,即零件的疲劳极限值问题,至于 ED 部分是属于静强度屈服问题。在等寿命曲线图 4-34 上,由点 O 画出任一射线,它与 A_1B 交于 C 点,射线与横坐标夹角 θ 的大小按下式计算:

$$\tan\theta = \frac{S_{\max}}{S_m} = \frac{S_{\max}}{\dfrac{S_{\max}+S_{\min}}{2}} = \frac{S_{\max}}{\dfrac{1+r}{2}S_{\max}} = \frac{2}{1+r}$$

可见 θ 角取决于应力比 r 的大小。在射线上各点，都有相同的 θ 值，因此，各点的应力比 r 为常数。若零件在工作过程中，应力比 r 保持不变，则点 C 的纵坐标即代表零件在应力比为 r 下的疲劳极限 $(S_r)_{零}$。

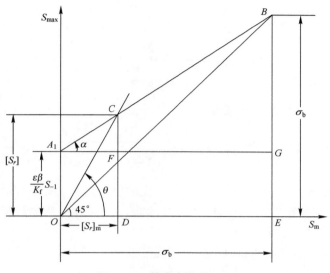

图 4-34　等寿命曲线（2）

现在求 $(S_r)_{零}$ 之值。如图 4-34 所示，作辅助线 BE 和 A_1G，由 $\triangle A_1BG$ 得

$$\tan\alpha = \frac{\overline{BG}}{\overline{A_1G}} = \frac{\sigma_b - \dfrac{\varepsilon\beta}{K_f}S_{-1}}{\sigma_b} = 1 - \frac{\varepsilon\beta S_{-1}}{K_f \sigma_b}$$

又由 $\triangle A_1CF$ 得

$$\overline{CF} = \overline{A_1F} \cdot \tan\alpha = \left[1 - \frac{\varepsilon\beta}{K_f} \cdot \frac{S_{-1}}{\sigma_b}\right] \cdot (S_r)_m$$

又因

$$\frac{(S_r)_{零}}{(S_r)_m} = \tan\theta = \frac{2}{1+r}$$

$$(S_r)_m = \frac{1+r}{2}(S_r)_{零}$$

所以

$$\overline{CF} = \frac{1+r}{2}\left[1 - \frac{\varepsilon\beta}{K_f} \cdot \frac{S_{-1}}{\sigma_b}\right](S_r)_{零}$$

$$(S_r)_{零} = \overline{CF} + \overline{FD} = \frac{1+r}{2}\left[1 - \frac{\varepsilon\beta}{K_f} \cdot \frac{S_{-1}}{\sigma_b}\right](S_r)_{零} + \frac{\varepsilon\beta}{K_f}S_{-1}$$

由上式解得

$$(S_r)_{零} = \frac{2S_{-1}}{\dfrac{K_f}{\varepsilon\beta}(1-r) + \dfrac{S_{-1}}{\sigma_b}(1+r)} \tag{4-28}$$

对于拉（压）和弯曲，有

$$(S_r)_{零} = \frac{2\sigma_{-1}}{\dfrac{K_\sigma}{\varepsilon\beta}(1-r)+\dfrac{\sigma_{-1}}{\sigma_b}(1+r)} \qquad (4-29)$$

对于扭转，有

$$(S_r)_{零} = \frac{2\tau_{-1}}{\dfrac{K_\tau}{\varepsilon\beta}(1-r)+\dfrac{\tau_{-1}}{\tau_b}(1+r)} \qquad (4-30)$$

非对称循环下，零件的强度条件为

$$S_{\max} \leqslant \frac{(S_r)_{零}}{n'} = \frac{2S_{-1}}{n'\left[\dfrac{K_f}{\varepsilon\beta}(1-r)+\dfrac{S_{-1}}{\sigma_b}(1+r)\right]} \qquad (4-31)$$

式中，n'为疲劳强度计算的安全系数，对于不同的应力比 r，则有不同的取值，如对称循环下 n' 值较高，而当 $(S_r)_{零} = \sigma_s$ 时，则 n' 应取为 1.5。在今后的计算中，n' 可按对称循环下 n' 值选取，这样偏于安全。

对于塑性材料，还应根据屈服条件进行强度校核，即

$$S_{\max} \leqslant \frac{\sigma_s}{n_s} \qquad (4-32)$$

下面举例说明上述强度条件的应用。

例 4-3 某疲劳试验机的夹头如图 4-35 所示，危险截面 A—A 处的直径 $d=40\text{mm}$，圆角半径 $r=4\text{mm}$，螺纹部分的外径 $D=48\text{mm}$。夹头用钢制成，强度极限 $\sigma_b=600\text{MPa}$，屈服应力 $\sigma_s=320\text{MPa}$，拉-压对称应力循环下的疲劳极限 $\sigma_{-1}=170\text{MPa}$，表面精车加工。在最大载荷为 $P_{\max}=100\text{kN}$、$P_{\min}=0$ 的条件下工作，给定疲劳安全系数 $n'=1.7$，静强度安全系数 $n=1.5$。试校核截面 A—A 的疲劳强度与静强度。

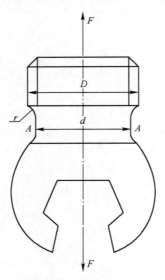

图 4-35 疲劳试验机夹头

解：（1）计算工作应力。截面 A—A 承受非对称循环正应力，其最大和最小值分别为

$$\sigma_{\max} = \frac{P_{\max}}{\frac{\pi}{4}d^2} = 79.2(\text{MPa})$$

$$\sigma_{\min} = 0$$

（2）计算影响疲劳强度的各个因素。据 $r/d = 0.1$，由图 4-6 查得，对应 $\sigma_b = 400\text{MPa}$，$K_{\sigma 0} = 1.4$；对应 $\sigma_b = 800\text{MPa}$，$K_{\sigma 0} = 1.74$，因此，对应 $\sigma_b = 600\text{MPa}$ 钢的尺寸系数 $K_{\sigma 0}$ 可用内插法求得

$$K_{\sigma 0} = 1.4 + \frac{1.74 - 1.4}{800 - 400} \times 200 = 1.57$$

根据 $D/d = 1.2$，由图 4-8 查得 $\xi = 0.79$，所以

$$K_\sigma = 1 + \xi(K_{\sigma 0} - 1) = 1 + 0.79 \times (1.57 - 1) \approx 1.45$$

在轴向受力的情况下，$\varepsilon \approx 1$。

由图 4-19，查得 $\beta = 0.94$。

（3）计算许用应力。由式（4-29），可得

$$(S_0)_{零} = \frac{2\sigma_{-1}}{\frac{K_\sigma}{\varepsilon\beta}(1-r) + \frac{\sigma_{-1}}{\sigma_b}(1+r)} = \frac{2 \times 170}{\frac{1.45}{1 \times 0.94} \times 1 + \frac{170}{600} \times 1} \approx 186(\text{MPa})$$

$$[S_0] = \frac{(S_0)_{零}}{n'} = \frac{186}{1.7} \approx 109(\text{MPa})$$

$$\sigma_{\max} = 79.2\text{MPa} < [S_0]，安全$$

（4）校核屈服强度。

$$[\sigma] = \frac{\sigma_s}{n_s} = \frac{320}{1.5} \approx 213(\text{MPa})$$

$$\sigma_{\max} = 79.2\text{MPa} < [\sigma]，安全$$

第 5 章 零构件的细节设计与工艺方法

为了提高零构件的寿命，可以从设计和工艺上采取一些措施，推迟初始疲劳裂纹的产生，延缓裂纹扩展速率，以提高零构件的疲劳裂纹形成与扩展寿命，改善零构件的疲劳强度和损伤容限性能。

5.1 合理选材

在结构零件设计选材时，既要注意满足静强度要求，又要考虑所选材料应具有良好的抗疲劳裂纹形成与扩展性能，但是，在抗疲劳设计时，必须依据疲劳强度对材料的要求，通常从以下几个方面进行选材：①在要求的使用期（即寿命）内，允许达到的应力值；②材料的应力集中敏感性；③裂纹扩展速率和断裂时的临界裂纹尺寸；④材料的塑性、韧性和强度指标；⑤材料的抗腐蚀性能、高温性能和微动磨损疲劳性能等。综合考虑各个因素，合理可行地选择材料是抗疲劳破坏设计中的一个重要问题。例如，高强度合金钢由于其强度高，常用于重载承力构件，但高强度钢的缺口敏感性往往也高，这对疲劳强度是不利的；然而，承受循环载荷的疲劳强度设计中，希望零件在出现裂纹后不要很快发生灾难性破坏，这就要求材料有高的断裂韧性，两者之间是矛盾的。因此，选材的过程常常是一个兼顾调整的过程。一般来讲，低周疲劳时应选择塑性好的材料，高周疲劳时应选择强度高的材料，寿命介于高低周疲劳之间时，应兼顾强度和塑性，选择二者的最佳配合。

5.2 改进结构减缓局部应力

由于应力集中是产生疲劳裂纹的主要因素，所以，在设计中尽量地减缓局部应力，是提高零构件寿命的一项重要措施。应力集中对于零构件疲劳强度的巨大影响，可由如下试验结果清楚地看出，图 5-1 表示三种不同理论应力集中系数 K_t 的铝合金板材制作的试样，在对称循环的轴向载荷作用下所作出的 S-N 曲线，其纵坐标表示对称循环的最大应力 S（即 S_{max}）与 σ_b 的比值 S/σ_b。很清楚，理论应力集中系数 K_t 越大，疲劳强度越差，如当 $S/\sigma_b=0.5$ 时，没有应力集中的试样（即 $K_t=1$）的寿命 N 大约是 $K_t=4$ 的试样寿命的 1000 倍。评定一个构件的疲劳品质，常常采用有效应力集中系数的倒数 $1/K_f$ 来表示，当然，最好的疲劳设计指标为

$$\frac{1}{K_f} \approx 1$$

这就是说，构件上没有应力集中现象的存在，但这在实际中显然很难做到，所以，在设计零构件时，疲劳品质为 0.5（即 $K_f=2$）时，即认为是最佳设计。关于减缓局部应力

的措施,大致有以下几个方面。

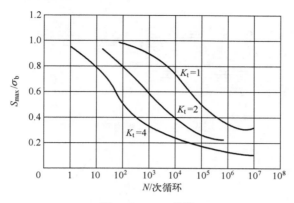

图 5-1　S-N 曲线

5.2.1　增大圆角半径

正如 4.1 节所指出的,当零构件的剖面急剧变化时,则剖面内会产生很大的局部应力,因此,在设计中应尽量防止剖面急剧变化。当这种变化不可避免时,则应减小应力集中系数,对于有直径变化的轴肩,应力集中系数随圆角半径 r 的增加而迅速下降,因此,增大圆角半径,能够使应力集中系数减小,达到减缓局部应力的目的。根据过去对英国空军某型号飞机螺旋桨轴的疲劳破坏分析,若将螺旋桨轴的颈部圆角半径增大 3mm,则破坏即可制止。

5.2.2　减缓力流线的变化

4.1 节还指出,力流线变化越小,局部应力也越小,所以,减缓力流线的变化,就能减缓局部应力。在图 5-2（a）中剖面 m—n 突然改变处,应力流线显著歪曲,表示此处应力集中严重;应将此处设计成圆角过渡（图 5-2（b）),则应力流线趋于缓和过渡变化,应力集中大大降低。图 5-3（a）所示的带圆孔的板件承受拉伸载荷时,其力流线变化较大;如果在圆孔的左右再钻两个小孔:减载孔（图 5-3（b）),则力流线就变得比较光滑,因而降低了局部应力。对于带圆孔的平板,除利用减载孔外,还可以采用减少圆孔周围部分厚度的方法,图 5-4（a）是一块带有圆孔的平板,板厚 5mm,将其圆孔周围的板厚削减（图 5-4（b）和图 5-4（c）的阴影面积表示厚度削减的部分),可使力流线的变化比较光滑缓和,从而减缓了局部应力。图 5-4（d）中画出了截面 A—A 的应力分布情况,就点 A 处的应力集中系数 K_t 而言,对没有减缓局部应力措施的带孔圆板,$K_t = 2.4$;对图 5-4（b）的情况,$K_t = 1.5$;对图 5-4（c）的情况,$K_t < 1.5$。

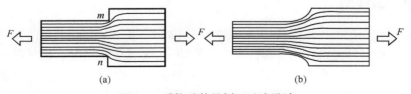

图 5-2　受拉试件的剖面过渡设计

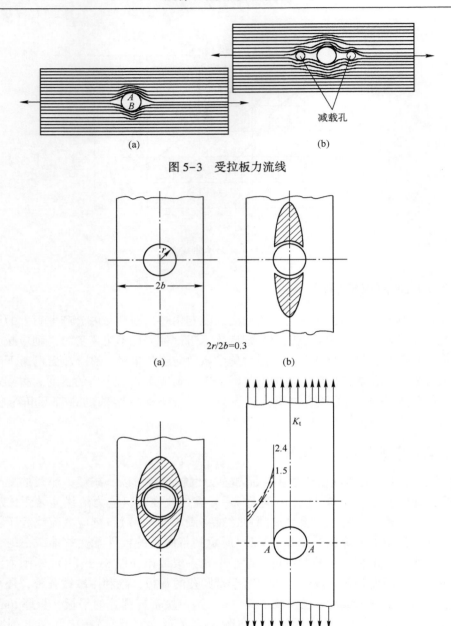

图 5-3 受拉板力流线

图 5-4 带圆孔平板

5.2.3 减载槽

一些承受交变应力的压配合构件（图 5-5（a）），由于在 m、n 处的构件刚度有突然的变化，故疲劳源经常在这些部位发生。将轴 m、n 处制成圆角，使轴的压配合部分加粗，则应力集中情况会有所改善。为进一步减缓局部应力，还可以采用减载槽 a-a（图 5-5（b））。若因某种装配条件的要求，轴肩根部的直径不允许改变，而无法制成圆角时，则可采用图 5-6 所示的减载槽 a—a，同样能够减缓局部应力。

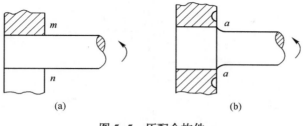

图 5-5　压配合构件

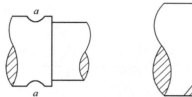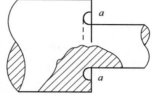

图 5-6　构件图

5.2.4　孔洞的加强

减少孔洞附近局部应力的有效方法是在孔的边缘焊接一个加强圆环（图 5-7），孔洞的应力集中随着加强环刚度的增加而减轻。必须指出，加强环用焊接或胶接方法，与圆孔连接才是最有效的。当用铆钉连接时，若设计不好，则可能在铆钉孔处发生一个更高的应力集中，使孔洞处的疲劳强度反而降低。

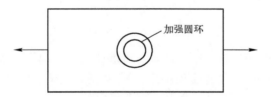

图 5-7　带加强圆环受拉板

5.2.5　窗口的合理设计

当压力座舱充压时，窗口附近处于两向受拉的应力状态（图 5-8（a）），图中沿飞机机身轴线方向的应力 σ_2 约等于环向应力 σ_1 的一半，即 $\sigma_1 = 2\sigma_2$。若采用图 5-8（b）所示的方形窗口，则无论对 σ_1 还是 σ_2 而言，在窗口 4 个角上都将存在应力集中，产生较大的局部应力。假如窗框用铆钉固定，4 个角处的铆钉孔还会再一次引起应力集中，产生附加的局部应力，因此，该部位的应力集中相当严重，角部的铆钉孔则是疲劳源。"彗星-Ⅰ"号飞机发生事故后所进行的全机增压试验，在座舱压力循环为 0→0.056844MPa→0 的情况下，在方形窗口后下角的铆钉孔处，首先出现疲劳裂纹，裂纹扩展速度很快，当座舱压力循环到 3057 次时，一块 2438.4mm×914.4mm 的蒙皮突然撕裂，导致全机破坏。由此可见，对窗口进行合理设计，减缓窗口处的局部应力相当重要。

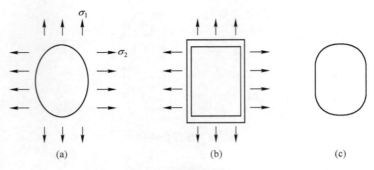

图 5-8 两向受拉窗口

从疲劳的观点来看，窗口最好采用图 5-8（a）所示的椭圆形，理论计算和试验研究表明，椭圆形窗口的最佳尺寸是椭圆长轴与短轴的比值等于 1.5。这种窗口在座舱压力作用下，局部应力最小。当然，椭圆形窗口的视野较差，若为改善视野而作成方形窗口，在 4 个角必须有足够大的圆角半径（图 5-8（c））。为了避免由于固定窗框而在窗口地区再次出现接头所引起的局部应力，可采用整体壁板，或使用整体锻件做窗框。对于机翼下翼面的一些开口，也最好使用椭圆形，将椭圆长轴沿翼展方向设置。

5.3　提高疲劳强度的工艺方法

零构件的加工和装配，对疲劳强度也有很大的影响，因此，改进工艺条件也是提高零构件疲劳强度的有效途径。

5.3.1　表面加工

由于零构件的表面缺陷是引起应力集中的重要因素，因而，表面缺陷会降低零构件的疲劳强度。若在加工中降低表面粗糙度，减少表面缺陷，则能提高零构件的疲劳强度，这一点在 4.3 节中已经说明，这里要强调指出两点：

（1）材料的强度极限 σ_b 越高，表面粗糙度对疲劳强度的影响越大，因此，对高强度材料的表面加工要格外注意降低粗糙度，以保证发挥高强度材料的作用。

（2）刀具的切削痕迹方向对疲劳强度也有很大的影响，如涡喷-6 喷气发动机压气机第一级叶片经常出现疲劳裂纹，其原因是：加工时磨具和叶片相对运动方向是沿着叶片弦向的，而弦向的磨痕和作用在叶片上的拉应力方向相互垂直，这样，弦向的磨痕就成了应力集中的因素，容易在这里形成疲劳源，后来改变为垂于叶片弦向加工，就避免了疲劳裂纹的出现。

5.3.2　表面强化

疲劳裂纹多数起始于构件表面，因此，提高表面材料的强度，能使疲劳抗力增加，一般常用的工艺方法有两种：表面冷强化（喷丸、滚轧、滚压、冲击和超载拉伸等）和表面热强化（淬火、渗碳和渗氮等），其中，表面冷强化提高疲劳强度的主要原因是在冷作区形成残余压应力和冷作塑性变形,同时,冷强化还可以大大提高构件材料的腐蚀疲劳强度和微动磨损疲劳强度,可以抵消微动磨损对疲劳强度的不利影响;冷强化通常在构件表面建立压缩残余应力,常温下可以保持几十年不松弛,只是在应力达到一定水平时才在应力集中区稍有降低。表面热强化主要是通过相变或不均匀冷却在零构件表面产生压缩残余应力和增加表层硬度的工艺方法,提高零构件的疲劳强度。这些工艺方法在专门的书籍中都有介绍,这里仅简单介绍喷丸和滚压两种常用的强化方法。

1. 喷丸强化

喷丸强化在小型零构件及焊接结构中使用比较普遍,特别是当由应力集中引起的应力梯度与喷丸处理所引起的内应力梯度相似时更为有效。喷丸强化的效果取决于冷作硬化层的深度和硬化程度。喷丸时必须结合零件的具体情况,严格控制喷丸的工艺参数,包括丸粒的类型和尺寸、速度和流量、喷嘴相对于零件的位置和方向、破碎丸粒的百分数、喷丸的时间等。

为了改善零件加工操作过程中引起的疲劳强度劣化,在航空制造领域广泛采用喷丸强化工艺。例如,对合金钢零件,采用合理的喷丸工艺处理后,疲劳极限在旋转弯曲方面提高27%~49%,在扭转方面提高42%~49%;对铝合金来说,若喷丸后不再进行处理,其疲劳强度提高10%~20%,若喷丸后再进行铬阳极化处理,则疲劳强度的改善达到30%~45%;对钛合金而言,喷丸在拉伸受载方面影响较小,但在承受旋转弯曲方面零件的疲劳强度提高24%~34%。

应该指出,在喷丸时,工件所有的外表面都必须进行喷射(包括板厚方向的表面),对于具有外边缘缺口和圆角的板材(图5-9),容易满足这一要求,但对于带有内孔的板材(图5-10)和铆钉接头,圆孔内表面很难喷射到。一些试验表明,类似图5-10所示这种带有内孔的板件,经过喷丸后的疲劳强度常常比未喷丸的还要低。

图5-9 具有外边缘缺口和圆角的板材　　图5-10 带圆孔板材

2. 滚压强化

滚压强化是一种最常用的冷作强化方法,其强化原理与喷丸处理基本相同,它特别适用于应力集中处的冷强化,在阶梯轴、曲轴的圆角过渡处、螺纹根部等应力集中严重部位经常使用这种强化工艺方法。例如合金钢材料阶梯轴,滚压后可使阶梯轴的对称弯曲疲劳极限由滚压前的154MPa提高到247MPa,提高了60%。现役某型直升机尾桨毂轴颈螺纹采用滚压技术强化后,其疲劳使用寿命提高了近1倍。

5.3.3 预紧力

对于承受交变载荷的螺栓,在装配时,若施加一适当的预紧力,则可提高螺栓的疲劳强度。图 5-11（a）表示一个发动机的汽缸端部，汽缸盖与缸体用螺栓连接，中间夹有一层衬垫，以达到密封的目的。显然，在汽缸脉动内压的作用下，螺栓受脉动拉伸载荷的作用。下面取出一个螺栓的局部（图 5-11（b））来研究一下螺栓预紧力对其疲劳强度的影响。设一个螺栓所受的脉动拉伸载荷为 $0 \to P$，在没有预紧力时，螺栓所受的平均载荷 P_m 与载荷幅值 P_a 均为 $0.5P$。

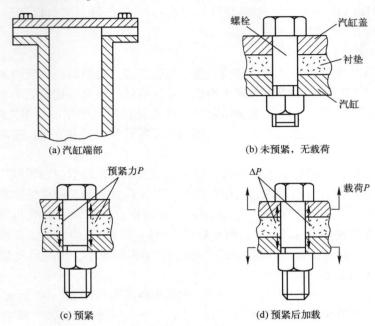

图 5-11 装配螺栓

现将这个螺栓施加一大小等于 P 的预紧载荷（图 5-11（c）），然后，再加上脉动载荷 $0 \to P$，情况会如何呢？螺栓上的轴力会不会是在 $P \to 2P$ 变化呢？不会的！下面分析螺栓与被夹紧件间的受力与变形情况。在预紧时，预紧力即是被夹紧件与螺栓间的相互作用力，这时，螺栓所受拉力为 P，产生拉伸变形，被夹紧件所受压力亦为 P，产生压缩变形，预紧力 P 的大小取决于被夹紧件的压缩变形。

当施加在螺栓上的脉动载荷达到最大值 P 时（图 5-11（d）），螺栓在这个载荷 P 的作用下要继续伸长，但螺栓一伸长，被夹紧件的压缩变形量就要减小，于是，螺栓与被夹紧件之间的相互作用力减小，这时螺栓的轴向力显然不是外力 P 加上预紧力 P，而是外力 P 加上这时的螺栓与衬垫的相互作用力 ΔP，很清楚，$\Delta P < P$。所以，在脉动载荷达到 P 时，螺栓的最大轴力为

$$P_{max} = P + \Delta P = P(1+k) \tag{5-1}$$

其中

$$\Delta P = \frac{P \cdot b}{b+f} = k \cdot P \tag{5-2}$$

式中，b 为螺栓的刚度；f 为被夹紧件的刚度，k 为一个小于 1 的数值。

理论分析和实践经验表明，螺栓相对于被夹紧件的刚度越小，k 值越小。为减小

P_{max} 的值，希望采用低刚度的螺栓，而被夹紧件的刚度在允许的情况下尽量大一些。当脉动载荷为零时，螺栓的最小轴力 $P_{min}=P$，于是，螺栓内力将在 $P \to P(1+k)$ 之间变化；如果螺栓与被夹紧件的相对刚度适当，k 比较小，如等于 0.2，那么螺栓内力在 $P \to 1.2P$ 之间变化，平均载荷 $P_m=1.1P$，载荷幅值 $P_a=0.1P$。可见，有预紧力的螺栓，其平均应力虽比没有预紧力时略高，但应力幅值却大大减小，所以，合理地施加预紧力会达到提高疲劳强度的效果。对于 $\sigma_b=490\sim588MPa$ 的钢螺栓，建议 $\sigma_{预}=(0.6\sim0.7)\sigma_{0.2}$；对于 $\sigma_b=833\sim1177MPa$ 的高强度钢螺栓，建议 $\sigma_{预}=(0.5\sim0.6)\sigma_{0.2}$。

同样，对于受剪螺栓接头，施加预紧力也是有益的，用螺栓连接的板材，疲劳源一般发生在螺栓孔的最小剖面处，然而，如果预紧应力达到屈服应力的 75%，疲劳源就会转移，这是因为螺栓头对孔产生的压力迫使载荷的传递路线由螺栓孔挤压和螺栓受剪改变为板材之间的摩擦，减缓了孔边缘的局部应力。

5.3.4 孔壁挤压强化

使用经验和疲劳试验表明，疲劳裂纹常常萌生在孔边，因此，通过挤压强化或干涉（过盈）配合可使孔壁产生自相平衡的残余压应力，改善孔壁的疲劳性能，提高零构件的疲劳强度和寿命。

孔壁挤压强化是提高孔壁疲劳强度的一种新工艺，适用性强，各种带孔金属构件均可选用不同挤压工艺参数进行孔壁挤压强化。由于强化层内残余压应力的存在，降低了零构件孔壁强化层内的应力水平，同时在挤压强化过程中，清除了表面的机械划伤、微观裂纹等缺陷，有利于孔壁疲劳性能的改善。表 5-1 给出了几种常用航空材料的挤压量推荐值和挤压后疲劳寿命的增益量；图 5-12 和图 5-13 分别给出了 30CrMnSiNi2A 和 LC4-CS 两种材料试件挤压前后的 S-N 曲线。由表 5-1、图 5-12 和图 5-13 中疲劳试验结果可以看出，挤压后其疲劳强度有了明显提高。在直升机制造过程中，如下几种情况下的零构件一般要采用孔壁挤压强化工艺措施：①零构件危险截面上的孔；②零构件热处理以后内孔表面脱碳；③零构件翻修过程中，孔内壁经过铰孔；④铝或钛合金受力圆筒件的内壁。

表 5-1 常用航空材料的挤压量推荐值及疲劳寿命增益

材　　料	孔径/mm	厚度/mm	相对挤压量/%	疲劳寿命增益倍数
30CrMnSiNi2A	4	2.5~3.5	2.4~2.5	~2
	6	5~8	2.5~2.9	~2.2
	8	2.5~3.5	2.9~3.0	~2.5
30CrMnSiA	6	2.5~3.5	2.8~2.9	~2.5
300M	10	4~6	1.5~1.8	~2
LY12CZ	6	3~5	4.5~4.8	~4
LC4CS	24	30~40	1.38	~2.7
	27	30~40	1.20	~2.7

(续)

材 料	孔径/mm	厚度/mm	相对挤压量/%	疲劳寿命增益倍数
7075T7451	6	10~15	3.9~4.2	~4
	8	10~15	3.9~4.2	~4
7475T61	6	4~6	3.6~4	~4
	8	4~6	3.6~4	~4

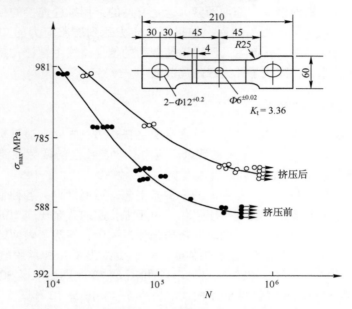

图 5-12 30CrMnSiNi2A 试件挤压前后的 $S\text{-}N$ 曲线

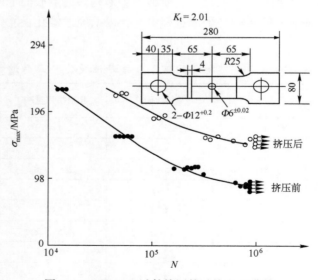

图 5-13 LC4-CS 试件挤压前后的 $S\text{-}N$ 曲线

5.3.5 干涉配合

干涉配合是指钉杆（铆钉杆或螺栓杆）或销钉直径大于孔径的一种过盈配合。相对于间隙配合连接接头，干涉配合连接接头的疲劳寿命有较大的提高，这是由于在交变载荷作用下，干涉配合接头孔周围实际承受的应力幅值远比无过盈配合时小（图5-14，无过盈配合与干涉配合时孔边的应力分布），即干涉配合的结果降低了孔边应力幅值，人们通常称为"支持效应"。

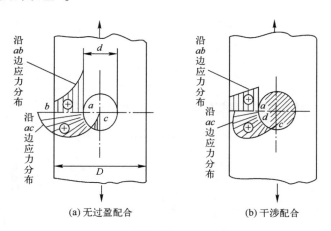

图5-14 铆钉孔无过盈配合与干涉配合时的应力分布

应当指出的是，尽管干涉配合的结果使应力幅值大大降低，但实际应力的最大值有所提高。最大应力的提高与应力幅值的降低这两个因素是相互矛盾的，一般来说，应力水平越高时，最大拉应力提高对应力幅值降低的抵消作用越明显，因此，干涉配合连接主要用于中等应力水平或中等以下应力水平的情况下疲劳寿命的增益最为显著。

干涉配合的关键在于保证干涉量适当，通常在低干涉量（不引起结构材料屈服的干涉量）下，对于增加结构的疲劳寿命收益并不明显。根据疲劳试验结果证明，当干涉量小于孔径的0.4%时，结构的疲劳寿命与松孔间隙配合没有明显差异，当干涉量大于0.4%时，结构的疲劳寿命才有较明显的提高。这是因为随干涉量的增大，导致平均应力水平明显下降，因此，大大改善了结构的疲劳寿命。

干涉量的增大并不是越大越好，当干涉量达到某一值之后，结构的疲劳寿命随干涉量的增大反而降低，这一转折点的干涉量值称为最佳干涉量（图5-15）。最佳干涉量与实现连接的方式、加载水平、紧固件与结构材料的弹性模量比、结构件厚度和紧固件直径的比值以及接头设计的合理性有关。干涉配合技术在航空结构中比较适用于铆接连接，或耳片与螺栓结构的连接。表5-2给出了航空制造工艺中铝合金和合金钢结构螺栓连接的干涉量值选择范围。

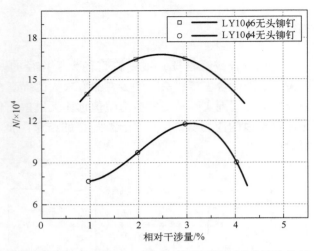

图 5-15　板材 LY12CZ（3mm）的干涉量值与疲劳寿命的关系

表 5-2　铝合金结构的干涉量值　　　　　　　　　　（单位：mm）

螺栓直径		5	6	8	10	12	15	20
干涉量	max	0.160	0.190	0.195	0.200	0.240	0.240	0.240
	min	0.080	0.095	0.110	0.110	0.125	0.145	0.180

5.4　连接件的细节设计

实践经验指出，疲劳破坏经常发生在连接件的接头处，因此，在疲劳设计中，一个很重要的方面是连接件的"细节设计"。根据疲劳破坏局部性的特点，如果能提高这些接头处的疲劳强度，那么，对整体结构的疲劳强度会很有益。现将各种形式连接件的细节设计分述如下。

5.4.1　耳片和销钉的连接接头

当销钉和耳孔存在间隙时，二者的接触面积很小，载荷 P 是通过孔内小的接触面来传递的（图 5-16），这种"有载孔"的应力集中比无载孔的应力集中严重得多，最大拉应力发生在耳孔的点 m 和点 n 处，因此，一般耳片的疲劳强度很低。例如，在最不利的情况下，对于铝合金耳片，在 10^7 循环时的疲劳强度大约只有 2.5% 的静拉伸强度；对于钢耳片，大约只有 4% 的静拉伸强度，这种降低主要是应力集中所引起的。

要提高耳片与销钉连接接头的疲劳强度必须设法降低应力集中系数和擦伤带来的影响，在这类接头的抗疲劳设计中，除了要保证有足够的静强度，还要注意以下的抗疲劳设计措施：①耳片设计时，必须尽量避免偏心。若偏心会使耳片产生较高的次级弯曲应力，降低耳片的疲劳强度。②耳片接头上避免高应力与过高的挤压应力相叠加。③销钉与耳片之间不应有过大的公差（非干涉配合情况）。④如果销钉是用螺栓做的，剪切面处绝对不能有螺纹，螺栓在耳孔中的整个一段应做成精制的光杆。⑤耳片的厚度一般不宜大于销钉的直径，避免耳片过厚引起过大的销钉附加弯矩，降低疲劳强度。

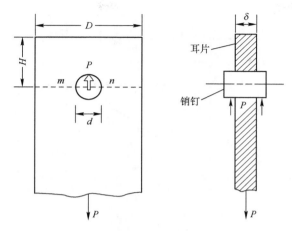

图 5-16　连接接头

如前所述，理论应力集中系数 K_t 是最大应力 σ_{max} 与名义应力 σ_n 的比值：

$$K_t = \frac{\sigma_{max}}{\sigma_n} = \frac{\sigma_{max}}{P/(D-d)\delta} \tag{5-3}$$

此处，名义应力是按净截面求出的。若取 $d \approx D$，则耳孔左右两边变成柔韧的薄金属带，应力分布趋于均匀，此时，应力集中系数 K_t 接近于 1。这样做的结果，虽然 K_t 值下降，但耳片材料被削弱得太厉害，致使名义应力大大增加，仍达不到提高强度的目的，从而自然地会想到，在给定耳片宽度的条件下，究竟 d/D 等于何值，耳片的设计才最合理。

在此情况下，有必要对理论应力集中系数重新作出如下定义：

$$C_t = \frac{\sigma_{max}}{\sigma} = \frac{\sigma_{max}}{P/D\delta} \tag{5-4}$$

式中的名义应力 σ 是按毛截面面积 $D\delta$ 计算的。这样，当已知设计载荷 P，并给定耳片宽度 D 和厚度 δ 后，则 C_t 值越小，局部应力 σ_{max} 也越小，消去式（5-3）和式（5-4）中的 σ_{max}，还可得到 C_t 和 K_t 的关系：

$$C_t \frac{P}{D\delta} = K_t \frac{P}{(D-d)\delta}$$

$$C_t = \frac{K_t}{1-d/D} \tag{5-5}$$

应力集中系数 C_t 随 d/D 的变化情况如图 5-17 所示，该图是根据光测弹性力学方法得到的，从图可以看到，当 $d/D \approx 0.4$ 时，曲线给出 C_t 的最小值，因此，$d/D \approx 0.4$ 可作为耳片设计的最佳比值。由图 5-17 还可以看出，应力集中系数 C_t 随耳孔边距 H 的减小而有所增加，所以，一般情况都取 $H/D \geqslant 1$。在 $d/D = 1/2.68$ 保持常量下，C_t 和 K_t 成正比。

耳片头部形状的影响表示在图 5-18 中。图中耳孔直径均为单位 1 的长度。K_t 表示无过盈配合时的应力集中系数，K_t' 表示销钉和耳孔的间隙为 0.015mm/mm 时的应力集中系数。

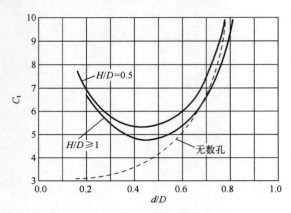

图 5-17 应力集中系数曲线

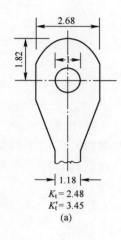
$K_t = 2.48$
$K'_t = 3.45$
(a)

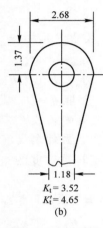
$K_t = 3.52$
$K'_t = 4.65$
(b)

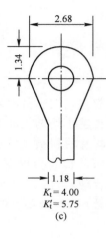
$K_t = 4.00$
$K'_t = 5.75$
(c)

图 5-18 耳片图

提高耳片疲劳强度的有效措施是利用干涉配合。根据铝合金材料的试验结果,对于每毫米直径有 0.0043mm 的过盈,可大大提高耳孔的强度。如果考虑到维修拆装的方便,不宜使耳孔与销钉直接配合,那么可在耳孔中使用较高过盈的衬套,同样可取得有益的效果。

对于干涉配合的耳孔和销钉,加载前,耳孔边缘受到径向压应力 p 的作用(图 5-19(a))。根据光弹试验结果可知,在较高过盈的情况下(0.006mm/mm)加

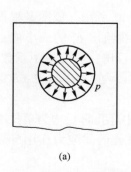
(a)

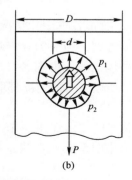
(b)

图 5-19 耳片头部形状的影响示意图

载后（图5-19（b）），耳孔的下半圆面积卸载，压力 p_2 大大减小，而在上半圆加载面积上，压力 p_1 稍有增加。由此可见，外力 P 的加载过程，转化为径向压力的变化。对于带有间隙的耳片，载荷 P 必须经过净面积 $(D-d)\delta$ 来传递，但经干涉配合后，耳片和销钉则形成一个整体，载荷 P 是通过全剖面来传递的，这种传力方式改善了原来耳孔处于应力集中的状况，故疲劳强度有所增加。

5.4.2 螺栓接口

首先考虑受拉螺栓的疲劳强度，在图5-20中表示出受拉螺栓经常发生的三个疲劳源。为了防止在部位①和②的疲劳破坏，螺纹底部需要有足够大的圆角半径。通过减小螺栓光杆的直径，可减缓部位①末端螺纹的应力集中，光杆部分的直径最好不大于螺纹根部直径（图5-21），这样，光杆的力流线可以缓和地通过末端螺纹根部。这种做法还可减小螺栓刚度，对使用预紧螺栓更为有利，并且减小螺栓刚度对承受冲击载荷也有好处。

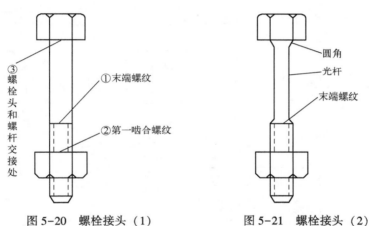

图5-20 螺栓接头（1）　　图5-21 螺栓接头（2）

部位②的破坏与螺帽的设计有关。由于第一啮合螺纹承担的载荷最大，故为了使螺纹均匀地分担载荷，需降低螺帽第一啮合螺纹处的刚度，可采用图5-22所示的三种设计形式。这样，第一啮合螺纹处的局部应力会大大降低，疲劳强度可提高30%左右。

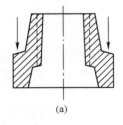 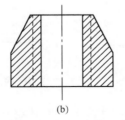 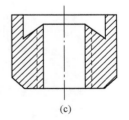

(a)　　　　　　　　(b)　　　　　　　　(c)

图5-22 螺帽的三种设计形式

为了提高部位③的疲劳强度，螺栓头和光杆交接处的圆角应足够大（图5-21），而且要光滑，不得存在刀痕；另外，要保证螺栓头的配合面垂直于螺杆的轴线，以防止偏心受载。对于受剪螺栓，虽然其头部不需要像受拉螺栓头部那样高的强度，但受剪螺栓与受拉螺栓的疲劳源基本相同（图5-20），并且影响疲劳强度的因素也都相同。这是因为螺栓在受剪时，伴随有次级弯曲变形发生，由弯曲所引起的拉应力，与受拉螺栓中的拉应力所起的作用基本相同，所以，受剪螺栓也需要有抗拉的疲劳性能。

从疲劳观点来看，螺栓接头尽可能采取受剪的形式，因为由次级弯曲变形产生的拉应力，要比受拉螺栓中的拉应力小得多。对于强受力接头，还可利用拉剪分工的办法，即在较细的螺栓杆上，套一较粗的套筒，用以承受剪力，而螺栓杆只承受锁紧力。有些现代飞机已将这种构造形式应用到机翼和机身的主要接头上，图5-23示出了各种受剪的螺栓接头，根据大量的试验结果，对称类型的双剪接头①、②、③疲劳性能最好；尖劈式单剪接头④、⑤、⑥其次，接头⑦的疲劳性能最差；但对静强度来说，根据试验结果，接头④比接头②的强度高。试验结果还指出，使用多个小螺栓比使用少数大螺栓的疲劳强度要好。

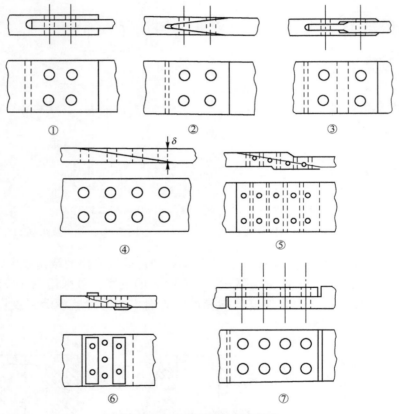

图 5-23　各种受剪的螺栓接头

当使用长接头时，应考虑到如何满足"最佳载荷分布"的条件，最佳载荷分布是基于等强度观点，即保证螺栓孔处的最大局部应力大致相等。从疲劳观点来看，图5-24（a）所示接头是不合理的。理论分析表明，在弹性范围内，作用在螺栓上的剪力两端最大，中间较小；作用在螺栓孔上的挤压力也是如此，故在两端孔洞处由挤压力产生的局部应力较大，如在内连接件的截面 A 和 D 处，作用在孔上的挤压力较大

（图5-24（b）），但截面 A 只承担一个螺栓的载荷，受力情况不是最严重，截面 D 则承担4个螺栓的载荷，受力最严重，因此，疲劳源总是在截面 D 的孔洞处发生。

为了使接头各截面受力情况趋于一致，应尽量减小孔洞 D 的挤压力，这样就有可能提高整个接头的疲劳强度。为了便于分析，假想外连接件由刚度极低的材料（如橡皮）制成，这时全部载荷 P 将完全由螺栓 A 来承担，而螺栓 B、C、D 不受力（受力极小，可忽略不计）。若螺栓 B、C、D 受力（图5-24（c）），则刚度极低的外连接件在截面 A 和 D 之间必然要产生极大的变形，就与内连接件的微小变形不能协调；要保证变形协调一致，螺栓 B、C、D 就不会受力。从这一概念出发，应该尽量减小外连接件的刚度，从而降低孔洞 D 的挤压力，于是就自然形成了图5-25所示的合理的接头设计。

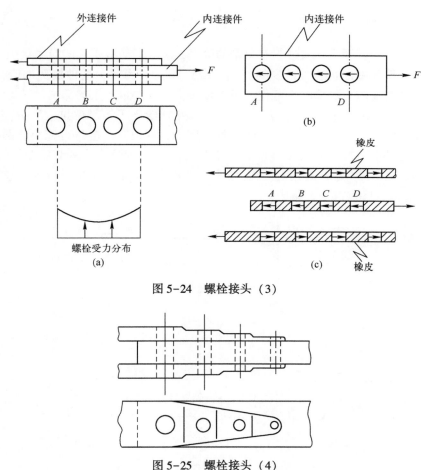

图5-24 螺栓接头（3）

图5-25 螺栓接头（4）

5.4.3 铆钉接头

铆钉接头与螺栓接头、耳片接头有相似之处，因此，以上所述的有关设计原则，大都可适应于铆钉接头。铆钉接头在较高应力水平的循环下，其破坏性质接近于静强度，故常使铆钉剪坏，或由于附加的弯曲变形将铆钉头掀起、拉断；但在较低应力水平循环下，疲劳破坏的特征表现较为突出，常常在板件的钉孔处起裂。铆钉接头一般以采取小直径、小间距为宜，但这种做法要付出重量的代价，同时，在边距许可的条件下，铆钉最好按并排设置，不宜交错排列。从流体动力比拟可以看出，并排排列的铆钉接头力流线歪曲较小。至于铆钉头的形式，对疲劳强度影响较小，故不再加以介绍。

近年来，在飞机结构中，广泛应用干涉配合的铆钉接头，以提高疲劳强度。对于有干涉配合的无载孔，曾借助光弹性方法进行过研究。当没有过盈配合时（图5-14（a）），设远离孔处的应力为1，则最大拉应力发生在 a 点，其值为3.47。在干涉配合时（图5-14（b）），由于板材和铆钉形成了一个整体，通过全剖面来传递载荷，最大拉应力点移至 d 点，其值为2.4。对于干涉配合有载孔的铆钉接头，其原理与干涉配合的耳片接头类似，故不再重述。

5.4.4 焊接接头

在焊接接头中，因为接头形状有急剧的改变，故可能造成很高的应力集中。对接接头是所有焊接接头中形状改变最少的（图5-26（a）），因此，这种接头的应力集中也最小，适宜在交变应力的情况下工作。对接接头应力集中最严重的部位，是焊缝与被接件交界的地方 $m—n$（图5-26（a）），图5-26（b）给出了该部位拉应力分布的情况。焊道高度 h 的加大，会引起局部应力的增加，所以，焊道高度应尽可能小。图5-27给出了对接焊缝外形对疲劳强度的影响，为了防止过大的焊道高度和焊缝显著变化的外形，必要时，可对焊缝表面进行磨削加工，并在焊缝与被连接件交界处制成圆角（图5-27（a）），降低其应力集中。

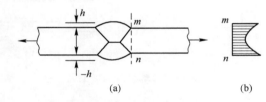

图5-26 焊接接头（1）

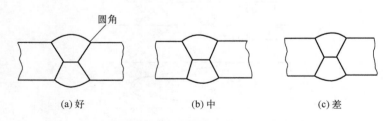

图5-27 焊接接头（2）

搭接接头的截面形状变化很大，图5-28（a）所示具有横向焊缝的搭接接头在 $m—n$ 处引起了力流线方向急剧的改变，因此，产生了高度的应力集中。为了改善这种情况，可采用带有圆角的焊脚比为1∶3.8的焊缝（图5-28（b）），这样可大大提高接头的疲劳强度。

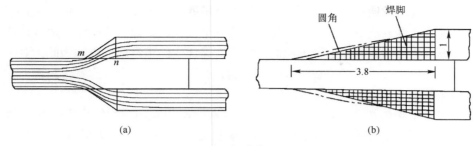

图 5-28 焊接接头（3）

纵向焊缝的搭接接头，应力分布也是极不均匀的，应力最严重的部位是在纵向焊缝的两个端部截面 a—b 和 c—d（图 5-29（a）），图 5-29（b）示出了焊缝端部板件横截面的应力分布情况，总之，在交变应力作用严重的情况下，不宜采用搭接接头。

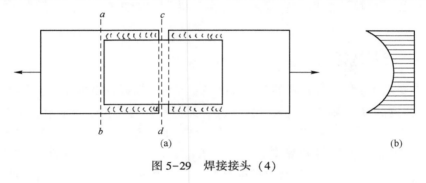

图 5-29 焊接接头（4）

5.5 断裂控制

我国早期飞机都是按静强度准则设计的，在 20 世纪 60 年代初期才接触到疲劳问题，通过部件和全机疲劳试验确定其疲劳寿命，并以其出现宏观可检裂纹作为疲劳寿命的终点。但实际上，从裂纹形成到断裂还有相当长的寿命，部件或全机的总寿命应是裂纹形成寿命与裂纹扩展寿命之和。在常规的"安全寿命"设计中，是以光滑试样测得的 S-N 曲线为依据进行的疲劳设计。对某些重要的承力构件，即使根据疲劳极限与安全系数进行设计，构件在使用过程中，有时仍会过早地发生意外破坏，这是由于测定材料疲劳特性所用试样与实际构件间有着根本的差别所致。构件在加工制造和使用过程中，会因锻造缺陷、焊接裂纹、表面划痕和腐蚀坑等而造成表面或内部裂纹，带裂纹构件在承受交变载荷作用下，裂纹发生扩展，从而导致构件突然断裂，因此，承认构件存在裂纹这一客观事实，并考虑裂纹在交变载荷作用下的扩展特性，将是疲劳设计的发展途径和补充。

随着飞机、火箭、船舶等运载工具制造业的迅速发展，并且由于疲劳破坏而导致脆性断裂事故的大量出现，对结构设计的要求越来越高，为此，在安全寿命设计基础上，引入了损伤容限设计，这种设计原则认为某些重要承力构件出现不大的损伤（裂纹）后，在所规定的检修期内仍能安全地工作，允许飞机构件在使用期间出现疲劳裂纹；但是，要保证裂纹的扩展速率很慢，能够使构件有足够的剩余强度持续工作，直到下次检修时予以发现、修复或更换。这样，就会遇到一个问题，即如何正确地、适当地选择构件材料，采取止裂措施和确定飞机检修周期，以保证构件正常地工作。为此，对裂纹扩展速率的研究，以及材料抵抗裂纹快速扩展能力的探讨必不可少，这就给断裂力学研究提出了新课题。

飞机主要结构的严重破坏，不少是由于存在漏检的缺陷或裂纹而引起的，为了减少这些灾难性事件，确保飞机结构的安全与耐久，就必须应用断裂力学概念，从飞机结构的完整性（强度、刚度与使用寿命）方面进行合理的控制，这就是断裂控制的意义。在现代飞机设计中，飞机结构中那些对飞机完整性与人身安全起关键作用的主要结构，必须进行损伤容限设计，损伤容限设计是指按断裂控制的要求进行设计。断裂控制包含丰富的实际内容：①精心选择和使用结构材料；②设计和使用具有高度开敞性、可检性的损伤容限结构布局；③制定合理的检查程序以控制安全工作应力。

5.5.1 材料选择

在静强度设计中，选择材料的主要标准是 σ_s 与 σ_b 要高，重量要轻。若材料的密度为 ρ，屈服强度为 σ_s，则常可引入参数 σ_s/ρ，此参数称为结构效率参数，它越大越好。在考虑断裂的因素后，就必须引入一个新的选材标准，即材料的断裂韧性要好；由于平面应变断裂韧性 K_{IC} 是材料常数，所以，K_{IC} 要高。为此，在设计中常引入参数 $(K_{IC}/\sigma_s)^2$，此参数称为材料的裂纹长度参数，它大致表示了材料允许的临界裂纹长度的大小，现以穿透性裂纹平面应变断裂为例，$K_{IC}=\sigma_c\sqrt{\pi a_c}$，如果使用应力 σ_c 近似取为 $0.6\sigma_s$，于是

$$a_c = \left(\frac{K_{IC}}{0.6\sigma_s}\right)^2 \cdot \frac{1}{\pi} \approx \left(\frac{K_{IC}}{\sigma_s}\right)^2 \tag{5-6}$$

除了考虑屈服强度、断裂韧性，选择材料还要考虑它的抗疲劳裂纹扩展性能，即考虑其疲劳裂纹扩展速率。对此，可以从不同材料的 $da/dN-\Delta K$ 曲线进行比较，所以，在选择材料时，应综合考虑上述三方面的要求。

5.5.2 结构布局

为有效地控制裂纹扩展速率在允许的范围内，不致在规定的检查周期内发生意外断裂，必须采用破损-安全结构模式，并力求结构有良好的开敞性，易于检查。对于破损-安全结构形式，主要介绍以下几种：

（1）多通道传力结构：即使一个构件断裂而完全失掉承载能力后，载荷还可通过其余的构件传递，如多梁式机翼，若其中一根梁发生断裂，则载荷还可由其他各梁承担，不致使整个机翼毁坏。图5-30所示的三个整体壁板由钢铆钉连接而成的下翼面，是一个典型的破损-安全结构，当其中任一壁板断裂时，载荷即可通过展向的钢铆钉排，传到相邻的壁板上去，因此，要求铆钉的连接件有足够的强度，除了负担正常的剪流，还能完成这种传递。

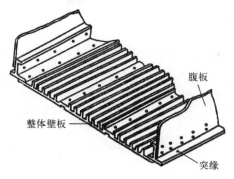

图 5-30　多通道传力翼面

（2）止裂措施：在破损-安全结构形式中，要防止裂纹无限制的扩展。

① 多重受力构件：一个元件由几个元件结合在一起，若其中一个元件出现裂纹，不致使裂纹扩展到其他元件上，图 5-31 所示的翼梁突缘是由几个型材胶结在一起的，腹板也可采用由两张以上板材胶结而成的厚板。

② 止裂孔与止裂缝：为防止裂纹扩展，常用止裂孔，即在裂纹扩展途径上钻一孔，当裂纹达到孔时就会停止扩展。近年来，常常采用止裂缝，如波音 707 机翼下蒙皮翼展方向设有止裂缝（图 5-32），将蒙皮按弦向分块。因为裂纹总是垂直于拉伸方向，这样可以防止裂纹沿弦向扩展。从图 5-32 还可以看到，裂纹只能在一个壁板内扩展，两个壁板间的展向连接纹隙，自然地起到了止裂的作用。

③ 止裂件：图 5-33 表示一种抗剪腹板的止裂件。梁的腹板不是一个整体，而是用两块板材铆接在一起的。铆接纹距底边大约 1/3 高的地方，并在该处设置一纵向缘条：止裂件。因为疲劳裂纹总是从下翼面开始的，当裂纹向上扩展时，就受到了限制。这样，即使下突缘完全断裂，止裂件可取而代之，起下突缘的作用。这种止裂件的应用对防止疲劳裂纹扩展导致断裂来说，虽然比较理想，但必须付出重量的代价。

④ 加桁壁板：图 5-34 表示了一个均布桁条加强的壁板，承受轴向载荷，裂纹沿垂直于桁条方向扩展。由于裂纹接近和穿过桁条时，扩展速率明显减小，因而，提高了抗裂纹扩展的性能。

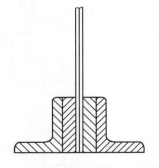

图 5-31　多重受力构件翼梁突缘

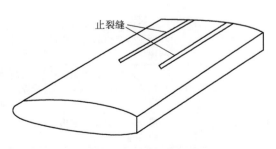

图 5-32　波音 707 机翼

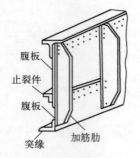 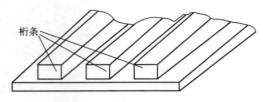

图 5-33 抗剪腹板的止裂件　　　　图 5-34 均布桁条加强的壁板

5.5.3 检查措施

检查程序是断裂控制的主要环节之一，它的主要内容包括初始可检裂纹长度的确定和检查周期的确定，可检裂纹长度的确定取决于检查的部位及其可用的检查方法，如目测、磁力探伤、X射线、超声检测等各种方法。虽然检测方法日益先进，但目测仍是不可忽视的检查方法，特别是在检查部位很大而又不知裂纹所在时，不可能处用探测仪器探测，这就需要首先用目测发现裂纹。当裂纹扩展后，检查周期必须小于疲劳裂纹的扩展寿命；在其检查周期内，构件的实际安全应力必须小于破损安全应力，也即裂纹扩展后的剩余强度应能承受规定的使用载荷（即破损-安全载荷）；安全工作应力就是在破损安全载荷下的工作应力，也就是破损安全应力。

（1）检查间隔：应尽量与飞机定检周期协调一致，典型的检查等级和对应的最小检查间隔可参考表 5-3 的规定。

表 5-3　典型的检查等级和间隔

检查等级	适用范围	检查方法	检查间隔	备注
飞行中明显可检	飞行员在飞行中能迅速无误地察觉到已发生危及飞行安全的损伤结构	飞行员目视和自身感觉	1 次飞行起落	
地面明显可检	地勤人员可以迅速无误地判明损伤结构	地勤人员目视	1 次飞行起落	
环视可检	专门检查人员在一般目视检查中不会漏检损伤的结构	专门检查人员对结构外部进行目视检查	10 次飞行起落	不需要拆下接近的壁板窗口
特殊目视可检	专门检查人员在特殊目视检查中不会漏检损伤的结构	专门检查人员拆下接近的壁板和窗口对结构内外部进行全面目视检查	1 年	允许用镜子和放大镜等简单助视器具
场站及基地级可检	专门检查人员用无损检查技术才能发觉损伤的结构	用超声波、X 射线、渗透等无损检查技术，必要时可拆卸设计分离部件	1/4 设计使用寿命	
使用中不可检	用上述方法都查不出损伤的结构	—	设计使用寿命	

（2）假设初始缺陷尺寸：假想的规定值，它表明只有小于此规定的初始缺陷和损伤才有因漏检而被交付的可能。应根据生产厂商的无损检测能力，通过试验，按大于

90%的检出概率和95%以上的置信水平确定，也可采用表5-4中的数据作为初始缺陷的标准数据。

表5-4　初始缺陷尺寸

结构类型	裂纹缓慢扩展结构				破损安全结构				紧固件
裂纹部位	孔、槽边		孔以外区域		孔、槽边		孔以外区域		
材料厚度/mm	≤1.3	>1.3	≤3.2	>3.2	≤0.5	>0.5	≤1.3	>1.3	
初始裂纹 长度/mm	1.27	1.27	6.35	6.35	0.5	0.5	2.54	2.54	≤0.127
初始裂纹 深度/mm	—	—	—	3.18	—	—	—	1.27	—
初始裂纹 类型	A	B	C	D	A	B	C	D	B

注：A—孔单边穿透裂纹；B—1/4圆角裂纹；C—穿透裂纹；D—半圆表面裂纹。

（3）假设检查后的损伤尺寸：检查后的损伤尺寸应根据检查等级和方法等确定。对于场站或基地级检查完成后允许存在的最大损伤（初始裂纹）尺寸，即对可拆卸取下进行充分检查的零部件仍按表5-4确定，在不取下部件或紧固件进行检查的部位按表5-5确定。

表5-5　检查后的损伤尺寸

检查方法	渗透、磁粉或超声等无损检测				目检（可用助视器）
裂纹部位	孔、槽边		孔以外区域		
材料厚度/mm	≤6.35	>6.35	≤3.2	>3.2	
初始裂纹 长度/mm	6.35	6.35	12.7	12.7	50.8
初始裂纹 深度/mm	—	—	—	6.35	—
初始裂纹 类型	A	B	C	D	E

注：A—不遮掩长度的穿透裂纹；B—不遮掩长度的1/4圆角裂纹；C—穿透裂纹；D—半圆表面裂纹；E—不遮掩长度的张开型穿透裂纹。

（4）确定未修复使用期限（检查间隔）：未修复使用期限是指裂纹扩展而不修复，但能保证使用安全的最短期限，它取决于损伤容限结构的设计类型和检查等级等，典型的未修复使用期限可参考表5-6的规定。

表5-6　典型的未修复使用期限

设计类型		检查等级	未修复使用期限
安全裂纹扩展		不可检	2倍设计使用寿命
		场站级可检	2倍检查间隔（1/2设计使用寿命）
破损安全结构	完整结构	场站级不可检	1倍设计使用寿命
		场站级可检	1倍检查间隔（1/4设计使用寿命）
	剩余结构	飞行明显可检	返回基地
		地面明显可检	1次飞行
		环视可检	5倍检查间隔（50次飞行）
		特殊目测	2倍检查间隔（2年）
		场站级可检	2倍检查间隔（1/2设计使用寿命）

（5）剩余强度：对于安全裂纹扩展结构，应能保证破损结构在规定的未修复使用期限内承受可能出现的最大损伤容限载荷 P_c 而不会危及飞行安全和降低飞机性能；对于多路传力的损伤容限或破损安全的止裂结构，还应考虑在传力途径破坏（或止裂）的瞬间，残存结构的损伤容限载荷 P_c^*。

损伤容限载荷 P_c^* 代表两次检查间隔内可能遇到的最大载荷，它与两次检查之间结构的使用时间和检查能力有关，可根据载荷谱确定。载荷谱考虑的是平均使用情况，因此，需要把确定可能遇到的最大载荷的时间间隔放大到 M 倍检查间隔，放大倍数 M 可参考表 5-7 的规定。

表 5-7　检查间隔放大倍数表

检 查 等 级	典型检查间隔	M	检 查 等 级	典型检查间隔	M
飞行明显可检	1 次飞行起落	100	特殊目检	1 年	50
地面明显可检	1 次飞行起落	100	场站级可检	1/4 设计使用寿命	20
环视可检	10 次飞行起落	100	不可检	设计使用寿命	20

传力的损伤容限或破损安全的止裂结构，在传力途径破坏（或止裂）的瞬间残存结构的损伤容限载荷 P_c^* 可参考如下方法确定：设 P 为传力途径破坏瞬间该传力途径所能承受的最大载荷，$f_d=1.5$ 为 P 的动载荷系数，则 $f_d \times P$ 为单个传力途径破坏时的载荷增量。传力途径破坏后残存结构的损伤容限载荷 P_c^* 应为，重新分配后的损伤容限载荷 P_c 加上传力途径破坏时的载荷增量分配值与 $f_d \times P_c$ 两者之间的较大者。

（6）确定结构的失效准则和临界裂纹长度：结构失效的临界裂纹长度 a_c 可根据断裂韧性 K_C（或 K_{IC}）和满足剩余强度（或刚度）要求两者之间的较小者确定。

第6章 疲劳断裂性能与可靠性

6.1 金属材料疲劳性能

6.1.1 疲劳性能 S-N 曲线

为了摸索 S-N 曲线的变化规律，人们进行了不少的工作，但是，由于各种材料的 S-N 曲线形状有很大的差异，特别是铝合金材料，即使是同类型材料的 S-N 曲线，也常常差别很大，因此，寻求统一的 S-N 曲线的近似表达式有很大的困难。目前，用于近似表达 S-N 曲线的经验公式一般有 4 种，现分述如下。

（1）幂函数表达式：

$$S_a^m N = C \tag{6-1}$$

式中，m 和 C 是两个常数，与材料性质、试样形式和加载方式等有关，由试验确定。式（6-1）表示在给定应力比 r 或平均应力 S_m 的条件下，应力幅 S_a 与寿命 N 之间的幂函数关系。式（6-1）也常用于表达 S_{max} 与 N 之间的关系，即

$$S_{max}^m N = C \tag{6-2}$$

（2）指数函数表达式：

$$e^{mS_{max}} N = C \tag{6-3}$$

式中，e 为自然对数的底；m 和 C 同样为由试验确定的两个材料常数。式（6-3）表示在给定应力比 r 或平均应力 S_m 的条件下，最大应力 S_{max} 与寿命 N 之间的指数函数关系。

（3）三参数幂函数表达式：

$$(S_{max} - S_0)^m N = C \tag{6-4}$$

或

$$S_{max} = S_\infty \left(1 + \frac{A}{N^\alpha}\right) \tag{6-5}$$

式中，S_0，m，C，A，α 和 S_∞ 均为材料常数，且它们之间存在以下关系：$C = (A \cdot S_\infty)^{1/\alpha}$，$m = 1/\alpha$，$S_0 = S_\infty$。$S_0$ 和 S_∞ 相当于 $N \to \infty$ 时的疲劳强度 S_{max}，可近似代表疲劳极限。

（4）四参数幂函数表达式：

$$\left(\frac{S_u - S_0}{S - S_0}\right) = 10^{C(\lg N)^m} \tag{6-6}$$

式中，S_0，m，C 和 S_u 均为材料常数，其中，m 为形状参数，S_0 为拟合疲劳极限，S_u 为拟合屈服极限。式（6-6）具有如下物理性质（图 6-1）：当 $N = 1$ 时，$S = S_u$；当 $N = \infty$ 时，$S = S_0$；疲劳寿命 N 随疲劳应力 S 变大而缩短，S 越大，N 越短。

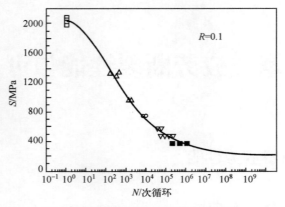

图 6-1　全寿命范围四参数 $S\text{-}N$ 曲线

幂函数表达式 (6-1)、式 (6-2) 和指数函数表达式 (6-3) 只限于表示中等寿命区 $S\text{-}N$ 曲线,而三参数幂函数表达式 (6-4) 和式 (6-5) 可表示中、长寿命区 $S\text{-}N$ 曲线,并且后者有三个待定常数,拟合精度要比前面三式高;四参数幂函数表达式 (6-6) 则可以表示全寿命范围 $S\text{-}N$ 曲线,并且它有 4 个待定常数,可以更精确地拟合各数据点,显然,具有较大优越性。

6.1.2　等寿命曲线

如前所述,在给定的应力比 r 下,对某一种材料进行疲劳试验,可以测定一条 $S\text{-}N$ 曲线;当改变应力比 r 时,材料的 $S\text{-}N$ 曲线也发生变化;如给出若干个应力比,即可测定该材料对应于不同应力比 r 的 $S\text{-}N$ 曲线族,对不同应力比 r 下的 $S\text{-}N$ 曲线族,如在 $N=10^7$ 次循环处作一垂直线,该线与各 $S\text{-}N$ 曲线交点的纵坐标 $S_{\max}$,表示在指定寿命 10^7 次循环时,各应力比下的疲劳强度。由每一应力比 r 及其对应的 $S_{\max}$ 计算 S_a 和 S_m。以 S_a 为纵坐标、S_m 为横坐标,可绘出等寿命疲劳曲线(图 6-2)。目前,已有很多公式或作图法,用来表达式图 6-2 所示的等寿命曲线。

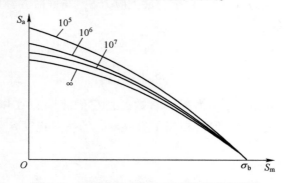

图 6-2　不同疲劳寿命 N 对应的等寿命曲线

Goodman 直线:
$$\frac{S_a}{S_{-1}}+\frac{S_m}{\sigma_b}=1 \tag{6-7}$$

修正 Goodman 直线：
$$\frac{S_a}{S_{-1}}+\frac{S_m}{\sigma_s}=1 \tag{6-8}$$

式中，σ_b 为材料的拉伸强度极限；σ_s 为材料的拉伸屈服极限；S_{-1} 为对称循环载荷下材料疲劳极限。

Gerber 抛物线方程：
$$\frac{S_a}{S_{-1}}+\left(\frac{S_m}{\sigma_b}\right)^2=1 \tag{6-9}$$

Soderberg 直线方程：
$$\frac{S_a}{S_{-1}}+\frac{S_m}{\sigma_s}=1 \tag{6-10}$$

Shieliasan 折线方程：
$$\frac{S_a}{S_{-1}}+\left[\left(\frac{2}{S_0}-\frac{1}{S_{-1}}\right)S_m\right]=1 \tag{6-11}$$

式中，S_0 为脉动循环载荷下材料疲劳极限。

Bagci 四次方程：
$$\frac{S_a}{S_{-1}}+\left(\frac{S_m}{\sigma_s}\right)^4=1 \tag{6-12}$$

在上述等寿命曲线中，Goodman 曲线（即式（6-7））不仅适用于脆性材料，对于大量塑性或延性材料的表征结果也偏于安全；修正 Goodman 曲线（即式（6-8））采用屈服极限替代强度极限，模型的表征结果对于大部分材料偏于保守；Gerber 曲线（即式（6-9））适用于塑性或延性材料，但其自身二次非线性的函数形式限制了使用；Soderberg 直线（即式（6-10））对大多数情况偏于保守；Shieliasan 折线（即式（6-11））与数据吻合较好，但它必须在已知脉动循环疲劳极限的情况下才能使用；Bagci 曲线（即式（6-12））同样受限于非线性的函数形式，并且模型的表征结果对于大部分材料偏于危险。

研究表明，材料疲劳等寿命曲线幂指数是随材料而变化的参数。材料不同，其疲劳等寿命曲线幂指数也不同，也可能不等同于上述 6 种等寿命曲线幂指数，因此，等寿命曲线模型可写为更普遍形式，以适合于更多材料，即

$$\frac{S_a}{S_{-1}}+\left(\frac{S_m}{\sigma_b}\right)^m=1 \tag{6-13}$$

式中，S_{-1}，σ_b 和 m 为材料常数，由疲劳试验数据拟合得到；σ_b 为材料的拟合拉伸强度极限；S_{-1} 为材料的拟合对称循环载荷下疲劳极限。式（6-13）称为广义疲劳等寿命曲线。

6.1.3 恒幅加载疲劳性能

1. 考虑应力比效应的疲劳性能

材料或构件高周疲劳性能试验，一般在指定应力均值 S_m 或应力比 r_0 下进行，测定出的 S-N 曲线可由三参数幂函数式（6-4）表示，即

$$(S_{\max,r_0}-S_0)^m N=C \tag{6-14}$$

由循环加载应力比的定义，可以得知

$$r=\frac{S_{\min}}{S_{\max}}=\frac{S_m-S_a}{S_m+S_a} \tag{6-15}$$

式中，r 为应力比；$S_{\min}$ 和 $S_{\max}$ 分别为循环加载下的最小和最大疲劳应力。

将式（6-7）和式（6-15）联立，整理可得任意应力比 r 与指定应力比 r_0 的最大疲劳应力变换公式：

$$S_{\max,r_0} = \frac{2\sigma_b(1-r)S_{\max,r}}{(1-r_0)[2\sigma_b-(1+r)S_{\max,r}]+(1+r_0)(1-r)S_{\max,r}} \quad (6\text{-}16)$$

将式（6-16）代入式（6-14），可以获得考虑应力比效应的恒幅加载下疲劳性能 $S\text{-}N\text{-}r$ 曲面表征模型：

$$\left[\frac{2\sigma_b(1-r)S_{\max,r}}{(1-r_0)[2\sigma_b-(1+r)S_{\max,r}]+(1+r_0)(1-r)S_{\max,r}} - S_0\right]^m \cdot N = C \quad (6\text{-}17)$$

式（6-17）描述了最大疲劳应力幅值 $S_{\max}$、疲劳寿命 N 和应力比 r 之间的关系，呈现为三维坐标系下的 $S\text{-}N\text{-}r$ 曲面，它是由三参数幂函数模型和 Goodman 等寿命曲线发展而来的，考虑了应力比效应，能够表征金属材料在恒幅加载下的疲劳性能。

2. 考虑应力集中效应的疲劳性能

有效应力集中系数（或应力严重系数）是制约结构疲劳性能的关键因素，其表达式为

$$K_f = \frac{K_t}{\varepsilon\alpha\beta} \quad (6\text{-}18)$$

式中，ε，α 和 β 分别为尺寸、表面加工和表面强化系数；K_t 为理论应力集中系数。

由于疲劳强度总是随着应力集中的增大而单调下降的，引入幂函数描述单调递降关系，应力集中对结构疲劳强度的影响可表示为

$$\lambda(K_f) = 1 + a \cdot (1 - K_f^b) \quad (6\text{-}19)$$

式中，a 和 b 为材料常数。

考虑应力集中的影响，结构疲劳强度（或疲劳极限）变为

$$S_0(K_f) = [1 + a \cdot (1 - K_f^b)] \cdot S_0 \quad (6\text{-}20)$$

式中，S_0 为光滑试样的疲劳极限。

由式（6-17）和式（6-20），可得结构疲劳性能 $S\text{-}N\text{-}r$ 曲面表达式：

$$\left[\frac{2\sigma_b(1-r)S_{\max,r}}{(1-r_0)[2\sigma_b-(1+r)S_{\max,r}]+(1+r_0)(1-r)S_{\max,r}} - S_0(K_f)\right]^m N = C \quad (6\text{-}21)$$

将式（6-18）和式（6-20）代入式（6-21），结构疲劳性能 $S\text{-}N\text{-}r\text{-}K_t$ 曲面变为

$$\left\{\frac{2\sigma_b(1-r)S_{\max,r}}{(1-r_0)[2\sigma_b-(1+r)S_{\max,r}]+(1+r_0)(1-r)S_{\max,r}} - \left[1+a\left(1-\left(\frac{K_t}{\varepsilon\alpha\beta}\right)^b\right)\right]S_0\right\}^m N = C \quad (6\text{-}22)$$

3. 考虑温度效应的疲劳性能

金属材料的疲劳强度会随着使用温度的升高而降低，可以写为

$$S_0(T) = S_0(1 - \alpha T^\beta) \quad (6\text{-}23)$$

式中，T 为使用温度；$S_0(T)$ 为温度 T 下材料疲劳极限；S_0 为室温下材料疲劳极限；α 和 β 为材料常数。

将式（6-23）代入式（6-17）中的疲劳极限 S_0，得到任意温度下的金属材料疲劳性能 $S\text{-}N\text{-}r\text{-}T$ 曲面表征模型：

$$\left\{\frac{2\sigma_b(1-r)S_{\max,r}}{(1-r_0)[2\sigma_b-(1+r)S_{\max,r}]+(1+r_0)(1-r)S_{\max,r}}-(1-\alpha T^\beta)S_0\right\}^m N = C \quad (6\text{-}24)$$

4. 低速冲击疲劳性能

低速冲击常常造成飞机金属蒙皮永久塑性变形，而形成冲击凹坑，并在冲击凹坑区域产生微损伤、应力集中和残余应力效应等，显著降低受冲击结构疲劳性能，为此，引入有效应力概念，表征冲击后残余应力影响，即

$$(S_a)_{eff} = S_a \quad (6\text{-}25)$$

$$(S_m)_{eff} = S_m + S_R \quad (6\text{-}26)$$

$$(S_{\max})_{eff} = (S_a)_{eff} + (S_m)_{eff} = S_{\max} + S_R \quad (6\text{-}27)$$

式中，$(S_a)_{eff}$、$(S_m)_{eff}$ 和 $(S_{\max})_{eff}$ 分别为有效应力幅值、均值和最大值；S_R 为残余应力。

将式（6-27）中 $(S_{\max})_{eff}$ 替代式（6-22）中 $S_{\max,r}$，得到受低速冲击后蒙皮结构的疲劳性能 $S\text{-}N\text{-}r\text{-}K_t$ 曲面：

$$\left\{\frac{2\sigma_b(1-r)(S_{\max,r}+S_R)}{(1-r_0)[2\sigma_b-(1+r)(S_{\max,r}+S_R)]+(1+r_0)(1-r)(S_{\max,r}+S_R)}-\left[1+a\left(1-\left(\frac{K_t}{\varepsilon\alpha\beta}\right)^b\right)\right]S_0\right\}^m N = C \quad (6\text{-}28)$$

5. 腐蚀疲劳性能

从工程角度出发，式（6-14）广泛用于金属材料疲劳性能表征，因此，在指定应力比 r_0 下，不同日历年限对应的材料或结构疲劳性能（即 $S\text{-}N$ 曲线）可写为

$$[S_{\max,r_0}-S_0(t)]^m N = C \quad (6\text{-}29)$$

式中，$S_0(t)$ 为不同日历年限下的拟合疲劳极限；t 为日历年限。

显然，指定应力比 r_0 下，金属材料的腐蚀疲劳极限会随着日历年限的增加而单调递降，可以表示为

$$S_0(t) = S_0 \cdot (1-\alpha \cdot t^\beta) \quad (6\text{-}30)$$

式中，α 和 β 为材料常数；S_0 为未腐蚀材料疲劳极限。

将式（6-30）代入式（6-29），可以得到指定应力比 r_0 下的金属材料预腐蚀疲劳性能公式：

$$[S_{\max,r_0}-S_0(1-\alpha t^\beta)]^m N = C \quad (6\text{-}31)$$

式（6-31）反映了疲劳应力 S、疲劳寿命 N 及日历年限 t 三者间的关系，构成 $S\text{-}N\text{-}t$ 曲面。

将式（6-16）代入式（6-31），得到任意应力比下的金属材料腐蚀疲劳性能 $S\text{-}N\text{-}r\text{-}t$ 表征模型：

$$\left\{\frac{2\sigma_b(1-r)S_{\max,r}}{(1-r_0)[2\sigma_b-(1+r)S_{\max,r}]+(1+r_0)(1-r)S_{\max,r}}-(1-\alpha t^\beta)S_0\right\}^m N = C \quad (6\text{-}32)$$

6.1.4 变幅加载下疲劳性能

长期实践证明，变幅加载中的载荷顺序对疲劳损伤演化和疲劳寿命存在显著影响，这是由于高载之后的残余压应力会引起高载迟滞效应，低载之后的残余拉应力会引起抵消迟滞效应，而拉伸过载之后的压缩过载还会引起迟滞减缓效应，然而，传统的疲劳性

能 S-N 曲线模型和累积损伤法则均没有考虑到变幅加载下的载荷顺序对疲劳损伤演化和疲劳寿命的影响。实践还证明，循环加载下的塑性变形是材料产生疲劳损伤的主要驱动力，而载荷顺序效应是影响过载塑性区特性的重要因素。工程实际中，通常引入有效应力比 r_{eff}，描述循环加载下过载塑性区内裂纹尖端处的应力变化，以表征载荷顺序对裂纹扩展行为的影响。据此，为考虑载荷顺序对疲劳损伤演化和疲劳寿命的影响，同样地，引入有效应力比，对恒载疲劳性能 S-N-r 曲面模型（即式（6-17））进行了修正，可得变幅加载下疲劳性能 S-N-r 曲面模型：

$$\left\{\frac{2\sigma_{\text{b}}(1-r_{\text{eff}})S_{\max,r}}{(1-r_0)[2\sigma_{\text{b}}-(1+r_{\text{eff}})S_{\max,r}]+(1+r_0)(1-r_{\text{eff}})S_{\max,r}}-S_0\right\}^m N = C \quad (6\text{-}33)$$

其中

$$r_{\text{eff}} = 1-\frac{2S_{\text{a}}}{S_{\max,\text{eff}}}$$

$$S_{\max,\text{eff}} = S_{\max,r} - \frac{S_{\max,r}^{\text{OL}} - S_0}{(r-1)S_{\max,r}^{\text{OL}}}\left[S_{\max,r}^{\text{OL}}\sqrt{1-\frac{\Delta D'}{z_{\text{OL}}}} - S_{\max,r}\right]$$

$$z_{\text{OL}} = \frac{1}{2}\left(\frac{S_{\max,r}\sqrt{D}}{\sigma_{\text{b}}}\right)^2$$

式中，r_{eff} 为有效应力比，代表循环加载下过载塑性区内疲劳裂纹处的应力变化；$S_{\max,\text{eff}}$ 为有效最大疲劳应力，代表过载塑性区内疲劳裂纹处的最大循环应力；$S_{\max,r}^{\text{OL}}$ 为过载应力循环中的最大疲劳应力；r_1 为超载截止比，对于 2524-T3 和 7050-T7451 航空铝合金材料，r_1 值为 2.80；D 为疲劳损伤累积量；$\Delta D'$ 为位于过载塑性区内的疲劳损伤增量；z_{OL} 为过载塑性区的尺寸参数。

6.2 金属材料疲劳裂纹扩展性能

6.2.1 恒幅加载下裂纹扩展性能

通常情况下，疲劳裂纹扩展速率是应力强度因子 ΔK、应力比 r、材料厚度、环境等因素的非负函数，这些函数主要包括以下表达式。

Paris-Erdogan 公式：
$$\frac{\text{d}a}{\text{d}N} = C(\Delta K)^n \quad (6\text{-}34)$$

Trantina-Johnson 公式：
$$\frac{\text{d}a}{\text{d}N} = C(\Delta K - \Delta K_{\text{th}})^n \quad (6\text{-}35)$$

Walker 公式：
$$\frac{\text{d}a}{\text{d}N} = C(\Delta K)^n (1-r)^m \quad (6\text{-}36)$$

Forman 公式：
$$\frac{\text{d}a}{\text{d}N} = C\frac{(\Delta K)^n}{(1-r)K_{\text{C}} - \Delta K} \quad (6\text{-}37)$$

广义 Forman 公式：
$$\frac{\text{d}a}{\text{d}N} = C\left[\left(\frac{1-f_0}{1-r}\right)\Delta K\right]^{m_1} \frac{\left(1-\frac{\Delta K_{\text{th}}}{\Delta K}\right)^{m_2}}{\left[1-\frac{\Delta K}{(1-r)K_{\text{C}}}\right]^{m_3}} \quad (6\text{-}38)$$

其中

$$f_0 = \begin{cases} \max(r, a_0+a_1r+a_2r^2+a_3r^3) & (r \geq 0) \\ a_1r+a_2r^2 & (-2 \leq r < 0) \end{cases}$$

$$a_0 = (0.825-0.34\alpha_0+0.05\alpha_0^2)\left[\cos\left(\frac{\pi S_{\max}}{2\sigma_0}\right)\right]^{1/\alpha_0}$$

$$a_1 = (0.415-0.071\alpha_0)\frac{S_{\max}}{\sigma_0}$$

$$a_2 = 1-a_0-a_1-a_3$$

$$a_3 = 2a_0+a_1-1$$

$$\sigma_0 = \frac{\sigma_s+\sigma_b}{2}$$

式中，da/dN 表示裂纹扩展速率；C，n，m，m_1，m_2 和 m_3 为材料常数；ΔK 为应力强度因子变程；r 为应力比；ΔK_{th} 为断裂门槛值；K_C 为材料的平面应力断裂韧性，它随厚度而变化，但是，对于常用的薄板厚度（如 $1.0 \sim 2.5$ mm），K_C 可近似认为只与材料有关；f_0 是疲劳裂纹张开函数；α_0 为约束因子，对于平面应力状态，$\alpha_0 = 1$，对于平面应变状态，$\alpha_0 = 3$；σ_0 为流动应力；σ_s 为材料的屈服极限；σ_b 为材料的强度极限。

在上述裂纹扩展速率模型中，Paris-Erdogan 模型（即式（6-34））能够有效表征在指定应力比加载下的稳定（线性）扩展区内的裂纹扩展性能，但不能描述全范围扩展区内的裂纹扩展性能；Trantina-Johnson 模型（即式（6-35））是 Paris-Erdogan 函数的修正模型，考虑了断裂门槛值的影响，可以表征近门槛区和稳定扩展区内的裂纹扩展性能，但没有考虑应力比效应；Walker 模型（即式（6-36））同样是 Paris-Erdogan 修正模型，考虑了应力比效应的影响，可以表征不同应力比加载下的稳定扩展区的裂纹扩展性能，但不能描述近门槛区的裂纹扩展性能；Forman 模型（即式（6-37））可以表征不同应力比加载下的稳定扩展区和快速扩展区内的裂纹扩展性能，而不适用于近门槛区内的裂纹扩展性能；广义 Forman 模型（即式（6-38））考虑了断裂门槛值、平面应力状态下的断裂韧性和应力比的影响，可以表征全范围内的裂纹扩展性能，具有较高的拟合精度，但模型需要大量试验数据确定待定的 4 个参数，这限制了 Forman 模型在工程上的应用。

由式（6-35）和式（6-36），可得改进的裂纹扩展速率模型：

$$\frac{da}{dN} = C(\Delta K - \Delta K_{th})^{m_1}(1-r)^{m_2} \tag{6-39}$$

显然，式（6-39）描述了裂纹扩展速率 da/dN 与应力强度因子变程 ΔK 和应力比 r 之间的关系，构成了恒幅加载下裂纹扩展性能 da/dN-ΔK-r 曲面。

上述裂纹扩展速率模型（式（6-34）~式（6-38））可以写为普遍表达形式：

$$\frac{da}{dN} = F(\Delta K, \Delta K_{th}, K_C, r, a) \tag{6-40}$$

式中，$F(\Delta K, \Delta K_{th}, K_C, r, a)$ 为非负函数。

对式（6-40）进行变换并积分，可得

$$N^* = \int_{a_0}^{a_c} \frac{1}{F(\Delta K, \Delta K_{th}, K_C, r, a)} da \tag{6-41}$$

式中，N^* 表示疲劳裂纹扩展寿命，为有别于疲劳裂纹形成寿命 N，特标示右上标"$*$"；a_0 表示宏观可检的裂纹尺寸；a_c 为临界裂纹尺寸。

由于应力强度因子 K 通常可以写成应力 S 的函数 $X(S)$ 与裂纹长度 a 的函数 $Y(a)$ 之乘积，即

$$K = X(S) \cdot Y(a) \tag{6-42}$$

式中，$Y(a) = \beta(a)\sqrt{\pi a}$，$\beta(a)$ 为疲劳裂纹几何修正系数。

根据式（6-42），则应力强度因子均值和变程可分别表示为

$$K_m = X(S_m) \cdot Y(a) \tag{6-43}$$

$$\Delta K = K_{max} - K_{min} = [X(S_{max}) - X(S_{min})] \cdot Y(a) = \Delta X \cdot Y(a) \tag{6-44}$$

由式（6-44）可知，式（6-41）描述了应力 S 与疲劳裂纹扩展寿命 N^* 之间的关系，称为裂纹扩展 S-N^* 曲线。

考虑裂纹尖端塑性区修正时，有

$$X(S) = \frac{S}{\sqrt{1 - \pi\alpha(S/\sigma_s)^2}}$$

式中，σ_s 表示屈服极限；α 为常数，在平面应力状态下，$\alpha = 1/(2\pi)$；在平面应变状态下，$\alpha = (1-2\nu)^2/(2\pi)$，$\nu$ 为泊松比。

由于 $S_{max} = S_m + S_a$，$S_{min} = S_m - S_a$，则

$$\Delta X = X(S_{max}) - X(S_{min}) = \frac{S_m + S_a}{\sqrt{1 - \pi\alpha[(S_m + S_a)/\sigma_s]^2}} - \frac{S_m - S_a}{\sqrt{1 - \pi\alpha[(S_m - S_a)/\sigma_s]^2}}$$

将上式代入式（6-44），可得

$$\Delta K = \left\{ \frac{S_m + S_a}{\sqrt{1 - \pi\alpha[(S_m + S_a)/\sigma_s]^2}} - \frac{S_m - S_a}{\sqrt{1 - \pi\alpha[(S_m - S_a)/\sigma_s]^2}} \right\} Y(a) \tag{6-45}$$

不考虑裂纹尖端塑性区修正时，式（6-43）和式（6-45）退化为

$$K_m = S_m \cdot Y(a) \tag{6-46}$$

$$\Delta K = 2 S_a Y(a) \tag{6-47}$$

将式（6-46）和式（6-47）代入式（6-38），并根据式（6-41），可得

$$N^* = \frac{(2S_a)^{m_2}}{C \cdot [(1-f_0)(S_a + S_m)]^{m_1}} \int_{a_0}^{a_{cr}} \frac{[Y(a)]^{(m_1 - m_2)} \cdot [2S_a Y(a) - \Delta K_{th}]^{m_2}}{\left[1 - \frac{S_a + S_m}{K_C} Y(a)\right]^{m_3}} da \tag{6-48}$$

从式（6-48）可以看出，该式表达了应力幅值 S_a、应力均值 S_m 和裂纹扩展寿命 N^* 之间的关系，在三维坐标系中构成一个 S_a-S_m-N^* 曲面，因此，称为广义断裂 S-N^* 曲面。采用类似方法，可分别推导出式（6-34）~式（6-37）对应的广义断裂 S-N^* 曲面。

6.2.2 变幅加载下裂纹扩展性能

前人提出许多经验模型，如 Wheeler、Newman 和 Willenborg-Chang 等，用于表征疲劳裂纹扩展载荷顺序效应。

（1）Wheeler 模型：

$$\frac{da}{dN} = \begin{cases} C_p F(\Delta K, r) & (\Delta K \geqslant \Delta K_{th}) \\ 0 & (\Delta K < \Delta K_{th}) \end{cases} \tag{6-49}$$

其中

$$C_p = \begin{cases} \left(\dfrac{r_y}{a_1 + R_y - a}\right)^m & (a_1 + R_y - a > r_y) \\ 1 & (a_1 + R_y - a \leqslant r_y) \end{cases}$$

式中，da/dN 为迟滞过程中的裂纹扩展速率；$F(\Delta K, r)$ 为迟滞前的裂纹扩展速率；ΔK_{th} 为断裂门槛值；C_p 为迟滞系数；R_y 为超载引起的塑性区尺寸；r_y 为迟滞后当前循环载荷引起的塑性区尺寸；a 为当前裂纹长度；a_1 为超载发生时的裂纹长度；m 为材料的迟滞常数，与材料和载荷谱型有关，m 常取为 1.3。

（2）Newman 模型：

$$\frac{da}{dN} = F(\Delta K_{eff}, \Delta K_{th}, r_{eff}, \sigma_{req}) \tag{6-50}$$

其中

$$\Delta K_{eff} = (\Delta S)_{eff} \cdot \beta\left(\frac{a}{W}\right)\sqrt{\pi a}$$

$$\Delta S_{eff} = (S_{max})_{eff} - (S_{min})_{eff}$$

$$r_{eff} = \begin{cases} \dfrac{(S_{min})_{eff}}{(S_{max})_{eff}} & ((S_{min})_{eff} > 0) \\ 0 & ((S_{min})_{eff} \leqslant 0) \end{cases}$$

$$(S_{max})_{eff} = \begin{cases} S_{max} - S_R & (S_{max} > S_R) \\ 0 & (S_{max} \leqslant S_R) \end{cases}$$

$$(S_{min})_{eff} = \begin{cases} S_{min} - S_R & (S_{min} > S_R) \\ 0 & (S_{min} \leqslant S_R) \end{cases}$$

$$S_r = S_{req} - S_{max}$$

$$S_{req} = \frac{\sqrt{2\pi(R_y - a_1 + a)\sigma_s^2}}{\beta\left(\dfrac{a}{W}\right)\sqrt{\pi a}}$$

式中，ΔK_{eff} 为迟滞后的有效应力强度因子变程；S_{max} 和 S_{min} 分别为迟滞后第 i 次循环载荷的最大应力和最小应力；$(S_{max})_{eff}$ 和 $(S_{min})_{eff}$ 分别为第 i 次循环载荷的有效最大应力和有效最小应力；$(\Delta S)_{eff}$ 为有效应力循环变程；S_{req} 为产生与超载塑性区边界相接触的塑性区尺寸所需的应力；S_R 为残余压缩应力。

(3) Willenborg-Chang 模型：

$$\frac{da}{dN} = F(\Delta K_{\text{eff}}, \Delta K_{\text{th}}, r_{\text{eff}}, r_{\text{cut}}) \tag{6-51}$$

其中，

$$\Delta K_{\text{eff}} = (K_{\max})_{\text{eff}} - (K_{\min})_{\text{eff}}$$

$$(K_{\max})_{\text{eff}} = K_{\max} - K_{\text{rs}}$$

$$(K_{\min})_{\text{eff}} = K_{\min} - K_{\text{rs}}$$

$$r_{\text{eff}} = (K_{\min})_{\text{eff}} / (K_{\max})_{\text{eff}}$$

$$K_{\text{rs}} = \frac{1 - (K_{\max})_{\text{th}} / K_{\max}^{\text{OL}}}{r_{\text{cut}} - 1} \left[K_{\max}^{\text{OL}} \left(\frac{R_y + a_1 - a}{R_y} \right)^{1/2} - K_{\max} \right]$$

$$R_y = \frac{1}{2\pi} \left(\frac{K_{\max}^{\text{OL}}}{\sigma_s} \right)^2$$

$$(K_{\max})_{\text{th}} = \frac{\Delta K_{\text{th0}}}{1 - r}$$

式中，r_{cut} 为有效应力比截止值或超载截止比，当超过此值时，裂纹扩展速率函数不依赖于有效应力比 r_{eff}；$(K_{\max})_{\text{th}}$ 为最大应力强度因子对应的断裂门槛值；ΔK_{th0} 表示应力比 $r=0$ 时的断裂门槛值；$K_{\max}^{\text{OL}}$ 表示超载的最大应力强度因子。

对比上述模型，可以发现，Wheeler 模型（即式（6-49））考虑了高载迟滞效应，但没有考虑低载之后的抵消迟滞效应，预测结果偏于保守，且模型中的迟滞系数难以简便确定；Newman 模型（即式（6-50））采用裂纹闭合理论，引入有效应力强度因子变程的概念，表征载荷顺序效应，同时，考虑了断裂门槛值和应力比对裂纹扩展速率的影响，提高了模型的预测精度，但是，模型需要大量的试验数据，以确定裂纹张开应力，计算过程复杂，限制了工程上的应用；Willenborg-Chang 模型（即式（6-51））以裂纹尖端塑性区残余应力理论为基础，引入了有效应力比的概念，表征循环加载下过载塑性区内裂纹尖端处的应力变化，描述裂纹扩展高载迟滞和抵消迟滞效应，模型参数的确定简便。

6.3 复合材料疲劳性能

6.3.1 应力控制的疲劳剩余强度模型

由于复合材料疲劳损伤的复杂性，难以采用单一方式定义复合材料损伤，人们先后提出了基于刚度降、剩余强度、裂纹密度、裂纹长度等概念的疲劳损伤模型，这些损伤模型定义为载荷循环数与材料性能特征变量的函数；并且，为考虑复合材料性能固有的复杂性，常采用非线性二次函数作为损伤函数。复合材料因疲劳损伤而导致强度下降，随时间变化的复合材料有效强度降可表示为

$$\frac{dR(n)}{dn} = -\frac{f(r, s, \omega)}{R^{b-1}(n)} \tag{6-52}$$

式中，s 和 n 分别为最大疲劳应力和疲劳应力循环次数；$R(n)$ 为疲劳应力循环数 n 对应

的剩余强度；ω 为加载频率；r 为应力比；b 为材料常数。

在恒幅疲劳加载条件下，对式（6-52）积分，得到

$$n = f(s,\omega,r)[R_0 - R(n)]^b \quad (6-53)$$

式中，R_0 为材料强度极限。式（6-53）表征了恒幅疲劳加载条件下复合材料的强度降。

对于给定的加载频率 ω 和应力比 r，$f(s,\omega,r) = f(s)$，则式（6-53）变为

$$n = f(s)[R_0 - R(n)]^b \quad (6-54)$$

式（6-54）即为疲劳应力 s-应力循环次数 n-剩余强度 R 之间关系曲面（即 s-n-R 曲面）。

由式（6-4）可知

$$f(s) = C(s - S_0)^m \quad (6-55)$$

将式（6-55）代入式（6-54），可得

$$n = C(s - S_0)^m [R_0 - R(n)]^b \quad (6-56)$$

当 $R(n)$ 下降至所承受疲劳循环应力的最大值 S 时，出现疲劳失效，此时，$R(n) = S$ 和 $n = N$，那么，式（6-56）退化为疲劳性能 S-N 曲线：

$$N = C(S - S_0)^m (R_0 - S)^b \quad (6-57)$$

当指定恒定循环加载应力 $s = s_0$ 时，式（6-56）退化为 R-n 曲线：

$$n = C(s_0 - S_0)^m [R_0 - R(n)]^b = C_0 (R_0 - R(n))^b \quad (6-58)$$

式（6-58）描述了复合材料疲劳剩余强度随循环加载次数的增加而单调递降规律。

研究发现，复合材料强度极限 R_0 为服从双参数威布尔分布的随机变量，即

$$F_{R_0}(x) = P[R_0 \leq x] = 1 - \exp\left[-\left(\frac{x}{\beta}\right)^\alpha\right] \quad (6-59)$$

式中，α 为形状参数；β 为特征参数。

由式（6-56）可知

$$R(n) = R_0 - \left[\frac{n}{C(s - S_0)^m}\right]^{\frac{1}{b}} \quad (6-60)$$

根据式（6-59）和式（6-60），可以推导剩余强度 $R(n)$ 的概率分布：

$$F_{R(n)}(x) = P\left\{R_0 \leq x + \left[\frac{n}{C(s - S_0)^m}\right]^{\frac{1}{b}}\right\} = 1 - \exp\left\{-\left[\frac{x + \left[\frac{n}{C(s - S_0)^m}\right]^{\frac{1}{b}}}{\beta}\right]^\alpha\right\} \quad (6-61)$$

从式（6-61）可以看出，剩余强度 $R(n)$ 服从三参数威布尔分布。由式（6-61），可导出可靠度 p 对应的剩余强度 $R_p(n)$：

$$R_p(n) = R_{0p} - \left[\frac{n}{C(s - S_0)^m}\right]^{\frac{1}{b}} \quad (6-62)$$

由式（6-57）可知，疲劳寿命 N 也为随机变量。因此，由式（6-57）和式（6-59），可以导出疲劳寿命概率分布为

$$F(N) = P\left\{R_0 \leq \left[\frac{N}{C(S - S_0)^m}\right]^{\frac{1}{b}} + S\right\} = 1 - \exp\left\{-\left[\frac{N^{\frac{1}{b}} + S \cdot C^{\frac{1}{b}}(S - S_0)^{\frac{m}{b}}}{\beta \cdot C^{\frac{1}{b}}(S - S_0)^{\frac{m}{b}}}\right]^\alpha\right\} \quad (6-63)$$

6.3.2 应变控制的疲劳剩余强度模型

复合材料强度极限 R_0 和剩余强度 $R(n)$ 可分别表示为

$$R_0 = E_0 \cdot \varepsilon_f \tag{6-64}$$

$$R(n) = E(n) \cdot \varepsilon_f \tag{6-65}$$

式中，ε_f 为断裂应变；E_0 为初始模量；$E(n)$ 为剩余模量。

将式（6-64）和式（6-65）代入式（6-56），得

$$n = C_0 (s - S_0)^m [E_0 - E(n)]^b \tag{6-66}$$

式中，$C_0 = C\varepsilon_f^b$。式（6-66）描述了疲劳应力 s、疲劳应力循环数 n 与疲劳剩余模量 $E(n)$ 之间的关系，简称 s-n-E 曲面。

在指定疲劳应力 s 的条件下，剩余模量 $E(n)$ 与疲劳应变 $\varepsilon(n)$ 之间存在如下关系：

$$E(n) = \frac{s}{\varepsilon(n)} \tag{6-67}$$

将式（6-67）代入式（6-66），可得

$$n = C_0 (s - S_0)^m \left[E_0 - \frac{s}{\varepsilon(n)} \right]^b \tag{6-68}$$

式（6-68）即为应变控制疲劳剩余强度模型，描述了疲劳应力 s、疲劳应力循环数 n 和疲劳应变 $\varepsilon(n)$ 之间的关系，简称 s-n-ε 曲面。

6.3.3 考虑应力比和损伤缺陷效应的疲劳剩余强度模型

研究表明，损伤缺陷（如加工过程中的初始缺陷、使用过程中的划伤和低速冲击分层等）对复合材料强度和极限与疲劳剩余强度产生不利影响，复合材料强度极限和疲劳剩余强度随着损伤缺陷尺寸的增大而单调下降，可采用单调的幂函数表达式描述，即

$$R_0 = R_0^0 (1 - \alpha_1 d^{\beta_1}) \tag{6-69}$$

$$S_0 = S_0^0 (1 - \alpha_2 d^{\beta_2}) \tag{6-70}$$

式中，R_0 和 S_0 分别为含缺陷复合材料的强度极限和疲劳极限；R_0^0 和 S_0^0 分别为完好复合材料的强度极限和疲劳极限；d 为损伤缺陷尺寸；α_1，β_1，α_2 和 β_2 均为材料待定常数。式（6-69）中的待定常数 α_1，β_1 和 R_0^0 可由复合材料的剩余强度试验数据通过线性回归确定；而式（6-70）中的待定常数 α_2，β_2 和 S_0^0 则可由复合材料疲劳剩余强度试验数据通过最优拟合得到。

将式（6-69）和式（6-70）代入式（6-56），可得

$$n = C[s_{r_0} - S_0^0 (1 - \alpha_2 d^{\beta_2})]^m [R_0^0 (1 - \alpha_1 d^{\beta_1}) - R(n)]^b \tag{6-71}$$

式（6-71）即为指定应力比 r_0 下疲劳剩余强度曲面模型的主控方程。

工程实际中，复合材料结构承受的真实疲劳载荷谱包含着大量不同应力比的载荷循环，因此，疲劳载荷谱作用下复合材料损伤评估和寿命估算时，通常需要采用 Goodman 等寿命曲线（如图 6-3 所示），将指定应力比下复合材料疲劳性能转换为任意应力比下疲劳性能，即对疲劳性能进行应力比修正。适合各种疲劳载荷类型（如拉-拉、压-压和拉-压等）的 Goodman 模型可写为

$$\begin{cases} \dfrac{s_{a,r}}{S_{-1}}+\dfrac{s_{m,r}}{X_t}=1 & (r^2\leqslant 1) \\ \dfrac{s_{a,r}}{S_{-1}}+\dfrac{s_{m,r}}{|X_c|}=1 & (1<r^2) \end{cases} \qquad (6\text{-}72)$$

式中，X_t 和 X_c 分别为材料的单轴拉伸和压缩强度极限；S_{-1} 为对称循环加载下的疲劳强度。

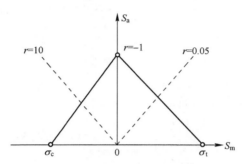

图 6-3　Goodman 等寿命曲线

根据式（6-72）和应力比的定义，可将任意应力比 r 下的疲劳载荷循环修正为特定应力比 r_0 下的疲劳载荷循环，即

$$s_{r_0}=\begin{cases} \dfrac{(1-r)X_t s_{\max,r}}{(1-r_0)X_t+(r_0-r)s_{\max,r}} & (r_0^2\leqslant 1, r^2\leqslant 1) \\ \dfrac{(r-1)r_0|X_c||s_{\min,r}|}{(1-r_0)r|X_c|+(r_0-r)|s_{\min,r}|} & (1<r_0^2, 1<r^2) \end{cases} \qquad (6\text{-}73)$$

将式（6-73）代入式（6-71），可得考虑应力比和缺陷效应的疲劳剩余强度模型：

$$\begin{cases} n=C\left[\dfrac{(1-r)X_t s_{\max,r}}{(1-r_0)X_t+(r_0-r)s_{\max,r}}-S_0^0(1-\alpha_2 d^{\beta_2})\right]^m \left[R_0^0(1-\alpha_1 d^{\beta_1})-R(n)\right]^b & (r_0^2\leqslant 1, r^2\leqslant 1) \\ n=C\left[\dfrac{(r-1)r_0|X_c||s_{\min,r}|}{(1-r_0)r|X_c|+(r_0-r)|s_{\min,r}|}-S_0^0(1-\alpha_2 d^{\beta_2})\right]^m \left[R_0^0(1-\alpha_1 d^{\beta_1})-R(n)\right]^b & (1<r_0^2, 1<r^2) \end{cases}$$

$$(6\text{-}74)$$

显然，式（6-74）即为考虑应力比和缺陷效应的复合材料剩余强度与剩余寿命的模型。当 $d=0$ 时，则式（6-74）退化为仅考虑应力比效应的无缺陷复合材料疲劳剩余强度模型：

$$\begin{cases} n=C\left[\dfrac{(1-r)X_t s_{\max,r}}{(1-r_0)X_t+(r_0-r)s_{\max,r}}-S_0\right]^m \left[R_0-R(n)\right]^b & (r_0^2\leqslant 1, r^2\leqslant 1) \\ n=C\left[\dfrac{(r-1)r_0|X_c||s_{\min,r}|}{(1-r_0)r|X_c|+(r_0-r)|s_{\min,r}|}-S_0\right]^m \left[R_0-R(n)\right]^b & (1<r_0^2, 1<r^2) \end{cases} \qquad (6\text{-}75)$$

6.3.4　多轴疲劳剩余强度模型

在变幅疲劳载荷作用下，随着循环次数的增加，复合材料的各向异性特征通常会导致多轴应力状态和多轴损伤，以及多轴损伤之间的相互作用，导致其多轴强度和刚度性能逐渐退化，因此，需要建立多轴疲劳剩余强度模型，表征其多轴疲劳损伤状态。

将单轴疲劳剩余强度模型（6-75）推广到多轴状态，可得考虑应力比效应的多轴疲劳剩余强度模型：

$$\begin{cases} R_{it}(n) = X_{it} - \left\{ [X_{it} - R_{it}(n-1)]^{b_{it}} + C_{it}^{-1}(s_{r_0} - S_{0,it})^{-m_{it}} \right\}^{\frac{1}{b_{it}}} & (i=1,2,3) \\ R_{ic}(n) = X_{ic} - \left\{ [X_{ic} - R_{ic}(n-1)]^{b_{ic}} + C_{ic}^{-1}(s_{r_0} - S_{0,ic})^{-m_{ic}} \right\}^{\frac{1}{b_{ic}}} & (i=1,2,3) \\ R_{ij}(n) = X_{ij} - \left\{ [X_{ij} - R_{ij}(n-1)]^{b_{ij}} + C_{ij}^{-1}(s_{ij} - S_{0,ij})^{-m_{ij}} \right\}^{\frac{1}{b_{ij}}} & (i,j=1,2,3, i \neq j) \end{cases} \quad (6-76)$$

其中，

$$s_{r_0} = \begin{cases} \dfrac{(1-r)X_{it}(s_{\max,r})_{it}}{(1-r_0)X_{it} + (r_0-r)(s_{\max,r})_{it}} & (i=1,2,3)(r_0^2 \leqslant 1, r^2 \leqslant 1) \\ \dfrac{(r-1)r_0|X_{ic}||(s_{\min,r})_{ic}|}{(r_0-1)r|X_{ic}| - (r_0-r)|(s_{\min,r})_{ic}|} & (i=1,2,3)(r_0^2 > 1, r^2 > 1) \end{cases}$$

$$s_{ij} = \begin{cases} \dfrac{(1-r)X_{ij}(s_{\max,r})_{ij}}{(1-r_0)X_{ij} + (r_0-r)(s_{\max,r})_{ij}} & (i,j=1,2,3, i \neq j)(r_0^2 \leqslant 1, r^2 \leqslant 1) \\ \dfrac{(r-1)r_0|X_{ij}||(s_{\min,r})_{ij}|}{(r_0-1)r|X_{ij}| - (r_0-r)|(s_{\min,r})_{ij}|} & (i,j=1,2,3, i \neq j)(r_0^2 > 1, r^2 > 1) \end{cases}$$

式中，X_{it}，X_{ic} 和 X_{ij} 分别为复合材料的静力拉伸、压缩和剪切强度；s_{r_0} 和 s_{ij} 分别为在指定应力比下疲劳正应力和剪应力循环的最大绝对值；$R_{it}(n)$，$R_{ic}(n)$ 和 $R_{ij}(n)$ 分别为 n 次疲劳循环后的剩余拉伸、压缩和剪切强度；r 和 r_0 分别为随机应力比和特定应力比；C_{it}，C_{ic}，C_{ij}，m_{it}，m_{ic}，m_{ij}，b_{it}，b_{ic}，b_{ij}，$S_{0,it}$，$S_{0,ic}$ 和 $S_{0,ij}$ 为多轴疲劳剩余强度模型的待定常数，可由拟合方法确定。

6.3.5 剩余强度模型的载荷顺序效应

含3mm边缘缺口以及8mm初始分层缺陷的3238A/EW250F平面编织玻璃布复合材料试样的形状和尺寸如图6-4所示，其铺层顺序为 $[(\pm 45)/(0/90)]_{3s}$。首先，对两种试样进行恒幅疲劳试验，测定其疲劳剩余强度曲面（表6-1）；根据式（6-57），由表6-1所示的剩余强度曲面，得到两种复合材料试样的疲劳性能 S-N 曲线（表6-2）；其次，对两种试样分别进行高-低、低-高以及高-低-高载荷谱（图6-5和图6-6）作用下的疲劳寿命，试验结果如表6-3所示。

表6-1 含缺陷3238A/EW250F平面编织复合材料剩余强度曲面

缺陷类型	应力比	剩余强度曲面
3mm边缘缺口	0.05	$n = 9.75 \times 10^{17}(s-9.58)^{-7.28}[192.01 - R(n)]^{0.59}$
	10	$n = 1.13 \times 10^{21}(s-52.58)^{-8.79}[169.22 - R(n)]^{0.16}$
8mm初始分层	0.05	$n = 8.54 \times 10^{16}(s-29.43)^{-6.55}[327.80 - R(n)]^{0.54}$
	10	$n = 1.50 \times 10^{13}(s-87.46)^{-4.73}[212.97 - R(n)]^{0.11}$

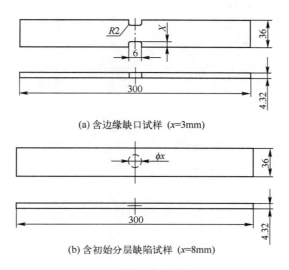

(a) 含边缘缺口试样 (x=3mm)

(b) 含初始分层缺陷试样 (x=8mm)

图 6-4　试样几何形状及尺寸

表 6-2　含缺陷 3238A/EW250F 平面编织复合材料疲劳性能 S-N 曲线

缺 陷 类 型	应 力 比	疲劳性能曲线
3mm 边缘缺口	0.05	$N=9.75\times10^{17}(S-9.58)^{-7.28}(192.01-S)^{0.59}$
	10	$N=1.13\times10^{21}(S-52.58)^{-8.79}(169.22-S)^{0.16}$
8mm 初始分层	0.05	$N=8.54\times10^{16}(S-29.43)^{-6.55}(327.80-S)^{0.54}$
	10	$N=1.50\times10^{13}(S-87.46)^{-4.73}(212.97-S)^{0.11}$

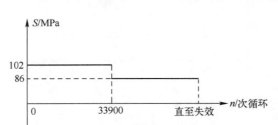

(a) 3238A/EW250F 层合板高-低载荷谱

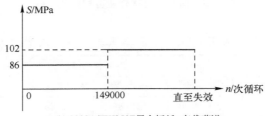

(b) 3238A/EW250F 层合板低-高载荷谱

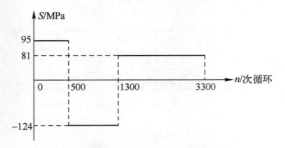

(c) 3238A/EW250F层合板高-低-高载荷谱

图 6-5　边缘缺口试样疲劳试验载荷谱

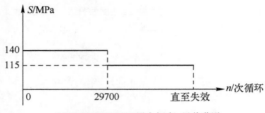

(a) 3238A/EW250F层合板高-低载荷谱

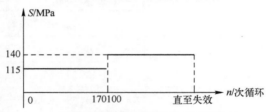

(b) 3238A/EW250F层合板低-高载荷谱

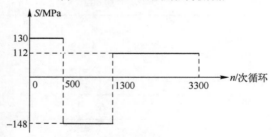

(c) 3238A/EW250F层合板高-低-高载荷谱

图 6-6　初始分层试样疲劳试验载荷谱

表 6-3　含缺陷 3238A/EW250F 平面编织复合材料块谱疲劳寿命预测结果

缺 陷 类 型	加载类型	试验结果/次循环	P-M 损伤模型		剩余强度模型	
			结果/次循环	相对偏差/%	结果/次循环	相对偏差/%
3mm 边缘缺口	高-低	228 664	182 901	20.01	196 613	14.02
	低-高	170 820	182 901	7.07	179 465	5.06
	高-低-高	158 271	211 738	33.78	132 500	16.28

（续）

缺陷类型	加载类型	试验结果/次循环	P-M损伤模型		剩余强度模型	
			结果/次循环	相对偏差/%	结果/次循环	相对偏差/%
8mm初始分层	高-低	277 743	199 708	28.10	210 821	24.10
	低-高	181 018	199 784	10.37	197 713	9.22
	高-低-高	131 855	182 154	38.15	99 500	24.54

对式（6-56）进行变换，可以得到第 i 级疲劳应力水平 s_i 共 Δn_i 次循环加载作用后的剩余强度：

$$R(n+\Delta n_i) = R_0 - \left\{ \frac{\Delta n_i}{C(s_i-S_0)^m} + [R_0-R(n)]^b \right\}^{\frac{1}{b}} \quad (6-77)$$

利用式（6-77），由表 6-1 所示的剩余强度曲面和图 6-5 及图 6-6 所示的疲劳载荷，根据剩余强度准则（当材料剩余强度下降至等于加载应力时，判定材料失效），计算两种含缺陷平面编织复合材料的块谱疲劳寿命（表 6-3）。

采用 Palmgren-Miner 线性累积损伤模型，也可估算含缺陷平面编织复合材料的块谱疲劳寿命。Palmgren-Miner 线性累积损伤可写为

$$D = \sum_{i=1}^{k} \frac{n_i}{N_i} \quad (6-78)$$

式中，n_i 为第 i 级应力水平加载的循环次数；N_i 为第 i 级应力水平对应的恒载疲劳寿命。

采用式（6-78），由表 6-2 所示的疲劳性能曲线模型和图 6-5 及图 6-6 所示的疲劳载荷，计算的累积损伤 D，当累积损伤 D 达到 1 时，判定材料失效，表示谱载疲劳试样理论上发生失效，于是，得到两种含缺陷平面编织复合材料的块谱疲劳寿命（表 6-3）。

从表 6-3 中可以看出，剩余强度模型的预测精度高于传统的 Palmgren-Miner 线性累积损伤模型；对于高-低和低-高两阶段载荷谱疲劳寿命，剩余强度模型的低-高寿命预测结果均小于高-低寿命预测结果，与试验结果相吻合，说明剩余强度模型和渐进疲劳损伤算法能反映复合材料的载荷顺序效应。

为了进一步探究不同加载顺序下平面编织复合材料的疲劳损伤累积过程，引入基于剩余强度模型的累积损伤系数 D 计算公式：

$$D = 1 - \frac{R(n_i)-s}{R_0-s} \quad (6-79)$$

根据式（6-78）和式（6-79），由表 6-1 所示的剩余强度曲面和表 6-2 所示的疲劳性能曲线，以及图 6-5 和图 6-6 所示的疲劳载荷，分别计算两种含缺陷平面编织复合材料高-低和低-高疲劳损伤累积过程（图 6-7 和图 6-8）。从图 6-7 和图 6-8 中可以看出，基于 Palmgren-Miner 模型的复合材料疲劳损伤累积过程服从线性规律，载荷顺序对疲劳损伤累积过程没有影响；但是，基于剩余强度模型的复合材料疲劳损伤累积过程服从非线性规律，并且受到载荷顺序的显著影响。由式（6-79）可知，在应力水平发生变化时，由于 s 值改变而 $R(n)$ 值不变，导致累积损伤系数发生突变，从而，反映

复合材料前一阶段累积损伤对下一阶段累积损伤的影响。对于基于剩余强度模型的复合材料疲劳损伤累积过程，低-高加载顺序下，第一阶段低应力转换为第二阶段高应力时，复合材料的累积损伤突然增大，并且损伤累积速率增大；相反，高-低加载顺序下，第一阶段高应力转换为第二阶段低应力时，复合材料的累积损伤突然降低，并且损伤累积速率降低，因此，低-高加载顺序比高-低加载顺序更容易导致材料失效，与试验结果相吻合。由此可见，采用剩余强度模型表征复合材料的疲劳损伤累积过程，能有效考虑载荷顺序效应，其谱载疲劳寿命的预测精度高于传统的 Palmgren-Miner 线性累积损伤模型。

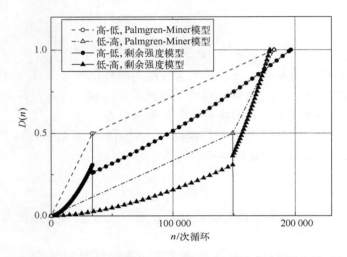

图 6-7 含 3mm 边缘缺口 3238A/EW250F 层合板高-低和低-高疲劳损伤累积过程

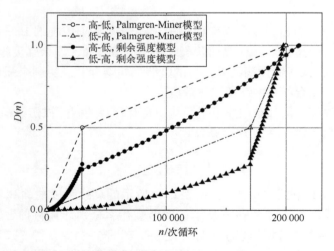

图 6-8 含 8mm 初始分层缺陷 3238A/EW250F 层合板高-低和低-高疲劳损伤累积过程

6.4 复合材料断裂性能

6.4.1 撕裂阻力

在加工和使用过程中柔性平面编织复合材料可能存在内部缺陷或表面划伤，在载荷作用下，这些损伤能引起柔性平面编织复合材料的撕裂，导致灾难性结构失效，因此，研究柔性平面编织复合材料撕裂阻力，用于柔性平面编织复合材料结构的损伤容限设计，对保障其结构安全性至关重要。

承受面内纵向和横向拉伸应力 σ_1 和 σ_2 的无限大平面编织复合材料层板，板中心区域含有长度为 $2a$、角度为 β 的切口（图6-9），则切口应力强度因子可表达为

$$\begin{cases} K_{\mathrm{I}} = (\sin^2\beta + \alpha\cos^2\beta)\sigma\sqrt{\pi a} \\ K_{\mathrm{II}} = [(1-\alpha)\sin\beta\cos\beta]\sigma\sqrt{\pi a} \end{cases} \tag{6-80}$$

式中，$\sigma = \sigma_1$，α 是 σ_2 与 σ_1 之比，即 $\sigma_2 = \alpha\sigma$。

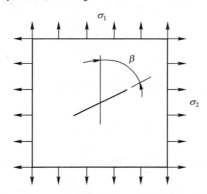

图6-9 含中心斜切口的无限大平面编织复合材料层板

根据最大环向应力准则，Ⅰ和Ⅱ型载荷联合作用下断裂判据为

$$\left(K_{\mathrm{I}}\cos^2\frac{\theta_0}{2} - \frac{3}{2}K_{\mathrm{II}}\sin\theta_0\right)\cos\frac{\theta_0}{2} < K_{\mathrm{IC}} \tag{6-81}$$

式中，K_{IC} 为材料Ⅰ型断裂韧性；θ_0 是撕裂方向与裂纹方向之间的夹角，可表达为

$$K_{\mathrm{I}}\sin\theta_0 + K_{\mathrm{II}}(3\cos\theta_0 - 1) = 0 \tag{6-82}$$

将式（6-82）代入式（6-81），得

$$\left\{(\sin^2\beta + \alpha\cos^2\beta)\cos^2\frac{\theta_0}{2} - \frac{3}{2}[(1-\alpha)\sin\beta\cos\beta]\sin\theta_0\right\}\cos\left(\frac{\theta_0}{2}\right)\sigma\sqrt{\pi a} < K_{\mathrm{IC}} \tag{6-83}$$

由式（6-83），可得到含切口无限大平板撕裂阻力表达式：

$$\sigma_C < K_{\mathrm{IC}} \bigg/ \left\{\sqrt{\pi a}\left[(\sin^2\beta + \alpha\cos^2\beta)\cos^2\frac{\theta_0}{2} - \frac{3}{2}(1-\alpha)\sin\beta\cos\beta\sin\theta_0\right]\cos\frac{\theta_0}{2}\right\} \tag{6-84}$$

式（6-84）适用于各向同性材料。对于双向正交，且两主方向材料性质相同的平面结构，可忽略其他方向材料性质的差异性，故式（6-84）在此种情况下同样适用。

采用含边缘切口平面编织复合材料层板进行拉伸载荷下的Ⅰ型断裂试验，测定式（6-84）中的断裂韧性K_{IC}，此时，在拉伸载荷作用下，含边缘切口平面编织复合材料的撕裂阻力等于载荷-位移曲线的峰值与材料切口处净面积之比，即

$$\sigma_{IC}=P_{max}/S_{net} \tag{6-85}$$

对于脆性断裂过程，载荷-位移曲线在上升段保持线性，此时，可选取峰值载荷对应的应力，作为撕裂阻力；如果载荷-位移曲线在上升段呈现明显非线性，此时，可选取曲线斜率相对于初始斜率变化5%对应的应力水平，当作撕裂阻力。

根据线弹性断裂力学知识，断裂韧性计算公式为

$$K_{IC}=\sigma_{IC}\beta(a)\sqrt{\pi a} \tag{6-86}$$

其中，

$$\beta(a)=1.99-0.41\left(\frac{a}{W}\right)+18.70\left(\frac{a}{W}\right)^2-38.48\left(\frac{a}{W}\right)^3+53.85\left(\frac{a}{W}\right)^4 \tag{6-87}$$

式中，a为裂纹长度；σ_{IC}为平面编织复合材料层板的撕裂阻力；W为边缘缺口试样宽度；$\beta(a)$为应力强度因子形状修正系数。

联立式（6-84）和式（6-86），可以得到含任意中心斜切口的平面编织复合材料的撕裂阻力σ_C。

6.4.2 分层阻力

根据Irwin-Kies断裂理论，恒定载荷作用下复合材料层板分层扩展能量释放率与试件柔度间存在下列关系式：

$$G=\frac{1}{2}P^2\frac{\partial C}{\partial A}=\frac{1}{2W}P^2\frac{\partial C}{\partial a} \tag{6-88}$$

式中，P为试样分层失效载荷；W为试样宽度；C为试样柔度；a为有效分层裂纹长度。

根据欧拉梁理论（忽略了剪应力），可得到双悬臂梁（Double Cantilever Beam, DCB）试样柔度与有效分层裂纹长度之间的关系：

$$C=\frac{\delta}{P}=\frac{64(a+|\Delta|)^3}{Wh^3E_1} \tag{6-89}$$

式中，δ为试样张开位移；h为试样厚度；E_1为试样弯曲模量；$|\Delta|$为有效分层裂纹修正长度，由图6-10所示的最小二乘法拟合得到的柔度标定曲线确定，图中$C=\delta/P$为试样柔度。

联立式（6-88）和式（6-89），可得DCB试样的Ⅰ型分层的临界应变能释放率：

$$G_{IC}=\frac{3P\delta}{2W(a+|\Delta|)} \tag{6-90}$$

对于应力比恒定的疲劳载荷作用下Ⅰ型分层扩展，根据式（6-90），可得到应变能释放率变程的计算表达式：

$$\Delta G_I=\frac{3(P_{max}\delta_{max}-P_{min}\delta_{min})}{2W(a+|\Delta|)}=\frac{3(1-r^2)P_{max}\delta_{max}}{2W(a+|\Delta|)} \tag{6-91}$$

其中，r为应力比，即P_{min}/P_{max}，P_{max}和P_{min}分别为载荷循环的最大和最小载荷值；δ_{max}

和 δ_{min} 分别为 P_{max} 和 P_{min} 对应的试样挠度值。

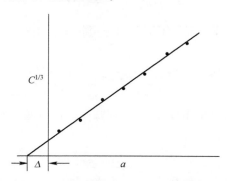

图 6-10　DCB 试样 I 型分层扩展柔度标定曲线

联立式（6-90）和式（6-91），可得到归一化的 I 型分层扩展应变能释放率变程（即分层扩展驱动力）：

$$\Delta G_{\mathrm{I,n}} = \frac{\Delta G_{\mathrm{I}}}{(1-R^2)G_{\mathrm{IC}}} = \frac{P_{max}\delta_{max}}{P_{\mathrm{C}}\delta_{\mathrm{C}}}\left(\frac{a_{\mathrm{C}}+|\Delta|}{a+|\Delta|}\right) \tag{6-92}$$

再由式（6-89），可得

$$\frac{\delta_{max}}{\delta_{\mathrm{C}}} = \frac{P_{max}}{P_{\mathrm{C}}}\left(\frac{a+|\Delta|}{a_{\mathrm{C}}+|\Delta|}\right)^3 \tag{6-93}$$

将式（6-93）代入式（6-92），可得到载荷控制的 I 型分层扩展的驱动力：

$$\Delta G_{\mathrm{I,n}} = \left(\frac{a+|\Delta|}{a_{\mathrm{C}}+|\Delta|}\right)^2\left(\frac{P_{max}}{P_{\mathrm{C}}}\right)^2 \tag{6-94}$$

同理，将式（6-93）右端 P_{max}/P_{C} 单独提取，并代入式（6-92），还可得位移控制的 I 型分层扩展的驱动力：

$$\Delta G_{\mathrm{I,n}} = = \left(\frac{a_{\mathrm{C}}+|\Delta|}{a+|\Delta|}\right)^4\left(\frac{\delta_{max}}{\delta_{\mathrm{C}}}\right)^2 \tag{6-95}$$

同样，根据欧拉梁理论（忽略剪应力），可得到端部分层扩展的三点弯（3-ENF）试样柔度与有效分层裂纹长度之间的关系式：

$$C = \frac{\delta}{P} = \frac{2L^3+3a^3}{E_1 W h^3} \tag{6-96}$$

将式（6-88）代入式（6-96），可得到 3-ENF 试样临界应变能释放率 G_{IIC} 的表达式：

$$G_{\mathrm{IIC}} = \frac{9P\delta a^2}{2W(2L^3+3a^3)} \tag{6-97}$$

式中，$2L$ 为 3-ENF 试样的支座跨距。

根据式（6-96），对于初始分层裂纹长度为 a_0 的试样，其初始柔度值为

$$C_0 = \frac{2L^3+3a_0^3}{E_1 W h^3} \tag{6-98}$$

联立式（6-96）和式（6-98），可得

$$a = \left[\frac{C}{C_0}a_0^3 + \frac{2}{3}\left(\frac{C}{C_0}-1\right)L^3\right]^{1/3} \qquad (6-99)$$

对于应力比恒定的疲劳载荷作用下Ⅱ型分层扩展，由式（6-97），可得到应变能释放率变程的计算公式：

$$\Delta G_\mathrm{II} = \frac{9a^2(P_\mathrm{max}\delta_\mathrm{max}-P_\mathrm{min}\delta_\mathrm{min})}{2W(2L^3+3a^3)} = \frac{9(1-R^2)P_\mathrm{max}\delta_\mathrm{max}a^2}{2W(2L^3+3a^3)} \qquad (6-100)$$

联立式（6-97）和式（6-100），可得到归一化的Ⅱ型分层扩展应变能释放率变程（即分层扩展驱动力）：

$$\Delta G_{\mathrm{II},n} = \frac{\Delta G_\mathrm{II}}{(1-R^2)G_\mathrm{IIC}} = \frac{P_\mathrm{max}\delta_\mathrm{max}}{P_\mathrm{C}\delta_\mathrm{C}}\left(\frac{a}{a_\mathrm{C}}\right)^2\left(\frac{2L^3+3a_\mathrm{C}^3}{2L^3+3a^3}\right) \qquad (6-101)$$

根据式（6-96），可得

$$\frac{\delta_\mathrm{max}}{\delta_\mathrm{C}} = \frac{P_\mathrm{max}}{P_\mathrm{C}}\left(\frac{2L^3+3a^3}{2L^3+3a_\mathrm{C}^3}\right) \qquad (6-102)$$

将式（6-102）代入式（6-101），可得到载荷控制的Ⅱ型分层扩展的驱动力：

$$\Delta G_{\mathrm{II},n} = \left(\frac{aP_\mathrm{max}}{a_\mathrm{C}P_\mathrm{C}}\right)^2 = \left(\frac{a}{L}\right)^2\left(\frac{L}{a_\mathrm{C}}\right)^2\left(\frac{P_\mathrm{max}}{P_\mathrm{C}}\right)^2 \qquad (6-103)$$

同理，将式（6-102）右端 $P_\mathrm{max}/P_\mathrm{C}$ 单独提取，并代入式（6-101），还可得位移控制的Ⅱ型分层扩展的驱动力：

$$\Delta G_{\mathrm{II},n} = \left(\frac{a}{a_\mathrm{C}}\right)^2\left(\frac{2L^3+3a_\mathrm{C}^3}{2L^3+3a^3}\right)^2\left(\frac{\delta_\mathrm{max}}{\delta_\mathrm{C}}\right)^2 = \left(\frac{a}{L}\right)^2\left(\frac{L}{a_\mathrm{C}}\right)^2\left[\frac{2+3\left(\frac{a_\mathrm{C}}{L}\right)^3}{2+3\left(\frac{a}{L}\right)^3}\right]^2\left(\frac{\delta_\mathrm{max}}{\delta_\mathrm{C}}\right)^2 \quad (6-104)$$

图6-11给出了Ⅱ型分层扩展驱动力的模型计算结果，从图6-11可以看出，在载荷控制的恒幅疲劳加载模式下，分层驱动力随着分层扩展以抛物线形式单调递增，因此，疲劳分层扩展速率也将随着疲劳循环次数越来越大；随着疲劳载荷的逐渐减小，分层扩展驱动力增长速率减缓，当 $P_\mathrm{max}/P_\mathrm{C}$ 降至足够小时，分层驱动力 $\Delta G_{\mathrm{II},n}<1$，意味着

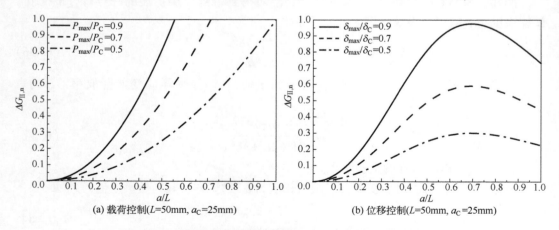

(a) 载荷控制(L=50mm, a_C=25mm) (b) 位移控制(L=50mm, a_C=25mm)

图6-11 疲劳载荷和位移控制下的Ⅱ型疲劳分层驱动力模型

在整个扩展过程中分层将始终保持稳定扩展，不发生失稳分层失效。与此相反，在位移控制的恒幅疲劳加载模式下，分层驱动力 $\Delta G_{\text{II},n}$ 随着分层扩展长度先增加后减小，并在 $a/L \approx 0.7$ 时达到最大值；裂纹长度相同时，分层驱动力曲线将随着疲劳加载位移幅值的降低而整体向下平移，并向慢速扩展区逼近。由此可以看出，位移控制的疲劳加载模式能够有效控制Ⅱ型分层扩展应变能释放率的增长，并能控制分层扩展速率在合适的范围内。

6.4.3 断裂韧性

柔性编织复合材料蒙皮的"躺椅形"载荷-位移曲线通常由单调递增的上凸和下凹形曲线组成（图6-12），而单调递增的上凸和下凹曲线经常采用三参数指数函数描述，且柔性编织复合材料蒙皮缺口试样的拉伸载荷-位移曲线表现出与完好试样相似的非线性特征。因此，任意缺口尺寸下柔性编织复合材料蒙皮的拉伸载荷-位移关系（即 $P\text{-}\delta\text{-}\phi$ 曲面模型）表示为

$$P = (\alpha + C\phi^m)[\exp(\beta_1\delta) - \exp(\beta_2\delta)] \tag{6-105}$$

式中，P 为拉伸载荷；δ 为拉伸位移；ϕ 为缺口尺寸系数；α、C、m、β_1 和 β_2 为待定参数。

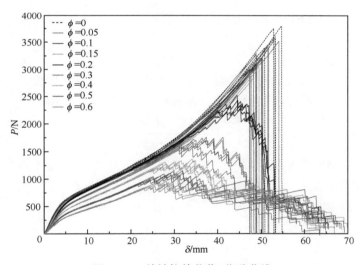

图 6-12 单轴拉伸载荷-位移曲线

变换式（6-105），将 $P\text{-}\delta\text{-}\phi$ 曲面变换成 $\sigma\text{-}\delta\text{-}\phi$ 曲面，得

$$\exp(\beta_1\delta) - \exp(\beta_2\delta) = \frac{\sigma tw}{\alpha_0 + C\phi^m} \tag{6-106}$$

由式（6-106）可知，δ 为变量 σ 和 ϕ 的函数，记为

$$\delta = h(\phi, \sigma) \tag{6-107}$$

令

$$H(\sigma, \phi, \delta) = \frac{\sigma tw}{\alpha_0 + C\phi^m} - \exp(\beta_1\delta) + \exp(\beta_2\delta) \tag{6-108}$$

则式（6-106）变为

$$H(\sigma,\phi,\delta)\equiv 0 \tag{6-109}$$

于是，式（6-107）（即 $\delta=h(\phi,\sigma)$）为式（6-109）（即 $H(\sigma,\phi,\delta)\equiv 0$）确定的以 σ 和 ϕ 为自变量的隐函数。

由柔性复合材料的拉伸载荷-位移曲线（图 6-12）可知，拉伸载荷-位移曲线第 1 次突降时，缺口开始扩展，即缺口长度由 a 变为 $a+\mathrm{d}a$，此时，拉伸位移为 δ_{cr}，外力功增量和应变能增量分别表示为

$$\mathrm{d}W = 0 \tag{6-110}$$

$$\mathrm{d}U = \int_0^{\delta_{cr}} P(a+\mathrm{d}a)\mathrm{d}\delta - \int_0^{\delta_{cr}} P(a)\mathrm{d}\delta = \int_0^{\delta_{cr}} \frac{\partial P}{\partial a}\mathrm{d}a\mathrm{d}\delta \tag{6-111}$$

根据断裂力学理论，由式（6-110）和式（6-111），可导出断裂韧性 G_{IC} 表达式：

$$G_{IC} = \frac{\partial(W-U)}{\partial A} = -\frac{1}{t}\int_0^{\delta_{cr}} \frac{\partial P}{\partial a}\mathrm{d}\delta \tag{6-112}$$

式中，A 为缺口面积；a 为缺口初始长度；δ_{cr} 为渐进撕裂失效位移。

将式（6-105）代入式（6-112），可得柔性复合材料的断裂韧性：

$$G_{IC} = -\frac{mC}{wt}\phi^{m-1}\left[\frac{1}{\beta_1}\exp(\beta_1\delta_{cr}) - \frac{1}{\beta_2}\exp(\beta_2\delta_{cr}) - \frac{1}{\beta_1} + \frac{1}{\beta_2}\right] \tag{6-113}$$

联立式（6-113）和式（6-107），可得

$$G_{IC} = -\frac{mC}{wt}\phi^{m-1}\left\{\frac{1}{\beta_1}\exp[\beta_1 h(\phi,\sigma_{cr})] - \frac{1}{\beta_2}\exp[\beta_2 h(\phi,\sigma_{cr})] - \frac{1}{\beta_1} + \frac{1}{\beta_2}\right\} \tag{6-114}$$

式（6-114）建立了柔性复合材料断裂韧性与缺口尺寸之间的函数关系。

对式（6-114）进行泰勒级数展开，并忽略二次高阶小项，得

$$G_{IC} = -\frac{mC\phi^{m-1}(\beta_1-\beta_2)}{2wt}\delta_{cr}^2 \tag{6-115}$$

再将式（6-105）泰勒级数展开，并忽略二次高阶小项，可得柔性复合材料的线弹性本构模型和柔度公式：

$$P = (\alpha_0 + C\phi^m)(\beta_1-\beta_2)\delta \tag{6-116}$$

$$S = \frac{1}{(\alpha_0+C\phi^m)(\beta_1-\beta_2)} \tag{6-117}$$

式中，S 为线弹性材料的柔度。

根据式（6-116）和式（6-117），可得经典的 Irwin-Kies 线弹性临界断裂韧性：

$$G_{IC} = \frac{P^2}{2t}\frac{\partial S}{\partial a} = -\frac{mC\phi^{m-1}(\beta_1-\beta_2)}{2wt}\delta_{cr}^2 \tag{6-118}$$

通过对比可发现，式（6-115）与式（6-118）一致，因此，非线性临界断裂韧性能够退化为经典的线弹性断裂韧性。

根据材料力学知识可知，忽略应力集中效应的单边缺口试样的拉伸剩余强度为

$$\sigma_{cr} = (1-\phi)\sigma_b \tag{6-119}$$

根据式（6-114）和式（6-119），可以得到静力瞬断与渐进撕裂失效模式转化时的失效强度准则：

$$G_{\mathrm{IC}} = -\frac{mC\phi_0^{m-1}}{wt}\left\{\frac{1}{\beta_1}\exp\{\beta_1 h[\phi_0,\sigma_u(1-\phi_0)]\} - \frac{1}{\beta_2}\exp\{\beta_2 h[\phi_0,\sigma_u(1-\phi_0)]\} - \frac{1}{\beta_1} + \frac{1}{\beta_2}\right\}$$

(6-120)

式中，ϕ_0 为静力瞬断与渐进撕裂失效模式转换时的临界缺口尺寸系数。从式（6-120）可以看出，静力瞬断与渐进撕裂失效模式转换时的临界缺口尺寸系数 ϕ_0 由材料非线性本构模型参数 m、C、β_1 和 β_2、静力拉伸强度 σ_u 和断裂韧性 G_{IC} 确定。

根据式（6-120），由缺口尺寸和失效强度 $(\phi,\sigma_{\mathrm{cr}})$ 试验数据（图6-12），计算断裂韧性（图6-13）。从图6-13可以看出，所有断裂韧性随着缺口尺寸的增大，先单调递增，后稳定于一常值，两者之间存在一拐点（平纹织物及其复合材料的经、纬向拐点分别为缺口尺寸系数0.2、0.3、0.1和0.2处），稳定后的断裂韧性才可用于预测撕裂强度。

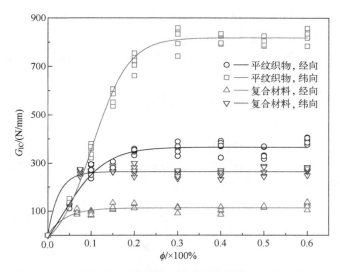

图6-13 聚酯纤维平纹织物及其复合材料的临界断裂韧性

6.5 疲劳断裂性能的可靠性

6.5.1 定量方程随机化方法

由于疲劳试样个体的差异性，疲劳试验结果被当作随机变量，用以研究疲劳损伤与疲劳寿命的分散性，通过统计推断，分析其平均趋势；随着裂纹尺寸测量技术的发展，时变和状变的随机过程理论也用于描述疲劳裂纹扩展规律，以分析单个试样的局部差异性和裂纹扩展数据的随机性。通常情况下，对确定性疲劳性能和裂纹扩展性能模型随机化，以表征各种影响因素的随机扰动，随机因子可以是随机变量，也可以是时变或状变随机过程，据此得到疲劳性能和裂纹扩展随机微分方程，求解方程，便能得到方程的概率解；但是，需要大量的具有统计意义的试验数据，确定这些随机方程的随机参数，而许多情况下，由于时间和经费的限制，不可能提供大样本试验数据，因此，发展基于小子样数据的随机模型方法，测定疲劳与断裂可靠性性能，刻不容缓。

前面所述的疲劳性能与裂纹扩展性能模型几乎都是幂函数式，可以表示为普遍表达式：

$$\Gamma = C[F(\lambda_1,\lambda_2,\cdots,\lambda_k;\theta_1,\theta_2,\cdots,\theta_l)]^m \tag{6-121}$$

式中，Γ 为疲劳寿命或裂纹扩展速率等变量；$\lambda_1,\lambda_2,\cdots,\lambda_k$ 为疲劳应力水平、应力强度因子水平和裂纹长度等状态变量；$C,m,\theta_1,\theta_2,\cdots,\theta_l$ 为待定参数。

对式（6-121）随机化，得

$$\Gamma = C[F(\lambda_1,\lambda_2,\cdots,\lambda_k;\theta_1,\theta_2,\cdots,\theta_l)]^m W(\lambda_1,\lambda_2,\cdots,\lambda_k) \tag{6-122}$$

式中，随机因子 $W(\lambda_1,\lambda_2,\cdots,\lambda_k)$ 是非负的稳态对数正态状变随机过程，其均值和标准差分别为 1.0 和 σ_w。

式（6-122）的对数表达式为

$$\ln\Gamma = \ln C + m\cdot\ln F(\lambda_1,\lambda_2,\cdots,\lambda_k;\theta_1,\theta_2,\cdots,\theta_l) + \ln W(\lambda_1,\lambda_2,\cdots,\lambda_k) \tag{6-123}$$

令 $y=\ln\Gamma$，$x=\ln F(\lambda_1,\lambda_2,\cdots,\lambda_k;\theta_1,\theta_2,\cdots,\theta_l)$，$Z(\lambda_1,\lambda_2,\cdots,\lambda_k)=\ln W(\lambda_1,\lambda_2,\cdots,\lambda_k)$，$b_1=\ln C$，$b_2=m$，则 $Z(\lambda_1,\lambda_2,\cdots,\lambda_k)$ 为正态状变随机过程，其均值和标准差分别为 0 和 σ_z，且

$$\sigma_z = \sqrt{\ln(1+\sigma_w^2)} \tag{6-124}$$

于是，式（6-123）可写为

$$y = b_1 + b_2 x + Z(\lambda_1,\lambda_2,\cdots,\lambda_k) \tag{6-125}$$

从式（6-125）可以看出，对于给定状态变量 $(\lambda_1,\lambda_2,\cdots,\lambda_k)$，随机过程 y 是正态随机变量，其均值和标准差分别为 $b_1+b_2 x$ 和 σ_z，因此，随机变量 y 的概率密度函数和似然函数分别为

$$f(y) = \frac{1}{\sigma_z\cdot\sqrt{2\pi}}\cdot\exp\left[-\frac{1}{2\sigma_z^2}(y-b_1-b_2 x)^2\right] \tag{6-126}$$

$$L(b_1,b_2,\theta_1,\theta_2,\cdots,\theta_l,\sigma_z) = \prod_{i=1}^{n}\left\{\frac{1}{\sigma_z\sqrt{2\pi}}\cdot\exp\left[-\frac{1}{2\sigma_z^2}(y_i-b_1-b_2 x_i)^2\right]\right\} \tag{6-127}$$

式中，n 为子样大小。

式（6-127）的自然对数表达式为

$$\ln L = -n\cdot\ln\sigma_z - \frac{n}{2}\cdot\ln(2\pi) - \frac{1}{2\sigma_z^2}\cdot\sum_{i=1}^{n}(y_i-b_1-b_2 x_i)^2 \tag{6-128}$$

根据极大似然原理，由式（6-128）可导出下列似然方程组：

$$\frac{\partial(\ln L)}{\partial b_1} = \sum_{i=1}^{n} y_i - n b_1 - b_2\sum_{i=1}^{n} x_i = 0 \tag{6-129}$$

$$\frac{\partial(\ln L)}{\partial b_2} = \sum_{i=1}^{n} x_i y_i - b_1\sum_{i=1}^{n} x_i - b_2\sum_{i=1}^{n} x_i^2 = 0 \tag{6-130}$$

$$\frac{\partial(\ln L)}{\partial \sigma_z} = n\cdot\sigma_z^2 - \sum_{i=1}^{n}(y_i-b_1-b_2 x_i)^2 = 0 \tag{6-131}$$

联立式（6-129）~式（6-131），得

$$b_1 = \bar{y} - b_2 \bar{x} \tag{6-132}$$

$$b_2 = \frac{L_{xy}}{L_{xx}} \tag{6-133}$$

$$\sigma_z = \sqrt{\frac{Q}{n}} \tag{6-134}$$

其中

$$\bar{x} = \frac{1}{n} \cdot \sum_{i=1}^{n} x_i \tag{6-135}$$

$$\bar{y} = \frac{1}{n} \sum_{i=1}^{n} y_i \tag{6-136}$$

$$Q = \sum_{i=1}^{n} (y_i - b_1 - b_2 x_i)^2 \tag{6-137}$$

$$L_{xx} = \sum_{i=1}^{n} x_i^2 - \frac{1}{n} \cdot \left(\sum_{i=1}^{n} x_i \right)^2 \tag{6-138}$$

$$L_{xy} = \sum_{i=1}^{n} x_i y_i - \frac{1}{n} \cdot \left(\sum_{i=1}^{n} x_i \right) \left(\sum_{i=1}^{n} y_i \right) \tag{6-139}$$

从式（6-132）~式（6-134）可以看出，待定常数 b_1、b_2 和 σ_z 均为待定常数 θ_1，θ_2，…，θ_l 的函数，需要先确定 θ_1，θ_2，…，θ_l 的解，再确定待定常数 b_1、b_2 和 σ_z 的值。通过数值求解方程（6-137）的极小值，可以确定 θ_1，θ_2，…，θ_l 值，最后，再按式（6-132）~式（6-134），可获得 b_1、b_2 和 σ_z 的值。

6.5.2 疲劳与裂纹扩展性能的概率模型

采用上述的定量方程随机化方法，可以确定式（6-4）的 C，m，S_0 和 σ_z 的值。根据式（3-66），可知对数安全疲劳寿命 $y_p = \mu + u_p \sigma$ 的估计量 $\hat{y}_p$：

$$\hat{y}_p = \bar{y} + u_p \hat{k} \sigma_z \tag{6-140}$$

将式（6-4）代入式（6-140），得

$$\ln N_p = \ln C - m \cdot \ln(S_{\max} - S_0) + u_p \cdot \hat{k} \sigma_z \tag{6-141}$$

式（6-141）变换后变为

$$N_p \cdot (S - S_0)^m = C \cdot \exp\lfloor u_p \hat{k} \sigma_z \rfloor \tag{6-142}$$

式（6-142）即为定量方程随机化方法确定的可靠度为 p 对应的疲劳性能 S-N 曲线。当可靠度 $p = 50\%$ 时，式（6-142）退化为式（6-4）。

需要指出的是，根据式（6-140），由小子样数据确定的正态随机变量 y 的 p 分位值估计值 $\hat{y}_p$，与母体真值存在偏差，因此，需要分析小子样统计结果的置信度。置信度与子样大小（样本容量）密切相关，子样越大，相同置信区间所包含的置信度越高（即统计分析的估计值的置信度越高），或同样置信度所对应的置信区间越小（即估计值更接近母体真值）；反之亦然。在大子样情况下，统计分析的估计值接近于母体真值，而无须考虑置信度问题。

由式（3-88）可知，可靠度为 p 和置信度为 γ 对应的对数疲劳裂纹扩展寿命的单

侧置信下限 $\hat{y}_{p\gamma}$ 为

$$\hat{y}_{p\gamma} = (\bar{y} + u_p \hat{k} \sigma_z) - t_\gamma \sigma_z \sqrt{\frac{1}{n} + u_p^2(\hat{k}^2 - 1)} \tag{6-143}$$

将式（6-4）代入式（6-143），变换后得到

$$N_{p\gamma} \cdot (S - S_0)^m = C \cdot \exp\left\{\sigma_z \cdot \left[\hat{k} u_p - t_\gamma \sqrt{\frac{1}{n} + u_p^2(\hat{k}^2 - 1)}\right]\right\} \tag{6-144}$$

式（6-144）称为可靠度为 p 和置信度为 γ 对应的疲劳性能 $S-N$ 曲线。当置信度 $\gamma = 50\%$ 时，式（6-144）退化为式（6-142）；当可靠度 $p = 50\%$ 和置信度 $\gamma = 50\%$ 时，式（6-144）进一步退化为式（6-4）。

同样，采用式（6-142）和式（6-144）的类似推导方法与步骤，由式（6-34）和式（6-38），可分别导出疲劳裂纹随机扩展的概率表达式。

概率 Paris-Erdogan 模型：

$$\left(\frac{\mathrm{d}a}{\mathrm{d}N}\right)_p = C \cdot (\Delta K)^m \cdot \exp[u_p \hat{k} \sigma_z] \tag{6-145}$$

$$\left(\frac{\mathrm{d}a}{\mathrm{d}N}\right)_{p\gamma} = C \cdot (\Delta K)^m \cdot \exp\left\{\sigma_z \cdot \left[\hat{k} u_p + t_\gamma \sqrt{\frac{1}{n} + u_p^2(\hat{k}^2 - 1)}\right]\right\} \tag{6-146}$$

概率广义 Forman 模型：

$$\left(\frac{\mathrm{d}a}{\mathrm{d}N}\right)_p = C \left[\left(\frac{1-f_0}{1-r}\right) \Delta K\right]^{m_1} \frac{\left(1 - \frac{\Delta K_{\mathrm{th}}}{\Delta K}\right)^{m_2}}{\left[1 - \frac{\Delta K}{(1-r) K_{\mathrm{C}}}\right]^{m_3}} \cdot \exp[u_p \hat{k} \sigma_z] \tag{6-147}$$

$$\left(\frac{\mathrm{d}a}{\mathrm{d}N}\right)_{p\gamma} = C \left[\left(\frac{1-f_0}{1-r}\right) \Delta K\right]^{m_1} \frac{\left(1 - \frac{\Delta K_{\mathrm{th}}}{\Delta K}\right)^{m_2}}{\left[1 - \frac{\Delta K}{(1-r) K_{\mathrm{C}}}\right]^{m_3}} \cdot \exp\left\{\sigma_z \cdot \left[\hat{k} u_p + t_\gamma \sqrt{\frac{1}{n} + u_p^2(\hat{k}^2 - 1)}\right]\right\} \tag{6-148}$$

例 6-1 现有 6 个直升机桨叶根部连接件，连接件由耳片、螺栓和桨叶大梁组成，耳片和螺栓材料为 40CrNiMoA 合金钢，桨叶大梁为 LD_2 铝合金。疲劳试验在 MTS880-500kN 疲劳试验机上进行，试验环境为大气室温，加载频率为 10Hz，加载应力比 $r = 0.1$。全部 6 个试样随机取样，依次分别进行最大应力为 352MPa、387MPa、423MPa、458MPa、493MPa 和 528MPa 的恒幅载荷疲劳试验，试验结果如图 6-14 所示。根据式（6-132）~式（6-139），由图 6-14 中数据，获得 $S-N$ 曲线参数：

$$m = 3.72, \quad C = 5.39 \times 10^{13}, \quad S_0 = 217, \quad \sigma_z = 0.15$$

查统计用表，可得

$$u_{0.99} = -2.326, \quad t_{0.95}(\nu = 5) = 0.727, \quad \hat{k}(n = 6) = 1.051$$

按式（6-144），可靠度分别为 50% 和 99%，置信度为 50% 对应的概率疲劳 $S-N$ 曲线为

$$N = 5.39 \times 10^{13} \cdot (S - 217.0)^{-3.72}$$

$$N = 3.08 \times 10^{13} \cdot (S-217.0)^{-3.72}$$

且可靠度分别为 50% 和 99%，置信度为 95% 对应的概率疲劳 S-N 曲线为

$$N = 4.49 \times 10^{13} \cdot (S-217.0)^{-3.72}$$
$$N = 2.70 \times 10^{13} \cdot (S-217.0)^{-3.72}$$

上述概率疲劳 S-N 曲线示于图 6-14 中，从图 6-14 可见，计算曲线与试验数据吻合良好，概率曲线趋势也很理想。

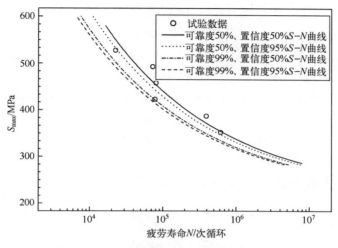

图 6-14 疲劳试验数据与概率 S-N 曲线

例 6-2 3 个 40CrNiMo 合金钢材料的 CT 试样用于测定材料的裂纹扩展速率，试样厚度为 15mm，宽度为 80mm。试验在 MTS880-50kN 疲劳试验机上进行，试验环境为大气室温，加载频率为 20Hz，加载应力比 $r=0.1$，试验结果如图 6-15 所示。同样，根据式 (6-132)~式 (6-139)，由图 6-15 中数据，获得概率 da/dN-ΔK 曲线参数：

$$m = 2.9471, \quad C = 1.556 \times 10^{-4}, \quad \sigma_z = 0.1313$$

同样，查统计用表，可得

$$u_{0.99} = -2.326, \quad t_{0.95}(v=5) = 0.816, \quad \hat{k}(n=6) = 1.086$$

按式 (6-146)，可靠度分别为 50% 和 99%，置信度为 50% 对应的概率 da/dN-ΔK 曲线为

$$da/dN = 1.556 \times 10^{-4} \cdot (\Delta K)^{2.9471}$$
$$da/dN = 1.761 \times 10^{-4} \cdot (\Delta K)^{2.9471}$$

且可靠度分别为 50% 和 99%，置信度为 95% 对应的概率 da/dN-ΔK 曲线为

$$da/dN = 2.112 \times 10^{-4} \cdot (\Delta K)^{2.9471}$$
$$da/dN = 2.336 \times 10^{-4} \cdot (\Delta K)^{2.9471}$$

上述概率 da/dN-ΔK 曲线示于图 6-15 中，同样，可以发现，计算曲线与试验数据吻合良好。应该指出的是，高置信度对应的分析结果更保守，对工程设计更安全。

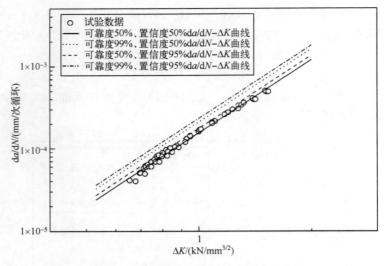

图 6-15 试验数据与概率 $\mathrm{d}a/\mathrm{d}N$-ΔK 曲线

6.5.3 谱载疲劳裂纹扩展随机模型

用于表述复杂谱载下裂纹扩展的最简单模型为

$$\frac{\mathrm{d}a}{\mathrm{d}t}=C(\Delta K)^m \qquad (6\text{-}149)$$

其中,

$$\Delta K=\Delta S\sqrt{\pi a}\beta(a) \qquad (6\text{-}150)$$

式中,$\beta(a)$ 为应力强度因子形状修正系数;ΔS 表示疲劳应力变程。

式(6-150)可以近似写成裂纹长度 a 的幂级数形式:

$$\Delta K=\Delta S\sum_{i=1}^{\infty}c_i a^{b_i} \qquad (6\text{-}151)$$

式中,c_i 和 b_i 为待定常数。

对于小裂纹,式(6-151)可以进一步近似,只保留一阶项,代入式(6-150),得

$$\frac{\mathrm{d}a}{\mathrm{d}t}=C(Sc_1 a^{b_1})^m=Qa^b \qquad (6\text{-}152)$$

式中,$Q=C(Sc_1)^m$ 和 $b=b_1 m$ 均为依耐于载荷谱、材料性能和结构形状的待定常数。

式(6-152)描述裂纹扩展速率,特别是小裂纹扩展速率,具有合理的精度。对式(6-152)分离变量并积分,可得到复杂谱载下疲劳裂纹扩展 a-t 曲线表达式:

$$t-\tau_0=Ca^m \qquad (6\text{-}153)$$

其中,

$$m=1-b$$

$$\tau_0=t_0-\frac{a_0^{1-b}}{Q(1-b)}$$

$$C = \frac{1}{Q(1-b)}$$

同样，采用式（6-142）和式（6-144）的类似推导方法与步骤，由式（6-153），可导出疲劳裂纹随机扩展的概率表达式：

$$t_p = \tau_0 + Ca^m \cdot \exp[u_p \hat{k} \sigma_z] \tag{6-154}$$

$$t_{p\gamma} = \tau_0 + Ca^m \cdot \exp\left\{ \sigma_z \cdot \left[\hat{k}u_p - t_\gamma \sqrt{\frac{1}{n} + u_p^2(\hat{k}^2 - 1)} \right] \right\} \tag{6-155}$$

式（6-155）即为定量方程随机化方法确定的疲劳裂纹扩展随机模型。当置信度 $\gamma = 50\%$ 时，式（6-155）退化为式（6-154）；当可靠度 $p = 50\%$ 和置信度 $\gamma = 50\%$ 时，式（6-155）进一步退化为式（6-153）。

例 6-3 为检验上面所述模型的有效性，进行了 13 个 LY12 铝合金试样（图 6-16）在谱载（图 6-17）下的疲劳裂纹扩展试验，试验在 MTS-880-500kN 疲劳试验机上进行，加载频率为 15Hz，试验环境为大气室温。试验过程中，采用光学显微镜定时测定疲劳裂纹长度，并记录加载循环数，试验观测结果如图 6-18 所示。根据式（6-132）~式（6-139），由图 6-18 中数据，可得谱载下疲劳裂纹扩展随机模型参数：

$$m = 0.2971, \quad C = 4124.5, \quad \tau_0 = 0.0, \quad \sigma_z = 0.1876$$

由统计用表，可以查得

$$u_{0.99} = -2.326, \quad t_{0.95}(v = 12) = 0.695, \quad \hat{k}(n = 13) = 1.021$$

按式（6-155），可得可靠度分别为 50% 和 99%，置信度为 50% 对应的概率疲劳裂纹扩展 $a\text{-}t$ 曲线：

$$t = 4124.5 \times a^{0.2971}$$
$$t = 2725.5 \times a^{0.2971}$$

且可靠度分别为 50% 和 99%，置信度为 95% 对应的概率疲劳裂纹扩展 $a\text{-}t$ 曲线为

$$t = 2666.0 \times a^{0.2971}$$
$$t = 2484.0 \times a^{0.2971}$$

上述概率疲劳裂纹扩展 $a\text{-}t$ 曲线示于图 6-18。从图 6-18 可见，计算曲线与试验数据吻合良好，概率曲线趋势很理想。由此可见，式（6-155）能合理地表征疲劳裂纹扩展的物理特性与唯象数值规律，更重要的是，定量方程随机化方法能简便确定随机模型参数。

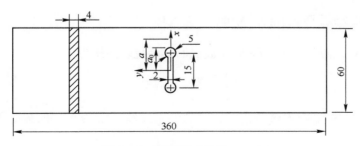

图 6-16 试样图（单位：mm）

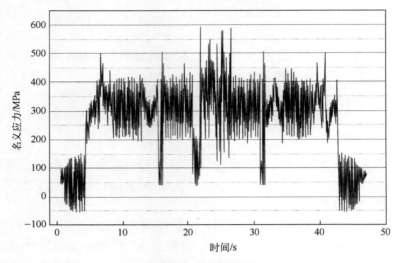

图 6-17 名义应力谱

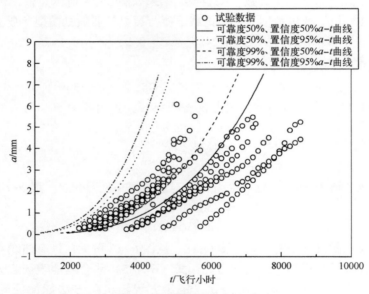

图 6-18 试验数据与概率曲线

6.5.4 四参数全范围 S-N 曲线概率模型

按式（6-6），四参数全范围 S-N 曲线的幂函数表达式为

$$\left(\frac{S_u-S_0}{S-S_0}\right)=10^{C(\lg N)^m} \tag{6-156}$$

式中，S_0，m，C 和 S_u 均为材料常数，m 为形状参数，S_0 为拟合疲劳极限，S_u 为拟合强度极限。

式（6-156）取两次对数后变为

$$y=b_1+b_2 x \tag{6-157}$$

式中，$y=\ln[\lg(S_u-S_0)-\lg(S-S_0)]$，$b_1=\ln C$，$b_2=m$，$x=\ln(\lg N)$。

根据线性回归原理，由式（6-157）可导出

$$b_1 = \bar{y} - b_2 \bar{x} \tag{6-158}$$

$$b_2 = \frac{L_{xy}}{L_{xx}} \tag{6-159}$$

$$r(S_u, S_0) = \frac{L_{xy}}{\sqrt{L_{xx}L_{yy}}} \tag{6-160}$$

其中，

$$\bar{x} = \frac{1}{n} \cdot \sum_{i=1}^{n} x_i$$

$$\bar{y} = \frac{1}{n} \sum_{i=1}^{n} y_i$$

$$L_{xx} = \sum_{i=1}^{n} x_i^2 - \frac{1}{n} \cdot \left(\sum_{i=1}^{n} x_i\right)^2$$

$$L_{xy} = \sum_{i=1}^{n} x_i y_i - \frac{1}{n} \cdot \left(\sum_{i=1}^{n} x_i\right)\left(\sum_{i=1}^{n} y_i\right)$$

由式（6-158）和式（6-159）得到的 b_1 与 b_2，均为待定常数 S_u 和 S_0 的二元函数，需要先通过优化线性相关系数 $r(S_u, S_0)$（即使 $r(S_u, S_0)$ 的绝对值最大），获得 S_u 和 S_0 的解，再由式（6-158）和式（6-159）确定待定常数 b_1 和 b_2。具体的求解步骤如下：

（1）确定 S_u 和 S_0 的取值范围：

$$S_u \in (S_{u\max}, \sigma_{0.2}], \quad S_0 \in [0, S_{0\min})$$

式中，$S_{0\min} = \min\{S_1, S_2, \cdots, S_n\}$；$S_{u\max} = \max\{S_1, S_2, \cdots, S_n\}$，其中 $S_i, (i=1,2,\cdots,n)$ 为疲劳试验应力；$\sigma_{0.2}$ 为材料屈服极限。

（2）给定一组 S_u 和 S_0 的初始值，并分别给定 S_u 和 S_0 的取值步长 Δ_1 和 Δ_2，按式（6-160）计算线性相关系数的平方 $r^2(S_u, S_0)$，寻找 $r^2(S_u, S_0)$ 的最大值对应的 S_u 和 S_0 值。

（3）再由上面求解 S_u 和 S_0 值，按式（6-158）和式（6-159），确定 b_1 与 b_2。

事实上，强度极限 S_u 为一随机变量，由式（6-156）可知，指定疲劳寿命 N 下，疲劳强度 S 也为一随机变量。可以证明，疲劳强度 S 的发生概率与强度极限 S_u 的发生概率等同，即

$$S_p = 10^{-C(\lg N)^m}(S_{up} - S_0) + S_0 \tag{6-161}$$

式（6-161）为四参数全范围 S-N 曲线的概率表达式。

如前所述，强度极限 S_u 通常服从双参数威布尔分布，即

$$F_{S_u}(x) = P[S_u \leq x] = 1 - \exp\left[-\left(\frac{x}{N_a}\right)^b\right] \tag{6-162}$$

式中，b 为形状参数；N_a 为特征参数。

由式（6-156）和式（6-162），可导出指定疲劳寿命 N 下疲劳强度 S 概率分布函数：

$$F_S(x) = P[S \leq x] = P[10^{-C(\lg N)^m}(S_u - S_0) + S_0 \leq x]$$
$$= P\{S_u \leq 10^{C(\lg N)^m}(x - S_0) + S_0\} = 1 - \exp\left\{-\left[\frac{10^{C(\lg N)^m}(x - S_0) + S_0}{N_a}\right]^b\right\} \quad (6\text{-}163)$$

从式（6-163）可以看出，指定疲劳寿命下疲劳强度 S 遵循三参数威布尔分布。

例 6-4 采用取自纤维体积含量 V_f 为 68.3% 的 S2/5208 玻璃纤维树脂复合材料单层板，进行应力比 $r = 0.1$ 的恒幅疲劳试验，加载频率为 3Hz，疲劳试验数据如表 6-4 和图 6-19 所示。采用上面叙述的参数估计方法，可以得到四参数全范围 S-N 曲线（图 6-19）。

$$\left(\frac{1795.92}{S - 236.63}\right) = 10^{5.10 \times 10^{-2} \times (\lg N)^{1.74}} \quad (6\text{-}164)$$

表 6-4 S2/5208 玻璃纤维树脂复合材料单层板的拉-拉疲劳试验数据

试样号	S_{max}/MPa	N/次循环	试样号	S_{max}/MPa	N/次循环
1	2082.54	1	15	758.54	7290
2	2048.07	1	16	758.54	6750
3	2020.48	1	17	586.15	74250
4	1979.11	1	18	586.15	67490
5	1330.90	153	19	586.15	36210
6	1289.52	267	20	586.15	49800
7	1296.42	319	21	482.71	138 180
8	1344.69	436	22	482.71	93880
9	965.42	1630	23	482.71	224 630
10	965.42	1330	24	482.71	55780
11	965.42	1760	25	379.27	1 122 310
12	965.42	1220	26	379.27	213 960
13	758.54	10200	27	379.27	464 810
14	758.54	9000	28	379.27	211 800

由式（6-164），可以计算疲劳应力水平为 965.42MPa，758.54MPa，586.15MPa，482.71MPa 和 379.27MPa 对应的疲劳寿命分别是 869 次循环，4147 次循环，21139 次循环，75870 次循环和 457 457 次循环；又由表 6-4 可知，上述疲劳应力水平对应的试验寿命平均值分别为 1485 次循环，6285 次循环，56938 次循环，128 118 次循环和 503 220 次循环；由此可以计算相同应力水平下的疲劳寿命理论估算值与试验值之间的相对离差分别为 41%，34%，63%，41% 和 9%。

按式（6-163），可以获得可靠度 $p = 99.9\%$ 对应的全范围 S-N 曲线（图 6-19）：

$$\left(\frac{1568.20}{S - 236.63}\right) = 10^{0.051 \times (\lg N)^{1.74}} \quad (6\text{-}165)$$

从图 6-19 可以看出，四参数全范围 S-N 曲线理论值与试验数据吻合良好，概率曲线的趋势也较理想，说明上述模型能较合理地表征疲劳性能的物理特性及试验数据规律。

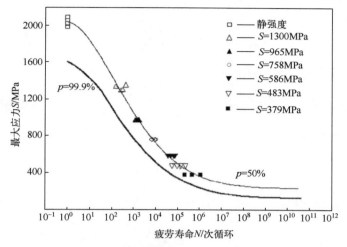

图 6-19　四参数全范围 S-N 曲线（应力比 r=0.1）

6.5.5　基于不完全试验数据的疲劳性能可靠性

疲劳试验中可能得到完全寿命，也可能得到不完全寿命，在一组试样的疲劳寿命试验中，往往会遇到这种情况：其中一部分试样在试验段发生破坏获得疲劳寿命，而另一部分试样，或者由于非试验段（如夹持段）先破坏，或者由于载荷水平较低在已加载相当次数后，试样仍未破坏，为避免周期太长而中止试验，或者是必须成对或成组安装试验中的最后一个或几个试样，它们的疲劳寿命得不到确切的数值，只知道大于已加载的次数，通常把这类寿命（已加载的循环次数）称为不完全寿命，包含有不完全寿命的疲劳试验称为不完全寿命试验。

设在同一载荷条件下，对 n 个试样进行了疲劳试验，获得了 n 个寿命数据 t_1，t_2，$\cdots$，t_n；其中 r 个是完全寿命，将它们排列在前，即为 t_1，t_2，$\cdots$，t_r，另外，$n-r$ 个是不完全寿命，将它们排列在后，即为 t_{r+1}，t_{r+2}，$\cdots$，t_n。由于疲劳寿命 $x=\lg t$ 符合对数正态分布 $N(\mu,\sigma)$，其中，μ 和 σ 分别为母体平均数及标准差，则完全寿命概率密度和不完全寿命出现的概率分别为

$$f(x_i;\mu,\sigma)=\frac{1}{\sigma\sqrt{2\pi}}\mathrm{e}^{-\frac{(x_i-\mu)^2}{2\sigma^2}}\quad(i=1,2,\cdots,r) \tag{6-166}$$

$$F(x_i;\mu,\sigma)=\frac{1}{\sigma\sqrt{2\pi}}\int_{x_i}^{\infty}\exp\left[-\frac{(x-\mu)^2}{2\sigma^2}\right]\mathrm{d}x\quad(i=r+1,\cdots,n) \tag{6-167}$$

且似然函数为

$$\begin{aligned}L(\mu,\sigma)&=\prod_{i=1}^{r}f(x_i;\mu,\sigma)\cdot\prod_{i=1}^{n-r}[F(x_i;\mu,\sigma)]\\&=\prod_{i=1}^{r}\frac{1}{\sqrt{2\pi}\sigma}\exp\left[-\frac{1}{2}\left(\frac{x_i-\mu}{\sigma}\right)^2\right]\cdot\prod_{i=r+1}^{n}\frac{1}{\sqrt{2\pi}\sigma}\int_{x_i}^{\infty}\exp\left[-\frac{(x-\mu)^2}{2\sigma^2}\right]\mathrm{d}x\end{aligned} \tag{6-168}$$

令 $y=\dfrac{x-\mu}{\sigma}$，$\Phi(x)=\int_x^\infty e^{-\dfrac{(x-\mu)^2}{2\sigma^2}}dx$，则式（6-168）可写为

$$L(\mu,\sigma)=\prod_{i=1}^r \dfrac{1}{\sqrt{2\pi}\sigma}\exp\left[-\dfrac{1}{2}y_i^2\right]\cdot\prod_{i=r+1}^n \dfrac{1}{\sqrt{2\pi}\sigma}\Phi(x_i) \tag{6-169}$$

因此，对数似然函数为

$$\ln L(\mu,\sigma)=-\dfrac{n}{2}(2\ln\sigma+\ln 2+\ln\pi)-\dfrac{1}{2}\sum_{i=1}^r y_i^2+\sum_{i=r+1}^n \ln\Phi(x_i) \tag{6-170}$$

根据极大似然原理，可得

$$\dfrac{\partial \ln L}{\partial \mu}=\dfrac{1}{\sigma}\sum_{i=1}^r y_i+\sum_{i=r+1}^n \dfrac{\int_{x_i}^\infty e^{-\dfrac{(x-\mu)^2}{2\sigma^2}}\cdot\dfrac{x-\mu}{\sigma}dx}{\Phi(x_i)}=0 \tag{6-171}$$

$$\dfrac{\partial \ln L}{\partial \sigma}=-\dfrac{n}{\sigma}+\dfrac{1}{\sigma}\sum_{i=1}^r y_i^2+\sum_{i=r+1}^n \dfrac{\int_{x_i}^\infty e^{-\dfrac{(x-\mu)^2}{2\sigma^2}}\cdot\left(\dfrac{x-\mu}{\sigma}\right)^2 dx}{\sigma\Phi(x_i)}=0 \tag{6-172}$$

通过数值求解上述方程，可以得到母体分布参数估计值 $\hat{\mu}$ 和 $\hat{\sigma}$，于是，由式（3-66），可靠度为 p 的疲劳寿命为

$$t_p=10^{(\hat{\mu}+u_p\hat{\sigma})} \tag{6-173}$$

按式（3-88），可以得到可靠度为 p 和置信度为 γ 对应的疲劳寿命：

$$t_{p\gamma}=10^{\left\{\hat{\mu}+\hat{\sigma}\left[u_p-t_\gamma\sqrt{\dfrac{1}{n\beta^2}+u_p^2\left(1-\dfrac{1}{\beta^2}\right)}\right]\right\}} \tag{6-174}$$

不完全数据的极大似然估计方法还可应用于测定疲劳性能可靠性 S-N 曲线，设在若干不同疲劳应力水平下进行了单点疲劳试验，获得 n 个试验数据集 (S_i,N_i)（$i=1,2,\cdots,n$），其中，r 个是完全寿命 N_i（$i=1,2,\cdots,r$），另外 $n-r$ 个是不完全寿命 N_i（$i=1,2,\cdots,n-r$）。

根据式（6-1），可知 S-N 曲线表达式为

$$S^m N=C \tag{6-175}$$

对式（6-175）取对数，得

$$\lg N=\lg C-m\cdot\lg S \tag{6-176}$$

令 $a=\lg C$，$b=-m$，$x=\lg S$，$y=\lg N$，则式（6-176）变为

$$y=a+b\cdot x \tag{6-177}$$

又由于对数疲劳寿命服从正态分布 $N(a+bx,\sigma^2)$，则完全寿命概率密度和不完全寿命概率分别为

$$f(x_i,y_i;a,b,\sigma)=\dfrac{1}{\sigma\sqrt{2\pi}}e^{-\dfrac{(y_i-a-bx_i)^2}{2\sigma^2}} \quad (i=1,2,\cdots,r) \tag{6-178}$$

$$F(x_i,y_i;a,b,\sigma)=\dfrac{1}{\sigma\sqrt{2\pi}}\int_{y_i}^\infty \exp\left[-\dfrac{(y-a-bx_i)^2}{2\sigma^2}\right]dy \quad (i=r+1,\cdots,n) \tag{6-179}$$

且似然函数为

$$L(a,b,\sigma) = \prod_{i=1}^{r} f(x_i, y_i; a, b, \sigma) \cdot \prod_{i=r+1}^{n} F(x_i, y_i; a, b, \sigma)$$

$$= \prod_{i=1}^{r} \frac{1}{\sqrt{2\pi}\sigma} \exp\left[-\frac{(y_i - a - bx_i)^2}{2\sigma^2}\right] \cdot \prod_{i=r+1}^{n} \frac{1}{\sqrt{2\pi}\sigma} \int_{y_i}^{\infty} \exp\left[-\frac{(y - a - bx_i)^2}{2\sigma^2}\right] dy \tag{6-180}$$

令 $z = \frac{y - a - bx}{\sigma}$，$\Phi(y) = \int_y^{\infty} e^{-\frac{(y-a-bx)^2}{2\sigma^2}} dy$，则对数似然函数为

$$\ln L(a, b, \sigma) = -\frac{n}{2}(2\ln\sigma + \ln 2 + \ln\pi) - \frac{1}{2}\sum_{i=1}^{r} z_i^2 + \sum_{i=r+1}^{n} \ln\Phi(y_i) \tag{6-181}$$

根据极大似然原理，可得

$$\frac{\partial \ln L}{\partial a} = \frac{1}{\sigma}\sum_{i=1}^{r} z_i + \sum_{i=r+1}^{n} \frac{\int_{y_i}^{\infty} e^{-\frac{(y-a-bx_i)^2}{2\sigma^2}} \cdot \left(\frac{y-a-bx_i}{\sigma^2}\right) dy}{\Phi(y_i)} \tag{6-182}$$

$$\frac{\partial \ln L}{\partial b} = \frac{1}{\sigma}\sum_{i=1}^{r} x_i z_i + \sum_{i=r+1}^{n} \frac{x_i \cdot \int_{y_i}^{\infty} e^{-\frac{(y-a-bx_i)^2}{2\sigma^2}} \cdot \left(\frac{y-a-bx_i}{\sigma^2}\right) dy}{\Phi(y_i)} \tag{6-183}$$

$$\frac{\partial \ln L}{\partial \sigma} = -\frac{n}{\sigma} + \frac{1}{\sigma}\sum_{i=1}^{r} z_i^2 + \sum_{i=r+1}^{n} \frac{\int_{y_i}^{\infty} e^{-\frac{(y-a-bx_i)^2}{2\sigma^2}} \cdot \left(\frac{y-a-bx_i}{\sigma}\right)^2 dy}{\sigma\Phi(y_i)} \tag{6-184}$$

通过数值求解上述方程组，可以得到 S-N 曲线参数估计值 $\hat{a}$、$\hat{b}$ 和 $\hat{\sigma}$，于是，按式（6-1）和式（3-66），分别得到疲劳性能 S-N 曲线和 P-S-N 曲线：

$$N = 10^{\hat{a}} S^{\hat{b}} \tag{6-185}$$

$$N_p = 10^{(\hat{a}+u_p\hat{\sigma})} S^{\hat{b}} \tag{6-186}$$

按式（3-88），可以得到可靠度为 p 和置信度为 γ 的疲劳性能 S-N 曲线：

$$N_{p\gamma} = CS^m \cdot 10^{\left\{\hat{\sigma}\left[u_p - t_\gamma \sqrt{\frac{1}{n\beta^2} + u_p^2\left(1 - \frac{1}{\beta^2}\right)}\right]\right\}} \tag{6-187}$$

例 6-5 某直升机复合材料主桨叶在相同的载荷水平下进行疲劳试验，试验数据为单纯随机截尾寿命数据（表 6-5）。将试验数据代入式（6-171）和式（6-172），并通过数值求解，得

$$\hat{\mu} = 6.3890, \quad \hat{\sigma} = 0.5020$$

查数理统计用表，可以获得

$$u_{0.99} = -2.326, \quad t_{0.95}(v = 9) = 1.8331, \quad \beta(n=10) = 1.0280$$

由式（6-174），可以获得置信度为 50%、可靠度分别为 50% 和 99% 对应的疲劳寿命为 2.4491×10^6 次循环和 1.6646×10^5 次循环，且置信度为 95%、可靠度分别为 50% 和 99% 对应的疲劳寿命为 1.2761×10^6 次循环和 4.4679×10^4 次循环。

表 6-5 主桨叶翼型段寿命数据

序 号	疲劳寿命/次循环	坏否（×—坏，○—未坏）
1	411 077	×
2	599 484	×
3	1 000 238	○
4	1 119 746	×
5	1 203 120	○
6	1 402 256	×
7	1 500 000	○
8	1 956 600	○
9	3 002 242	○
10	3 191 866	○

例 6-6 某直升机复合材料尾桨叶疲劳试验的不完全 S-N 试验数据如表 6-6 和图 6-20 所示。将表 6-6 所示试验数据代入式（6-182）~式（6-184），并数值求解，可得

$$\hat{a} = 35.6113, \quad \hat{b} = -11.3260, \quad \hat{\sigma} = 0.1544$$

同样，查统计用表，可得

$$u_{0.99} = -2.3260, \quad t_{0.95}(\nu = 5) = 2.0150, \quad \beta(n = 6) = 1.0510$$

由式（6-187），可以获得置信度为 50%、可靠度分别为 50% 和 99% 对应的 S-N 曲线：

$$N = 10^{35.61} \cdot S^{-11.33}$$
$$N = 10^{35.25} \cdot S^{-11.33}$$

且置信度为 95%、可靠度分别为 50% 和 99% 对应的 S-N 曲线为

$$N = 10^{35.49} \cdot S^{-11.33}$$
$$N = 10^{35.0} \cdot S^{-11.33}$$

上述概率疲劳 S-N 曲线示于图 6-20 中。从图 6-20 中可以看出，计算曲线趋势和形状与试验数据吻合良好。

表 6-6 直升机尾桨叶 S-N 原始数据

试样号	合力矩 M/(N·m)	N/次循环	坏否（×—坏，○—未坏）
1	454.09	199 454	○
2	413.11	713 518	○
3	415.14	803 388	○
4	396.38	1 522 000	○
5	395.04	1 449 508	×
6	412.47	545 900	×

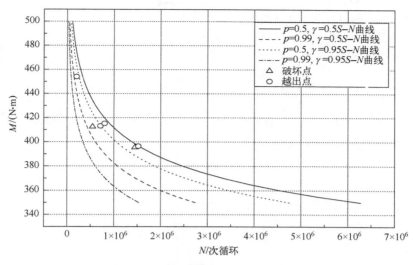

图 6-20 尾桨叶 p-S-N 曲线

6.5.6 疲劳断裂强度概率分布

由式 (6-13),可知疲劳等寿命曲线:

$$\frac{S_a}{S_{-1}} + \left(\frac{S_m}{\sigma_b}\right)^m = 1 \tag{6-188}$$

式 (6-188) 能合理地表征等寿命下疲劳强度均值 S_m 与幅值 S_a 之间的关系。

与式 (6-188) 类似,可获得断裂等寿命曲线:

$$\frac{\Delta K_{th}}{\Delta K_{-1}} + \left(\frac{K_{mth}}{K_{IC}}\right)^m = 1 \tag{6-189}$$

式中,m 为材料常数;K_{IC} 为材料断裂韧性;ΔK_{-1} 为对称循环加载下的断裂门槛值。

采用式 (6-142) 和式 (6-144) 的类似推导方法与步骤,由式 (6-188) 和式 (6-189),可分别导出疲劳和断裂等寿命曲线的概率公式:

$$(S_m)_{p\gamma} = \frac{\sigma_b}{S_{-1}^{\frac{1}{m}}} \cdot (S_{-1} - S_a)^{\frac{1}{m}} \cdot \exp\left\{\sigma_z \cdot \left[\hat{k}u_p - t_\gamma \sqrt{\frac{1}{n} + u_p^2(\hat{k}^2 - 1)}\right]\right\} \tag{6-190}$$

$$(K_{mth})_{p\gamma} = \frac{K_{IC}}{\Delta K_{-1}^{\frac{1}{m}}} \cdot (\Delta K_{-1} - \Delta K_{th})^{\frac{1}{m}} \cdot \exp\left\{\sigma_z \cdot \left[\hat{k}u_p - t_\gamma \sqrt{\frac{1}{n} + u_p^2(\hat{k}^2 - 1)}\right]\right\} \tag{6-191}$$

运用概率论方法,可以证明,在同一条等寿命曲线上,指定疲劳强度(或断裂门槛值)均值下疲劳强度(或断裂门槛值)幅值的概率,等于指定疲劳强度(或断裂门槛值)幅值下疲劳强度(或断裂门槛值)均值的概率。因此,由式 (6-190) 和式 (6-191),可以导出指定疲劳强度(或断裂门槛值)均值下疲劳强度(或断裂门槛值)幅值的概率分布,也可得到指定疲劳强度(或断裂门槛值)幅值下疲劳强度(或断裂门槛值)均值的概率分布。

按式 (6-2),可知给定应力比或应力幅值下的疲劳 S-N 曲线公式:

$$S_m \cdot N^{m_1} = C \tag{6-192}$$

式（6-192）的对数表达式为

$$y = a_0 + b_0 x \tag{6-193}$$

其中，

$$y = \ln S_m, \quad x = \ln N, \quad a_0 = \frac{1}{m_1}\ln C, \quad b_0 = -\frac{1}{m_1} \tag{6-194}$$

由于对数疲劳寿命 x 遵循正态分布 $N(\mu_x, \sigma_x^2)$，那么，由式（6-193）可知，随机变量 y 也遵循正态分布 $N(\mu_y, \sigma_y^2)$，且

$$\mu_y = a_0 + b_0 \mu_x \tag{6-195}$$

$$\sigma_y = b_0 \sigma_x \tag{6-196}$$

同理，式（6-188）的对数表达式可写为

$$z = a + by \tag{6-197}$$

其中

$$y = \ln S_m, \quad z = \ln(S_{-1} - S_a), \quad a = \ln S_{-1} - m\ln\sigma_b, \quad b = m \tag{6-198}$$

由式（6-197）可知，随机变量 z 服从正态分布 $N(\mu_z, \sigma_z^2)$，且

$$\mu_z = a + b\mu_y \tag{6-199}$$

$$\sigma_z = b\sigma_y \tag{6-200}$$

根据概率论知识，随机变量 y 和 z 的联合概率密度函数可写为

$$f(y,z) = \frac{1}{2\pi\sigma_y\sigma_z\sqrt{1-r^2}}\exp\left\{\frac{-1}{2(1-r^2)}\left[\left(\frac{y-\mu_y}{\sigma_y}\right)^2 - \frac{2r(y-\mu_y)(z-\mu_z)}{\sigma_y\sigma_z} + \left(\frac{z-\mu_z}{\sigma_z}\right)^2\right]\right\} \tag{6-201}$$

式中，r 为线性相关系数，由下式确定：

$$r = \frac{L_{YZ}}{\sqrt{L_{YY}L_{ZZ}}} = \frac{\sum_{i=1}^{n}y_i z_i - \frac{1}{n}\left(\sum_{i=1}^{n}y_i\right)\left(\sum_{i=1}^{n}z_i\right)}{\sqrt{\left[\sum_{i=1}^{n}y_i^2 - \frac{1}{n}\left(\sum_{i=1}^{n}y_i\right)^2\right]\left[\sum_{i=1}^{n}z_i^2 - \frac{1}{n}\left(\sum_{i=1}^{n}z_i\right)^2\right]}} \tag{6-202}$$

变换式（6-194）和式（6-198），可得

$$S_a = S_{-1} - \exp(z) \tag{6-203}$$

$$S_m = \exp(y) \tag{6-204}$$

根据式（6-203）和式（6-204），可得到变量变换的 Jacobi 行列式函数：

$$J = \begin{vmatrix} \dfrac{\partial y}{\partial S_a} & \dfrac{\partial y}{\partial S_m} \\ \dfrac{\partial z}{\partial S_a} & \dfrac{\partial z}{\partial S_m} \end{vmatrix} = \begin{vmatrix} 0 & \dfrac{1}{S_m} \\ \dfrac{-1}{S_{-1}-S_a} & 0 \end{vmatrix} = \frac{1}{S_m(S_{-1}-S_a)} \tag{6-205}$$

再按概率论知识，由式（6-201）和式（6-205），可推导二维疲劳强度 (S_a, S_m) 的联合概率密度函数：

$$g(S_a, S_m) = f[y,z] \cdot |J| = \frac{1}{2\pi\sigma_y\sigma_z S_m(S_{-1}-S_a)\sqrt{1-r^2}} \times$$

$$\exp\left\{\frac{-1}{2(1-r^2)}\left[\left(\frac{\ln S_m-\mu_y}{\sigma_y}\right)^2-\frac{2r(\ln S_m-\mu_y)(\ln(S_{-1}-S_a)-\mu_z)}{\sigma_y\sigma_z}+\left(\frac{\ln(S_{-1}-S_a)-\mu_z}{\sigma_z}\right)^2\right]\right\}$$
(6-206)

将式 (6-195)、式 (6-196)、式 (6-199) 和式 (6-200) 代入式 (6-206)，得

$$g(S_a,S_m)=\frac{1}{2\pi b_0^2 b\sigma_x^2 S_m(S_{-1}-S_a)\sqrt{1-r^2}}\times\exp\left\{\frac{-1}{2(1-r^2)}\left[\left(\frac{\ln S_m-a_0-b_0\mu_x}{b_0\sigma_x}\right)^2-\right.\right.$$
$$\left.\left.\frac{2r(\ln S_m-a_0-b_0\mu_x)(\ln(S_{-1}-S_a)-a-a_0 b-b_0 b\mu_x)}{b_0^2 b\sigma_x^2}+\left(\frac{\ln(S_{-1}-S_a)-a-a_0 b-b_0 b\mu_x}{b_0 b\sigma_x}\right)^2\right]\right\}$$
(6-207)

同样，可推导二维断裂门槛值 $(\Delta K_{th},K_{mth})$ 的联合概率密度函数：

$$g(\Delta K_{th},K_{mth})=\frac{1}{2\pi b_0^2 b\sigma_x^2 K_{mth}(\Delta K_{-1}-\Delta K_{th})\sqrt{1-r^2}}\times\exp\left\{\frac{-1}{2(1-r^2)}\left[\left(\frac{\ln K_{mth}-a_0-b_0\mu_x}{b_0\sigma_x}\right)^2-\right.\right.$$
$$\left.\left.\frac{2r(\ln K_{mth}-a_0-b_0\mu_x)(\ln(\Delta K_{-1}-\Delta K_{th})-a-a_0 b-b_0 b\mu_x)}{b_0^2 b\sigma_x^2}+\left(\frac{\ln(\Delta K_{-1}-\Delta K_{th})-a-a_0 b-b_0 b\mu_x}{b_0 b\sigma_x}\right)^2\right]\right\}$$
(6-208)

例 6-7 在 AMSKR1478-10 高频疲劳试验机上，进行厚度为 5mm，材料为 LY11CS 铝合金的光滑直升机尾桨叶片的升降法疲劳试验，测定疲劳寿命 $N=10^7$ 次循环对应的疲劳强度，加载频率为 130Hz，试验环境为大气室温，试验结果如图 6-21～图 6-23 以及表 6-7 所示。

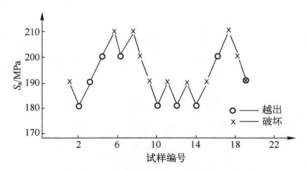

图 6-21 平均应力 $S_m=58$MPa 下的升降法试验

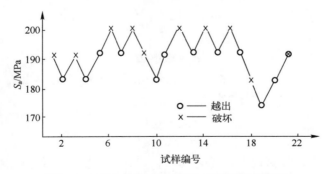

图 6-22 平均应力 $S_m=69$MPa 下的升降法试验

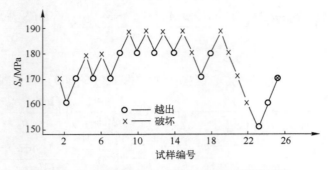

图 6-23 平均应力 $S_m = 82\text{MPa}$ 下的升降法试验

表 6-7 二维升降法试验结果

S_m/MPa	S_{ai}/MPa	对子数	平均值/MPa
58	205	3	194.0
58	195	3	194.0
58	185	4	194.0
69	195	5	188.6
69	185	5	188.6
69	175	1	188.6
82	185	5	175.8
82	175	4	175.8
82	165	2	175.8
82	155	1	175.8

采用式（6-188），由表 6-7 所示试验数据，拟合得到疲劳等寿命曲线：

$$\frac{S_a}{197.8} + \left[\frac{S_m}{126.5}\right]^{5.07} = 1 \tag{6-209}$$

由式（6-198）和式（6-209），可以算出

$$a = -19.25$$
$$b = 5.07$$

由表 6-7 中数据和式（6-209）中参数 $S_{-1} = 197.8\text{MPa}$，可以分别计算随机变量 $z = \ln(S_{-1} - S_a)$ 在指定平均应力 $S_m = 82\text{MPa}$ 下的子样分布均值与标准差：

$$\mu_z = 3.0$$
$$\sigma_z = 0.4403$$

根据式（6-199）和式（6-200），可以分别获得随机变量 $y = \ln S_m$ 在指定疲劳强度幅值 $S_a = 175.83\text{MPa}$ 下的子样分布均值与标准差：

$$\mu_y = 4.4$$
$$\sigma_y = 0.087$$

将上述分布参数估计值代入式（6-207），得到二维疲劳强度 (S_a, S_m) 的联合概率密度函数：

$$g(S_a, S_m) = \frac{38.6}{S_m(197.8-S_a)} \times \exp\left\{-43.2 \times \left[\left(\frac{\ln S_m - 4.4}{0.087}\right)^2 - \right.\right.$$
$$\left.\left. 51.9 \times (\ln S_m - 4.4)(\ln(197.8-S_a) - 3.0) + \left(\frac{\ln(197.8-S_a) - 3.0}{0.4403}\right)^2\right]\right\} \quad (6-210)$$

式（6-210）示于图 6-24 中，从图 6-24 可见，二维疲劳强度 (S_a, S_m) 的联合概率密度看上去像一凸起的圆丘，它在 (S_a, S_m) 坐标平面上的投影为等寿命曲线形状（如图 6-25 所示），其侧视图为对数正态分布的概率密度曲线形状（如图 6-26 所示）。由此可见，式（6-207）能合理表征二维疲劳强度 (S_a, S_m) 的分布特性，并且参数估计非常简便。

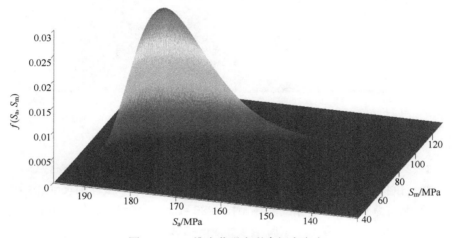

图 6-24　二维疲劳强度联合概率密度

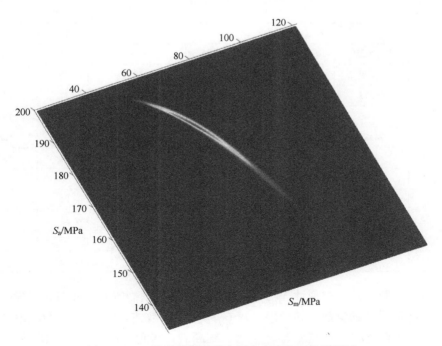

图 6-25　二维疲劳强度联合概率密度曲面的投影图

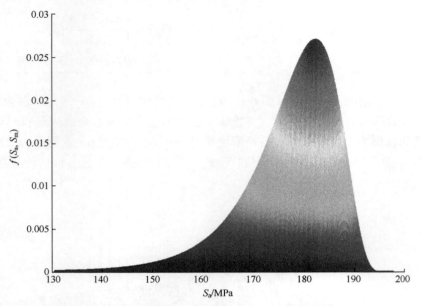

图 6-26 二维疲劳强度联合概率密度曲面的侧视图

例 6-8 采用 LY11CS 铝合金和 40CrNiMoA 合金钢制作的标准紧凑拉伸（Compact Tension，CT）试样，进行二维断裂门槛值试验，两种材料 CT 试样的尺寸相同，厚度均为 25mm，宽度均为 50mm。全部试验在 MTS-880-100kN 疲劳试验机上进行，加载频率为 15Hz，试验环境为大气室温，试验结果如表 6-8 所示。

表 6-8 二维断裂门槛值 ΔK_{th} 试验结果 （单位：MPa·mm$^{1/2}$）

试样号	LY11CS 铝合金			40CrNiMoA 合金钢		
	$K_{mth}=210$	$K_{mth}=247$	$K_{mth}=306$	$K_{mth}=584$	$K_{mth}=707$	$K_{mth}=920$
1	66.29	60.72	53.33	181.42	164.23	145.95
2	68.71	61.25	53.34	188.04	166.21	145.98
3	71.46	61.88	55.68	195.57	168.13	152.38
4	74.83	66.31	57.89	204.79	181.17	158.43
5		66.92	61.07		183.94	167.13
6		63.21			182.36	
7		66.13			184.21	
8		70.64			189.34	
9		71.09			192.77	
平均值	70.32	65.35	56.26	192.46	179.15	153.97

采用前述升降法试验类似计算与分析步骤，可得到断裂等寿命曲线和二维断裂门槛值联合概率密度函数的参数估计结果（表 6-9），将参数估计值代入式（6-208），分别获得 LY11CS 铝合金和 40CrNiMoA 合金钢二维断裂门槛值 $(\Delta K_{th}, K_{mth})$ 的联合概率密度函数：

$$g(\Delta K_{th}, K_{mth}) = \frac{101.95}{K_{mth}(86.12-\Delta K_{th})} \times \exp\left\{-104.29 \times \left[\left(\frac{\ln K_{mth}-5.6}{0.1155}\right)^2 - \right.\right.$$
$$\left.\left. 88.50 \times (\ln K_{mth}-5.6)(\ln(86.12-\Delta K_{th})-3.2) + \left(\frac{\ln(86.12-\Delta K_{th})-3.2}{0.1952}\right)^2\right]\right\}$$
(6-211)

$$g(\Delta K_{th} \cdot K_{mth}) = \frac{64.60}{K_{mth}(235.71-\Delta K_{th})} \times \exp\left\{-45.58 \times \left[\left(\frac{\ln(K_{mth}-6.55)}{0.1296}\right)^2 - \right.\right.$$
$$\left.\left. 84.57 \times (\ln K_{mth}-6.55)(\ln(235.71-\Delta K_{th})-4.02) + \left(\frac{\ln(235.71-\Delta K_{th})-4.02}{0.1815}\right)^2\right]\right\}$$
(6-212)

式（6-212）示于图 6-27 中，由图 6-27 可见，式（6-208）能合理描述二维断裂门槛值（$\Delta K_{th}, K_{mth}$）的分布特性。

表 6-9 二维断裂门槛值计算参数结果

计算参数	LY11CS	40CrNiMoA	计算参数	LY11CS	40CrNiMoA
m	1.69	1.40	b	1.69	1.4
ΔK_{-1}	86.12	235.71	μ_z	3.2	4.02
K_{IC}	573.53	1960.12	σ_z	0.1952	0.1815
r	0.9976	0.9945	μ_y	5.6	6.55
a	-6.28	-5.15	σ_y	0.1155	0.1296

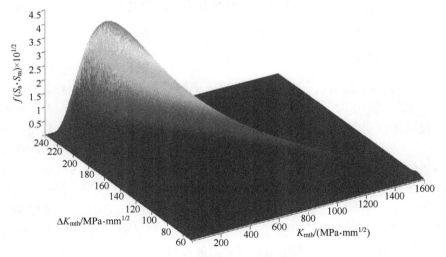

图 6-27 二维断裂门槛值联合概率密度

第 7 章 疲劳载荷谱

7.1 任务谱

任务谱是根据任务类型和使用方法编制的飞行谱与任务剖面，是飞行载荷实测、疲劳载荷谱编制以及结构疲劳定寿的基本依据。飞行谱是全寿命期内飞行与地面状态及其所占的时间比例，它是全机重量、重心位置及飞行高度与飞行时间的组合，代表了飞机的使用情况。任务剖面是典型任务科目的组合，反映了飞机在全寿命期内的综合使用情况。如果飞机执行的任务类型是确定的，使用方法是重复的，并且使用中具体用法的任何重大改变通知承制方，此种情况下的任务谱代表了飞机预定的平均使用情况。此外，充分考虑飞机的性能潜力和可以执行各种任务的潜力，并保证在使用中飞机不会出现此任务谱给出的使用情况更为严重的情况。此种任务谱虽然不是很真实，但却安全，代表了飞机的最严重使用情况，而且，在改型时，不必附加寿命分析工作。上述两种情况的任务谱造成结构损伤的严重程度是有区别的，目前，多数飞机厂家倾向于使用后一种任务谱，其主要原因在于飞机是一种高度灵活的飞行器，其使用方法及飞行状态呈多样化，原型机与满足各种任务的改型机之间的使用方法差异也很大，所以，往往难以用预定的平均使用情况去概括。

7.1.1 飞行谱

由于飞机具有用途广泛，在实际飞行使用中的随机性强和使用状态复杂多变等特点，因此，编制飞行谱时，必须统计分析大子样的飞机实际飞行使用情况，获得能真实反映在全使用寿命期内飞机的平均或严重使用情况，包括重量、重心、空速、高度、过载以及桨距、功率、转速等参数对应的飞行状态，及其相应的飞行时间比例和起落次数等。飞行谱的编制必须考虑两个方面的因素，即飞机的任务类型和飞行中各部件的疲劳损伤情况，统计分析实际飞行情况的测量或记录的飞行架次和时间，获得在未来寿命期内飞机平均或严重使用情况。在飞机研制的初步设计和设计定型阶段，难以获得可靠的统计数据，这时，可以根据研制型号的技术规范和相似机种类似任务的飞行谱外推制定，并将其作为暂定飞行谱，用作飞行载荷测量和初步寿命评估的依据。

飞行谱的编谱方法包括设计分析法和统计分析法，新机研制初期的飞行谱可采用设计分析方法编制，在积累了一定的飞行时间后，统计分析结果应更能体现飞机的实际飞行情况，因此，研制后期的飞行谱宜采用统计分析法修订。

设计分析法包括类比法和任务分解法，类比法是根据飞机的类型和使用任务（如通用型、航线运输、交通管理、海上平台、森林防火、反潜作战、反坦克作战、空中格斗、边防巡逻、战地救护、后勤保障、飞行任务等）以及该飞机的设计使用包线和飞行限制，按照现有的相应典型飞行谱进行类比修正和外推的编谱方法。采用类比法编制的飞行谱用于初步寿命评估时，应采用足够大的安全系数，以保证所有关键部件在使用寿命期内的飞行安全。任务分解法首先按照飞机预期规定的飞行任务科目及其典型飞行剖面进行状态分解，获得所有的飞行状态和飞行时间。其次，按照各项任务科目出现的频数及其任务剖面对应的各飞行状态持续时间，通过计算分析，得到各飞行状态的时间比例。若用 i 表示预期的任务科目，用 j 表示飞行状态，用 n_i 表示第 i 项任务在一定周期（如 1 年或 100 飞行小时）内预期出现的频数，用 t_{ji} 表示执行一次第 i 项任务中第 j 飞行状态的持续时间，则各飞行状态的时间比例 t_j 可按下式计算：

$$t_j = \frac{\sum_{i=1}^{n} t_{ji} \times n_i}{\sum_{j=1}^{m} \left(\sum_{i=1}^{n} t_{ji} \times n_i \right)} \tag{7-1}$$

式中，n 为任务科目数；m 为全部飞行状态数。

统计分析法包括飞行科目统计分析法和飞行参数的状态识别统计分析法。对于使用中重复性和规律性较强的任务类型，如训练、执勤、航线运输和固定作业等，飞行科目统计分析法与上述任务分解法相似，只是各项飞行任务科目的频数 n_i 和实际飞行时间 t_{ij} 应由足够数量的飞行记录统计获得。飞行科目统计分析法也可通过母体推断方法编制飞行谱，即①飞行科目分析：根据飞行大纲，对相似科目进行合并，通过比较分析，给出典型飞行科目。②飞行状态分析：分析典型飞行科目，获得各典型科目所包含的飞行状态及在科目中所占时间比例。③飞行统计：根据每个飞行员历年来的典型飞行科目记录，以年为单位进行统计，然后，按典型飞行科目对应的飞行状态分解，得到每个飞行员历年的飞行状态时间比例，即以人~年为变量的统计样本。④母体推断：对上述样本进行统计分析、母体推断，求出各状态时间比例母体均值，即可获得对应的使用统计飞行谱。

对于使用中任务多变，规律性和重复性较弱的任务类型，如多用途通用飞机的实战、侦察、救护、拖曳、不固定作业等，采用飞行参数的状态识别统计分析法，由飞行员对各次飞行任务的记录，以及对各种飞行参数的飞行时间估计值，或"飞行状态识别系统"的参数测量记录值，通过飞行参数组合的对应状态分析，获得各飞行状态的时间比例 t_j：

$$t_j = \frac{T_j}{\sum_{j=1}^{m} T_j} \times 100\% \tag{7-2}$$

式中，T_j 为第 j 飞行状态对应的飞行参数组合记录时间；m 为飞行状态数。

飞行参数应包括全机重量、纵向及横向重心位置、飞机空速（平飞、爬高及下滑）、过载系数（飞行姿态）、高度及大气条件（温度、大气压力）、发动机功率、飞行时间（含每次飞行持续时间和每飞行小时的起飞、起落次数）。根据飞机的使用情况统计，按飞行任务大纲和飞行员的飞行记录及飞行手册，将飞行任务科目归并成典型的任务科目，这些任务科目都由不同的飞行状态组成，且各飞行状态在每个科目中所占的时间比例不同。通过对全部飞行任务科目的分析，确定飞行状态，有的任务科目飞行状态多，有的任务科目飞行状态少，有的任务科目虽然其组成的飞行状态相同，但各飞行状态在该飞行任务科目中所占的时间比例不同。

按每个飞行员历年来的飞行任务科目、飞行时间及起落次数等记录的数据，以年为单位进行统计；然后，按飞行任务科目对应的飞行状态分解，得到各飞行状态占全年飞行时间的百分比，即按人~年统计，以扩大子样容量。根据各种飞行状态统计的结果，按人~年进行假设检验和推断，以求出每种飞行状态的母体值；再结合飞行重量、飞行高度、全机重心位置及其所占总飞行时间的百分比，最终，得到代表母体性质的飞机使用飞行谱。

科目统计分析法的编谱思路是，按照飞行任务科目剖面分解得到此科目内的各种飞行状态及其对应的时间比例，通过一个飞行员在一个基本周期（1年）内的飞行任务科目统计结果，即可获得该飞行员在该周期内各种飞行状态及其对应的时间比例，即一个飞行谱采样，通过对全部飞行员历年的飞行记录统计，即可推断反映机群的飞行谱母体；然后，通过母体的参数（包括各飞行状态时间比例的分布函数、标准差、子样容量及其变异系数）分析，可求得飞行谱置信度水平。

$$t_j = \frac{\sum_{i=1}^{n}(t_{ji} \times C_i)}{\sum_{i=1}^{n} C_i} \tag{7-3}$$

$$t_\gamma = \frac{\delta\sqrt{m}}{s/t_{jz}} \tag{7-4}$$

式中，t_j 为飞行谱中第 j 飞行状态时间比例的样本值；γ 为置信度水平；t_{ji} 为第 i 个飞行科目中第 j 个飞行状态的时间比例；n 和 C_i 分别为飞行员在一个周期内的飞行科目种类数和第 i 种飞行科目的重复次数；t_{jz}、s 和 m 分别为第 j 个飞行状态的子样中值、标准差和样本容量；δ 为误差限度。

7.1.2 任务剖面

任务剖面是由任务段和性能参数所组成的任务顺序图或表格，由此构成了飞机执行某种任务的一次完整飞行或出航。任务剖面的编制依据是飞机的使用飞行谱和飞行科目的统计结果，飞机任务剖面的编制一般还应满足以下要求：①满足飞行谱中规定的每飞行小时平均飞行起落次数、全部载荷状态及其对应的时间比例。②符合飞机飞行谱中最具有代表性的典型科目。③符合飞机一次主要典型机动状态（如转弯、加速、机动等）飞行所必需的基本时间要求。飞机各种任务剖面的总和反映了该机种的全部使用情况，各种任务剖面在飞机总使用时间中所占的使用时间比例，称为该任务剖面的使用率 p_i，即

$$p_i = \frac{T_i}{T} \times 100\% \tag{7-5}$$

式中，T_i 为第 i 种任务剖面的使用时间；T 为总使用时间。

各任务剖面的使用时间包含若干次飞行，且每次飞行都有飞行持续时间，在任务剖面顺序中，凡是能够包括各种剖面的各种飞行持续时间，且最少飞行次数不低于一次

的,称为一个剖面顺序块。任务剖面的划分并没有严格的规定,有的较粗,如西方国家普遍采用的 HELIX 谱（用于直升机动部件疲劳试验的加载标准谱）,对海军中型直升机只给出了 4 种剖面。我国某型直升机按照使用统计资料所提供的典型任务剖面也只有 4 种：①50~100m 起落航线；②起落航线；③航线穿云；④检查指示数。这 4 种典型的任务剖面基本上包含了飞行谱中的全部状态。

任务剖面是由任务段所组成的,通常任务剖面图包含了顺序的信息（图 7-1）,运输型直升机典型任务剖面图中的各任务段——起飞、悬停、加速到爬升、加速到巡航速度、巡航、减速到下滑速度、下滑、进场着陆,具有明确的先后顺序。若以表格的形式给出任务段,则其顺序信息难以保留,但在其表格中可以表示下列信息：①一次飞行中每个任务段所用时间 Δt_{ij}；②每个任务段占该任务剖面的使用率 β_{ij}；③每个任务段占总使用时间的百分比 α_{ij}。

$$\beta_{ij} = \frac{\Delta t_{ij}}{t_i} \tag{7-6}$$

$$\alpha_{ij} = p_i \cdot \beta_{ij} \tag{7-7}$$

式中, t_i 为第 i 种任务剖面一次飞行持续时间；p_i 为第 i 种任务剖面的使用率。

图 7-1 运输型直升机任务剖面图

7.2 疲劳载荷谱

载荷谱是按照飞行谱飞行时飞机所承受载荷情况,飞机在每次飞行中大致需要经过以下几个过程：起飞滑行-爬升-巡航（及作各种机动飞行）-下降-着陆撞击-滑行,在每一飞行过程中,飞机都要承受疲劳载荷,因此,地面滑行载荷、突风载荷、机动载荷和着陆撞击载荷等,都是飞机疲劳载荷的组成部分,并且在每次飞行中,这些载荷水平各不相同；飞机这种由地面到空中,再由空中到地面的载荷水平的变化历程,常称为地-空-地载荷循环（图 7-2）。

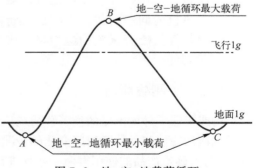

图 7-2 地-空-地载荷循环

飞机每次飞行中的疲劳载荷水平各不相同，因此，造成作用在飞机结构上的交变应力大多随机变化，即应力大小随时间不规则地变化，飞机构件所承受的应力随时间的这种不规则变化历程，就称为飞机构件的应力谱。图7-3就是某民用机机翼下突缘一次飞行的应力谱，它是根据该机种的一次飞行实测得到的。开始时，飞机在跑道上滑行，机翼受自重的作用，翼梁下突缘受压；在滑行中由于跑道不平，飞机颠簸，机翼振动，翼梁下突缘的应力在平均压应力为$s_m=-38$MPa的上下变化。飞机由地面拉起，到一定高度转入平飞，这个上升阶段，平均应力由压应力-38MPa增至相当于$1g$的拉应力100MPa。在平飞中，由于突风和机动飞行的作用，应力在100MPa的上下变化。由于燃油的消耗，平均拉应力不断减小，但减小的幅度不大，设计中常予以略去。飞机准备下滑着陆时下放襟翼，此时，飞机阻力骤增，同时，机翼受一突然升力，使翼梁下突缘受一突然拉应力，然后，飞机下滑到着陆后转入滑行，这个下降阶段，平均应力由100MPa减至-38MPa。在这中间，当飞机轮子着陆瞬时受到撞击，翼梁下突缘受一较大幅值的拉应力。下滑转入在跑道上滑行后的应力与起飞滑行阶段相似，这就是图7-3所示应力谱产生的过程。

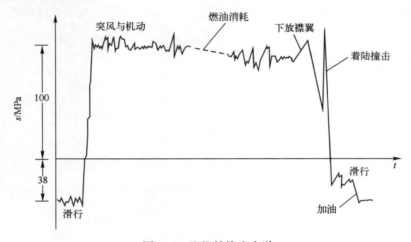

图7-3 飞机结构应力谱

应力谱是对构件进行寿命估算与疲劳试验的先决条件，从图7-3所示的应力谱可以看出，它不仅包含应力的大小，而且包含着出现次数的多少。应该强调指出，由于飞行科目、气候条件、使用地区、航线与飞行员等各种复杂因素的变化，即使对于同一种飞机的同一构件，不同次飞行实测出的应力谱仍有显著的不同。用来进行安全寿命估算及疲劳试验的应力谱，应该是对该种飞机多次飞行实测结果进行统计分析而得到的。

7.2.1 实测载荷谱

结构或机器零件所承受的疲劳载荷或疲劳应力实际上为一连续的随机过程，图7-4示出了载荷的峰值和谷值随时间变化的情况，简称"载荷-时间历程"或"应力-时间历程"。为了确定产品的使用寿命，必须进行全尺寸结构或零件的疲劳试验。欲取得比较可靠的试验结果，疲劳试验应尽可能准确地模拟真实工作状态，然而，由于疲劳载荷的随机性，实际工作状态千变万化，并且由于加载设备条件的限制或者为了压缩试验时间，不得不将实测载荷加以简化，简化成能反映真实情况具有代表性的"典型载荷谱"或"典型应力谱"。以往的做法是简化成"程序加载"，程序加载指的是按一定程序施加不同大小的载荷循环（图7-5），其平均载荷是恒定的，每一周期由若干级恒幅载荷循环组成，同一级的载荷循环称为一个"程序块"，每一周期内的程序块按一定图案排列，图7-5中程序加载属于低-高-低序列。当然，在每一周期内平均载荷也可同时分为若干级变化。

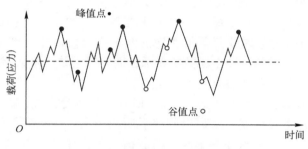

图 7-4　载荷-时间历程（1）

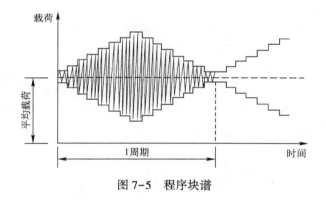

图 7-5　程序块谱

由实测载荷数据简化为典型载荷谱的过程称为"编谱"。编谱时，必须满足如下要求：

（1）编制出的载荷谱应能真实地模拟结构在实际工作中所承受的循环载荷，以用于疲劳试验和疲劳寿命评定。利用载荷谱进行全尺寸结构疲劳试验时，能精确地测定疲劳寿命，并能真实地揭示疲劳薄弱部位。在压缩试验时间施行加速试验时，应考虑到损伤等效的原则。

（2）根据有限次数的实测数据，估计出整批产品的载荷变化规律，以取得具有代表性的典型谱，为此，需借助统计方法，由子样推断母体，并赋予一定的置信度。

（3）对同一工况、各次重复实测采集的载荷-时间历程数据不尽相同，存在一定的分散性。据此编制的载荷谱轻重程度应取决于结构定寿所采用的方法，但应注意，载荷谱过轻或过重都不能真实地展现结构疲劳薄弱部位。

（4）鉴于疲劳载荷或疲劳应力的循环由幅值和均值两个参数描述，因此，编谱时应将幅值和均值作为二维随机变量处理。

（5）由于各种产品工作条件不同，载荷-时间历程的类型也不同，如歼击机的疲劳载荷主要是由机动动作引起的，而对运输机则主要取决于突风和地-空-地循环；此外，结构疲劳损伤的部位和特点也各不相同，所以，编谱工作应有一定的针对性。

7.2.2 雨流-回线法

将载荷-时间历程转化为一系列的载荷完整循环的过程称为"计数法"，国内外已发展的计数法有十余种，从统计观点上看，计数法大体可分为单参数法和双参数法两类。单参数法指的是只考虑载荷循环中的一个变量，譬如变程（相邻的峰值与谷值之差）；而双参数法则同时考虑载荷幅值和均值两个变量。由于疲劳载荷本身固有的特性，对任一载荷循环，总需用两个参数来表示，而只采用单一参数表示，一般不足以描绘载荷循环特征，可见单参数法有较大的缺陷。

近代发展的以双参数法为基础的"雨流-回线法"较为先进，而且在计数原则上有一定的力学依据，故本节仅就此法加以阐述。还应指出，所有现行计数法（包括雨流法）均未计及载荷循环先后次序的影响，但载荷先后次序的影响总是存在的，若将简化后的载荷谱的周期取得短一些（图7-6），则载荷先后次序对疲劳寿命的影响会减至最小程度，这一点已被荷兰国家宇航实验室的试验结果所证实。该试验使用的是含裂纹试样，试验结果列于表7-1中，表中以随机加载下的裂纹扩展寿命作为100%，从而给出其他程序加载下寿命的百分比值，以资比较。在长周期程序加载下，若采取每周期内先加高载再加低载的高-低序列，则裂纹扩展寿命将为随机加载的3倍以上。而在短周期程序加载下，其载荷序列对裂纹扩展寿命影响不大，很接近实际工作中的随机加载情况，它们之间的微小差异或许已为其分散性所掩盖。此外，在疲劳载荷波动不大的稳态循环下，载荷先后次序对疲劳寿命也无甚影响。

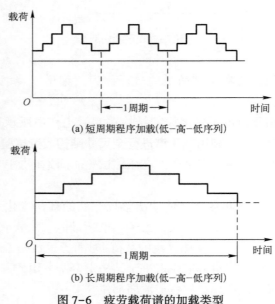

图7-6 疲劳载荷谱的加载类型

表 7-1　谱型对比试验的裂纹扩展寿命数据

载 荷 序 列	裂纹扩展寿命 N^*/次循环	百分比/%
随机加载	1 167 000	100
短周期程序加载 （40 次循环/周期） 低-高序列 低-高-低序列 高-低序列	 1 113 000 1 197 000 1 333 000	 95 103 114
长周期程序加载 （40000 循环/周期） 低-高-低序列 高-低序列	 3 012 000 3 639 000	 258 312

最初，雨流法是由 Matsuishi 和 Endo 等考虑了材料应力-应变行为而提出的一种计数法，该法认为塑性的存在是疲劳损伤的必要条件，并且其塑性性质表现为应力-应变的迟滞回环。一般情况下，虽然名义应力处于弹性范围，但从局部的、微观的角度来看，塑性变形仍然存在。如图 7-7（a）所示应变-时间历程，其对应的循环应力-应变曲线示于图 7-7（b）中，由图可见，两个小循环 2-3-2′、5-6-5′和一个大循环 1-4-7 分别构成两个小的和一个大的迟滞回环。如果疲劳损伤以此为标志，并且假定一个大变程所引起的损伤，不受为完成一个小的迟滞回环而截断的影响，那么可逐次将构成较小迟滞回环的较小循环，从整个应变-时间历程中提取出来，重新加以组合，这样，图 7-7（a）应变-时间历程将简化为图 7-8 的形式，而认为两者对材料引起的疲劳损伤是等效的。

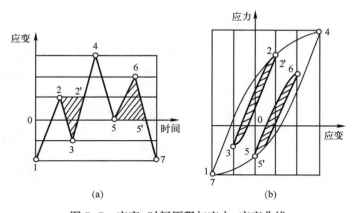

图 7-7　应变-时间历程与应力-应变曲线

雨流-回线法即基于上述原理进行计数的（图 7-9），取时间为纵坐标，垂直向下，载荷-时间历程形如一宝塔屋顶，设想雨滴以峰、谷为起点，向下流动。根据雨滴流动的迹线，确定载荷循环，雨流法的名称即由此得来。为实现其计数原理，特作如下规定：首先，从某一点 0 开始（图 7-9），凡起始于波谷的雨流遇到比它更低的谷值（代数值）便停止，如起始于波谷 0 的雨流止于波谷 f 的水平线，因为波谷 f 的谷值（代数值）比波谷 0 的谷值要低。类似地，凡起始于波峰的雨流遇到比它更高的峰值便停止，如起始于波峰 a 的雨流止于波峰 e 的水平线。其次，在雨滴流动过程中，凡遇到上面流下的雨滴时也就停止，如起始于波峰 c 的雨流止于 b'；起始于波谷 d 的雨流止于 a'。这样，根据雨滴流动的起点和终点，可勾画出一系列完整的循环，如 b-c-b' 和 a-d-a' 等。最后，将所有完整的循环逐个提取出来，记录下它们的峰值和谷值。因为在图 7-9 中只取了很小一段载荷-时间历程，所以，图中还包括有"未完"的雨流。

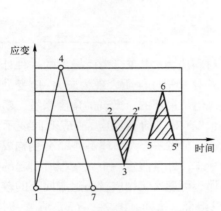

图 7-8　独立的应变-时间历程

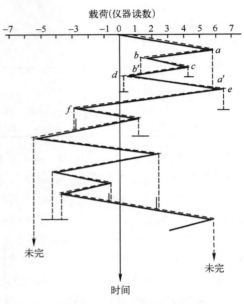

图 7-9　载荷-时间历程及其雨流计数

经过这样的计数后，最终会遗留下发散-收敛波（图 7-10（a））。按雨流法计数原则，此种波形无法再构成完整的循环，因此，需要采取其他的措施。一种简便可行的方法，是在最高波峰 a 或最低波谷 b 处将波形截成两段，使左段起点与右段末点相接，构成收敛-发散波（图 7-10（b）），此时，雨流-回线法计数原则可继续使用，直至记录完毕为止。

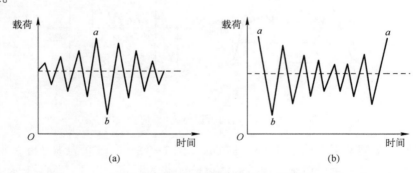

图 7-10　发散-收敛波与收敛-发散波

对于任一实测载荷-时间历程（图 7-11），通常由图 7-12 所示的两类代表性载荷循环波形组成，波形上 4 个连续峰谷值点 A、B、C 和 D 的数值满足如下：

$$|x_C-x_B| \leqslant |x_B-x_A| \tag{7-8}$$

$$|x_C-x_B| \leqslant |x_D-x_C| \tag{7-9}$$

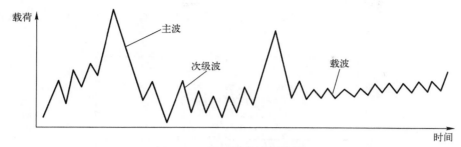

图 7-11 实测载荷-时间历程

采用雨流-回线法计数处理,可以提取出图 7-12 上阴影所示的载荷循环,提取出的独立载荷循环的幅值与均值分别为

$$s_a = \frac{|x_C - x_B|}{2} \quad (7-10)$$

$$s_m = \frac{x_C + x_B}{2} \quad (7-11)$$

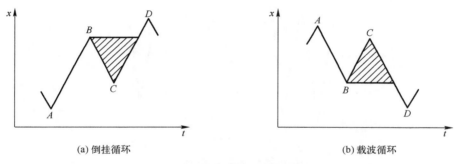

(a) 倒挂循环   (b) 载波循环

图 7-12 代表性载荷循环波形

根据雨流-回线法计数原理,发展出的疲劳载荷谱的载荷循环判识准则(式(7-8)和式(7-9))及载荷循环提取公式(7-10)和式(7-11),简便可行,易于计算机编程处理。

从最终会遗留下的发散-收敛波(图 7-13)的迟滞回线图(图 7-14)可以看到封闭迟滞回线循环 2-3、4-5、6-7 和开口迟滞回线循环 1-8-9-10、10-11-12、12-13-14 和 14-15-16,这意味着只有载荷循环 2-3、4-5 和 6-7 能得以提取,而无法提取载荷循环 1-8-9-10、10-11-12、12-13-14 和 14-15-16,按照前述发散-收敛波的计数原理,在最高波峰点(图 7-13 上点 8)或最低波谷点(图 7-13 上点 9)处将波形截成两段,使左段起点与右段末点相接,构成收敛-发散波(图 7-15),此时,从其迟滞回线图(图 7-16)上可见所有迟滞回线均封闭,意味着可以提取出所

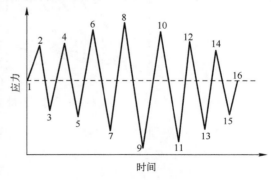

图 7-13 发散-收敛波(1)

有载荷循环（如图 7-17 所示），最后只剩一个独立载荷循环（图 7-18），由此可见，收敛-发散波得以全部提取。

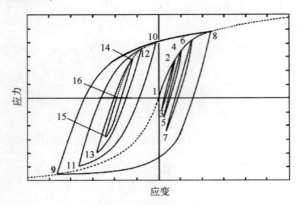

图 7-14　发散-收敛波迟滞回线（1）

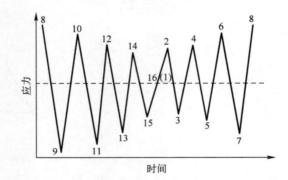

图 7-15　收敛-发散波（1）

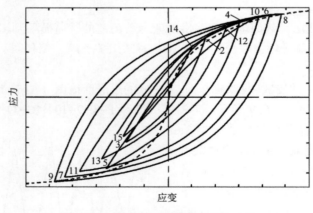

图 7-16　收敛-发散波迟滞回线（2）

对于任一发散-收敛波（图 7-19），根据上述计数原理，可得到收敛-发散波（图 7-20），那么，对于图 7-19 和图 7-20 所示波形上 4 个任意连续峰谷值点 $j=i-1,\cdots,i+2$，其载荷数值满足下列关系式：

$$(s_{i-1}-s_{i+1})(s_{i+2}-s_i)>0 \tag{7-12}$$

$$s_i - s_{i+1} > 0 \tag{7-13}$$

然后，采用雨流-回线法，可以提取出全部载荷循环（图7-21和图7-22），提取出的独立载荷循环的幅值与均值分别为

$$s_a = \frac{|s_{i+1} - s_i|}{2} \tag{7-14}$$

$$s_m = \frac{s_{i+1} + s_i}{2} \tag{7-15}$$

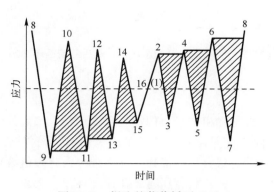

图7-17 提取的载荷循环（1）

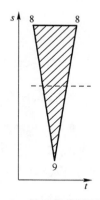

图7-18 最后载荷循环（1）

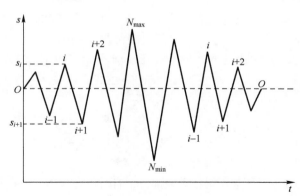

图7-19 发散-收敛波（2）

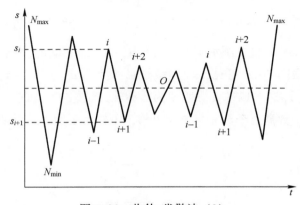

图7-20 收敛-发散波（2）

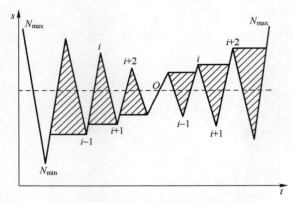 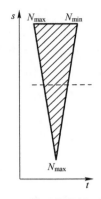

图 7-21 提取的载荷循环（2）　　　　图 7-22 最后载荷循环（2）

7.2.3 波动中心法

如上所述，应将载荷幅值和均值视为二维随机变量，但在工程应用中，国内外常常采取"波动中心"法，将其简化为一维随机变量问题。波动中心为所有载荷循环均值的总平均值，以波动中心作为载荷循环的静力成分，幅值作为动力成分，将幅值叠加于波动中心之上，这样，把波动中心视为固定参数，代替所有载荷循环均值，无须考虑均值的分布。

利用雨流计数结果中的载荷或应力均值数值，很容易求得总平均值 $\overline{M}$，即波动中心 $\overline{M}$，再考虑幅值的分布，将幅值分组，幅值组限由幅值的中值确定，幅值 s_a 遵循何种概率分布视具体情况而定，常用的概率分布有正态分布和威布尔分布，即

$$f(s_a) = \frac{1}{\sigma\sqrt{2\pi}} e^{-\frac{(s_a-\mu)^2}{2\sigma^2}} \tag{7-16}$$

$$f(s_a) = \frac{b}{A_a - A_0}\left(\frac{s_a - A_0}{A_a - A_0}\right)^{b-1} \exp\left[-\left(\frac{s_a - A_0}{A_a - A_0}\right)^b\right] \tag{7-17}$$

式中，A_0 为最小幅值；A_a 为特征参数；b 为形状参数。

最新研究结果发现，对于某些机械动力部件，有时正态分布、威布尔分布或其他常用概率分布均与实测载荷谱数据不符，从而，发展有"半正态分布"，半正态概率密度函数为

$$f(s_a) = \frac{\sqrt{2}}{\sigma_1\sqrt{\pi}} e^{-\frac{(s_a-\mu_1)^2}{2\sigma_1^2}} \quad (\mu_1 \leqslant s_a < \infty) \tag{7-18}$$

半正态概率密度曲线及其直方图示于图 7-23 中，此处 μ_1 和 σ_1 并非半正态分布的母体平均值和标准差。由图 7-23 可见，母体参数 μ_1 估计量 $\hat{\mu}_1$ 应等于 A 点横坐标值。计算母体参数 σ_1 估计量 $\hat{\sigma}_1$ 时，以过 A 点垂线为对称轴，设想在此轴左方存在有完全相同的对称直方图，这样，数据点个数 n 将增大 1 倍，子样大小为 $2n$，据此可求得估计量 $\hat{\sigma}_1$：

$$\begin{cases} \hat{\mu}_1 = \min\{s_{a1}, s_{a2}, \cdots, s_{an}\} \\ \hat{\sigma}_1 = \sqrt{\dfrac{2\sum\limits_{i=1}^{n}(s_{ai} - \hat{\mu}_1)^2}{2n-1}} \end{cases} \tag{7-19}$$

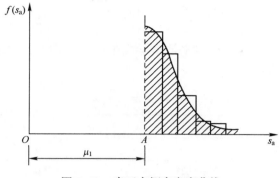

图 7-23　半正态概率密度曲线

7.2.4　变均值法

波动中心法一般适用于对称型载荷-时间历程（图 7-24（a）），如汽车和拖拉机等转轴的受载情况，但是，实践经验表明，对于非对称型载荷-时间历程（图 7-24（b）），如飞机或直升机部件受载情况，简化结果则与实际情况相距甚远。其主要问题在于波动中心法以统一的总平均值 $\overline{M}$ 代替所有载荷循环的均值，这样必然造成过分的失真，因此，还应考虑载荷均值的变化，从而发展了变均值法。

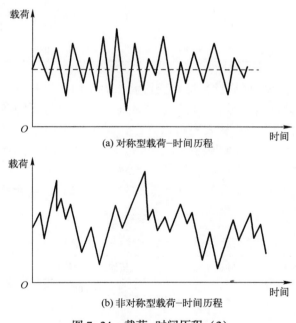

(a) 对称型载荷-时间历程

(b) 非对称型载荷-时间历程

图 7-24　载荷-时间历程（2）

变均值法是以相同的幅值作为一组，采用各个"组平均值"。利用所示雨流-回线计数法的处理结果，可以列出幅值-均值频数表（表 7-2）。表中按幅值大小共分 9 组。每一列中频数之和即组频数。组平均值为以频数为权的加权平均值，如第 4 组的组平均值等于

$$\frac{13\times7+43\times9+52\times11+16\times13}{13+43+52+16}\approx 10.145$$

这样，根据表 7-2 中数据，可得组平均值随幅值的变化曲线，以取代总平均值；再将幅值叠加于组平均值曲线之上。

表 7-2 二维疲劳载荷分组数据

项 目		幅值								
		1	2	3	4	5	6	7	8	9
均值	6	11	0	25	0	8	0	0	0	0
	7	0	33	0	13	0	17	0	0	0
	8	30	0	54	0	33	0	12	0	0
	9	0	72	0	43	0	9	0	10	0
	10	45	0	68	0	42	0	27	0	4
	11	0	64	0	52	0	19	0	11	0
	12	32	0	57	0	14	0	8	0	2
	13	0	48	0	16	0	0	0	0	0
	14	18	0	11	0	0	0	0	0	0
	15	0	7	0	0	0	0	0	0	0
组频数		136	224	215	124	97	45	47	21	6
组平均数		10.235	10.321	9.767	10.145	9.278	9.089	9.83	10.048	10.667

最新研究指出，雨流-回线计数法和变均值法的联用效果甚佳。将实测随机载荷与经雨流-回线法计数处理后编制的变均值程序块谱，施加于等同的各个试样，做对比试验，试验结果列于表 7-3 中，从表中可以看出，采用随机载荷谱与短周期变均值块谱试验，二者测得的疲劳寿命符合很好，无显著差异。由此可得出结论，按雨流-回线法计数，采取短周期变均值程序加载，则载荷先后次序和过载迟滞效应等影响可忽略不计。此处，短周期指的是在试验寿命中周期总数大于 100。该法能真实地模拟构件所承受的随机载荷，适用于室内疲劳试验。

表 7-3 谱型对比试验数据

谱型寿命	试件序号	随机载荷谱	短周期变均值块谱	长周期变均值块谱
裂纹形成寿命 N/次循环	1	44 700	56 500	55 700
	2	56 000	48 500	82 300
	3	47 800	54 800	73 300
	4	60 600	46 000	65 300
	5	58 200	48 100	85 000
	6	56 100		82 000
	平均值	53 900	50 780	73 933

(续)

谱型寿命	试件序号	随机载荷谱	短周期变均值块谱	长周期变均值块谱
裂纹扩展寿命 N^*/次循环	1	61 400	30 000	55 300
	2	25 070	30 800	41 700
	3	22 500	33 900	47 700
	4	25 000	32 600	41 200
	5	25 400	32 500	49 700
	6	21 900	—	59 100
	平均值	30 212	31 960	49 117
全寿命/次循环	1	106 100	86 500	111 000
	2	81 070	79 300	124 000
	3	70 300	88 700	121 000
	4	85 600	78 600	106 500
	5	83 600	80 600	134 700
	6	78 000	—	141 500
	平均值	84 112	82 740	123 117

研究结果表明，应力幅值 s_a 通常遵循半正态分布或三参数威布尔分布，而应力均值 s_m 则通常遵循三参数威布尔分布或正态分布。如果应力幅值 s_a 遵循三参数威布尔分布，应力遵循 s_m 服从正态分布，且应力幅值与应力均值相互独立，那么疲劳应力的二维概率密度函数（图 7-25）为

$$f(s_a, s_m) = \frac{b}{A_a - A_0} \cdot \left(\frac{s_a - A_0}{A_a - A_0}\right)^{b-1} \cdot \frac{1}{\sigma\sqrt{2\pi}} \cdot \exp\left\{-\left[\left(\frac{s_a - A_0}{A_a - A_0}\right)^b + \frac{(s_m - \mu)^2}{2\sigma^2}\right]\right\} \quad (7-20)$$

式中，μ、σ、A_0、A_a、b 为待定参数。

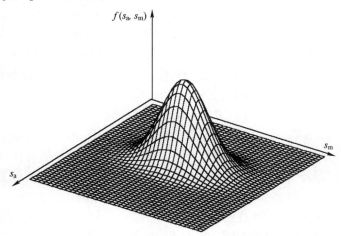

图 7-25 威布尔分布和正态分布的二维概率密度曲面

如果应力幅值 s_a 遵循半正态分布，应力均值 s_m 遵循正态分布，且二者相互独立，那么疲劳应力的二维概率密度函数（图 7-26）为

$$f(s_a, s_m) = \frac{1}{\pi \sigma_1 \sigma_2} \cdot \exp\left\{-\frac{1}{2}\left[\left(\frac{s_a - \mu_1}{\sigma_1}\right)^2 + \left(\frac{s_m - \mu_2}{\sigma_2}\right)^2\right]\right\} \tag{7-21}$$

式中，μ_1 和 σ_1 均为半正态分布的母体参数；μ_2 和 σ_2 分别为正态分布的母体平均值与标准差。

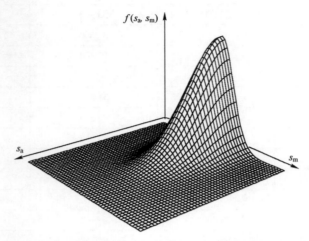

图 7-26 半正态分布和正态分布的二维概率密度曲面

7.3 疲劳加速试验载荷谱

7.3.1 疲劳应力循环分类的量化

根据产品的工作条件和性质，按载荷循环对构件造成疲劳损伤的主次，实测载荷-时间历程（图 7-11）中的载荷循环可以分为三类：

(1) 主波（一级波）：造成疲劳损伤的主要载荷循环，即能构成较大的迟滞回环的载荷循环，此类波形基本上代表构件的工作载荷，它们在载荷谱中所占的数量虽然很少，但是，每个循环对结构造成的损伤很大。由于在这类载荷作用下结构应力集中区往往进入塑性变形状态，载荷循环先后交互作用十分复杂，所以，在编制试验谱时，应保持实测载荷随时间变化的自然形态。

(2) 二级波：构件在工作过程中，除了承受主要的工作载荷循环，常常伴随有次要的或回弹振动的载荷循环，这些载荷循环表现为二级波，构成较小的迟滞回环。例如歼击机作机动飞行时，在大的机动过载循环（主波）中，总伴随有由突风或机动动作前后引起的小载荷循环（二级波）。按雨流-回线计数法，此类二级波易于与主波区别开来，在试验谱中可以将多个较小二级波折算成一个较大的二级波。

对于在二级波上载有二级波的情况，可将它们分解为两个独立的完整载荷循环（图 7-27）。然后，按损伤等效原则，可将此大、小两个载荷循环合并为一较大的载荷循环，这样，有利于加速试验。

(3) 三级波：一些不造成疲劳损伤的高阶小量载荷循环，数量极多。此类波形在磁带记录上呈细微的锯齿状，在数据预处理阶段，应设置门槛值，将其剔除、滤掉

（图 7-28）。

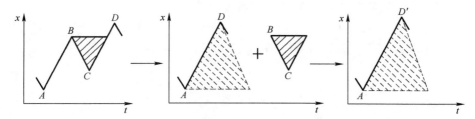

图 7-27　两个二级波合并成一新二级波示意图

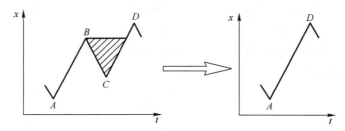

图 7-28　三级波剔除示意图

由此可见，编谱时只需考虑与疲劳损伤有关的主波及二级波，但这三类载荷循环的分类随疲劳损伤的不同阶段而有所改变。在裂纹形成阶段，结构的损伤表现为结构内部的滑移带形成和微裂纹萌生，此时，低于疲劳极限的载荷循环实际上不造成结构的损伤，可以划为三级波。在裂纹扩展阶段，即存在工程可检裂纹时，原低于疲劳极限的三级波将可能归属二级波，低于疲劳裂纹扩展门槛值的载荷循环方可作为三级波，而造成裂纹中速扩展的载荷循环属于二级波，造成裂纹以较快速度扩展的载荷循环则属于一级波。

对于疲劳裂纹形成，从工程观点出发，通常取 $N_f = 10^7$ 次循环和 $N_T = 10^4$ 次循环分别作为三级波和主波的判别门槛值，即裂纹形成寿命长于 N_f 所对应的应力循环可判别为三级波，而裂纹形成寿命短于 N_T 的应力循环则判别为主波。

由式（6-4）和式（6-7），可导出疲劳性能 S-N 曲面：

$$C = N \left(\frac{\sigma_b S_a}{\sigma_b - S_m} - S_0 \right)^m \tag{7-22}$$

由式（7-22），可写出应力循环的判别准则：

$$\sigma_b s_a + \left[\left(\frac{C}{N_f} \right)^{\frac{1}{m}} + S_0 \right] s_m \leqslant \left[\left(\frac{C}{N_f} \right)^{\frac{1}{m}} + S_0 \right] \sigma_b \tag{7-23}$$

$$\sigma_b s_a + \left[\left(\frac{C}{N_T} \right)^{\frac{1}{m}} + S_0 \right] s_m \geqslant \left[\left(\frac{C}{N_T} \right)^{\frac{1}{m}} + S_0 \right] \sigma_b \tag{7-24}$$

当应力循环满足式（7-23）时，则判别为三级波；而当满足式（7-24）时，则判定为主波；当式（7-23）和式（7-24）都不满足时，判别为二级波。

对于疲劳裂纹扩展，按式（6-40），疲劳裂纹扩展速率 Walker 公式为

$$da/dN = C (\Delta K)^{m_1} (1-R)^{m_2}$$

将式（6-55）和式（6-57）分别代入上式，化简后，可分别得到考虑与不考虑裂纹尖端塑性区修正的疲劳裂纹扩展速率 Walker 公式：

$$\frac{\mathrm{d}a}{\mathrm{d}N} = C \left\{ \frac{s_\mathrm{m}+s_\mathrm{a}}{\sqrt{1-\pi\alpha\left[(s_\mathrm{m}+s_\mathrm{a})/\sigma_\mathrm{s}\right]^2}} - \frac{s_\mathrm{m}-s_\mathrm{a}}{\sqrt{1-\pi\alpha\left[(s_\mathrm{m}-s_\mathrm{a})/\sigma_\mathrm{s}\right]^2}} \right\}^{m_1} [Y(a)]^{m_1} \left(\frac{2s_\mathrm{a}}{s_\mathrm{m}+s_\mathrm{a}}\right)^{m_2} \tag{7-25}$$

$$\frac{\mathrm{d}a}{\mathrm{d}N} = 2^{(m_1+m_2)} C \cdot s_\mathrm{a}^{(m_1+m_2)} (s_\mathrm{m}+s_\mathrm{a})^{-m_2} [Y(a)]^{m_1} \tag{7-26}$$

式中，$Y(a)=\beta(a)\sqrt{\pi a}$；$\beta(a)$ 为疲劳裂纹几何修正系数。

工程上常取裂纹扩展速率 $(\mathrm{d}a/\mathrm{d}N)_f = 10^{-6}$ mm/次循环和 $(\mathrm{d}a/\mathrm{d}N)_T = 10^{-4}$ mm/次循环分别作为三级波和主波的判别门槛值，即裂纹扩展速率小于 $(\mathrm{d}a/\mathrm{d}N)_f$ 的应力循环可判定为三级波，而扩展速率大于 $(\mathrm{d}a/\mathrm{d}N)_T$ 的应力循环则判定为主波。由式（7-25）可写出应力循环的判别准则：

$$\left\{ \frac{s_\mathrm{m}+s_\mathrm{a}}{\sqrt{\sigma_\mathrm{s}^2-\pi\alpha(s_\mathrm{m}+s_\mathrm{a})^2}} - \frac{s_\mathrm{m}-s_\mathrm{a}}{\sqrt{\sigma_\mathrm{s}^2-\pi\alpha(s_\mathrm{m}-s_\mathrm{a})^2}} \right\}^{m_1} \left(\frac{s_\mathrm{a}}{s_\mathrm{m}+s_\mathrm{a}}\right)^{m_2} \leqslant \frac{(\mathrm{d}a/\mathrm{d}N)_f}{2^{m_2} C [\sigma_\mathrm{s} \cdot Y(a_0)]^{m_1}} \tag{7-27}$$

$$\left\{ \frac{s_\mathrm{m}+s_\mathrm{a}}{\sqrt{\sigma_\mathrm{s}^2-\pi\alpha(s_\mathrm{m}+s_\mathrm{a})^2}} - \frac{s_\mathrm{m}-s_\mathrm{a}}{\sqrt{\sigma_\mathrm{s}^2-\pi\alpha(s_\mathrm{m}-s_\mathrm{a})^2}} \right\}^{m_1} \left(\frac{s_\mathrm{a}}{s_\mathrm{m}+s_\mathrm{a}}\right)^{m_2} \geqslant \frac{(\mathrm{d}a/\mathrm{d}N)_T}{2^{m_2} C [\sigma_\mathrm{s} \cdot Y(a_0)]^{m_1}} \tag{7-28}$$

式中，a_0 为初始裂纹尺寸，通常为工程可检裂纹长度 1.00mm 左右。当应力循环满足式（7-27）时，则判定为三级波；而当满足式（7-28）时，则判定为主波；当式（7-27）和式（7-28）都不满足时，应力循环判定为二级波。

应力循环的判别式（7-27）和式（7-28）考虑了疲劳裂纹尖端塑性区修正，而由式（7-26）可建立不考虑裂纹尖端塑性区修正的应力循环判别准则：

$$\frac{s_\mathrm{a}^{(m_1+m_2)}}{(s_\mathrm{m}+s_\mathrm{a})^{m_2}} \leqslant \frac{(\mathrm{d}a/\mathrm{d}N)_f}{2^{(m_1+m_2)} C [Y(a_0)]^{m_1}} \tag{7-29}$$

$$\frac{s_\mathrm{a}^{(m_1+m_2)}}{(s_\mathrm{a}+s_\mathrm{m})^{m_2}} \geqslant \frac{(\mathrm{d}a/\mathrm{d}N)_T}{2^{(m_1+m_2)} C [Y(a_0)]^{m_1}} \tag{7-30}$$

式（7-29）和式（7-30）分别为式（7-27）和式（7-28）的退化形式，简单易于使用。

7.3.2 疲劳损伤当量折算

在编谱过程中，总出现有频数很高，幅值很小的载荷，此类载荷统称"高频数小载荷"。对零、部件进行全尺寸试验时，施加此类载荷所需的时间常常占总试验时间的大部分。因此，必须将高频数小载荷按疲劳损伤等效的原则，折算成"低频数大载荷"，以压缩试验时间。Miner 线性累积损伤理论常作为损伤当量折算的基础，一个应力循环 $(s_\mathrm{a}, s_\mathrm{m})$ 造成的损伤可写为

$$D(s_\mathrm{a}, s_\mathrm{m}) = \frac{1}{N(s_\mathrm{a}, s_\mathrm{m})} \tag{7-31}$$

式中，$N(s_a, s_m)$ 由疲劳性能 S-N 曲线确定。

为了将图 7-27 所示的两个相邻的连续应力循环 (s_{a1}, s_{m1}) 和 (s_{a2}, s_{m2}) 合并为新二级波，根据损伤当量原则，由式（7-22）和式（7-31），可建立疲劳裂纹形成的损伤当量折算公式：

$$\left[\frac{\sigma_b}{\sigma_b - (s_m)_{eq}}(s_a)_{eq} - S_0\right]^m = \left(\frac{\sigma_b}{\sigma_b - s_{m1}}s_{a1} - S_0\right)^m + \left(\frac{\sigma_b}{\sigma_b - s_{m2}}s_{a2} - S_0\right)^m \quad (7-32)$$

令 $(s_{min})_{eq} = s_{min2} = s_{m2} - s_{a2}$，$M = \left[\left(\frac{\sigma_b}{\sigma_b - s_{m1}}s_{a1} - S_0\right)^m + \left(\frac{\sigma_b}{\sigma_b - s_{m2}}s_{a2} - S_0\right)^m\right]^{-\frac{1}{m}} + S_0$，则由式（7-32）可分别得到合并后新二级波的应力幅值与均值：

$$(s_a)_{eq} = \frac{(\sigma_b + s_{a2} - s_{m2})M}{\sigma_b + M} \quad (7-33)$$

$$(s_m)_{eq} = \frac{\sigma_b(s_{m2} - s_{a2} - M) + 2M(s_{m2} - s_{a2})}{\sigma_b + M} \quad (7-34)$$

对式（7-26）分离变量并积分，可得广义断裂 S-N 曲面：

$$N = \frac{(s_m + s_a)^{m_2}}{2^{(m_1+m_2)} C s_a^{(m_1+m_2)}} \int_{a_0}^{a_{cr}} [Y(a)]^{-m_1} da \quad (7-35)$$

式中，a_{cr} 为临界裂纹长度，由下式确定：

$$a_{cr} \cdot \beta(a_{cr}) = \frac{K_C}{(s_m + s_a)\sqrt{\pi}} \quad (7-36)$$

令

$$Q = \frac{\int_{a_0}^{a_{cr}} a^{\frac{-m_1}{2}} [\beta(a)]^{-m_1} da}{2^{(m_1+m_2)} \pi^{\frac{m_1}{2}} C} \quad (7-37)$$

则式（7-35）变为

$$N = Q \cdot \frac{(s_m + s_a)^{m_2}}{s_a^{(m_1+m_2)}} \quad (7-38)$$

同样，根据损伤当量原则和 Miner 累积损伤理论，可建立疲劳裂纹扩展损伤当量折算公式：

$$\frac{(s_a)_{eq}^{(m_1+m_2)}}{[(s_m)_{eq} + (s_a)_{eq}]^{m_2}} = \frac{s_{a1}^{(m_1+m_2)}}{(s_{m1} + s_{a1})^{m_2}} + \frac{s_{a2}^{(m_1+m_2)}}{(s_{m2} + s_{a2})^{m_2}} \quad (7-39)$$

令 $(s_{min})_{eq} = s_{min2} = s_{m2} - s_{a2}$，$H = \frac{s_{a1}^{(m_1+m_2)}}{(s_{m1} + s_{a1})^{m_2}} + \frac{s_{a2}^{(m_1+m_2)}}{(s_{m2} + s_{a2})^{m_2}}$，则由式（7-39）可分别推导出合并后新二级波的应力幅值与均值：

$$(s_a)_{eq} = [H \cdot (s_{m2} + s_{a2})^{m_2}]^{\frac{1}{m_1+m_2}} \quad (7-40)$$

$$(s_m)_{eq} = s_{m2} - s_{a2} + [H \cdot (s_{m2} + s_{a2})^{m_2}]^{\frac{1}{m_1+m_2}} \quad (7-41)$$

7.3.3 试验验证

为验证上面编谱原理，先后进行了 LY12 铝合金、40CrNiMoA 和 30CrMnSiNi2A 合金钢三种材料实测原谱与加速谱对比试验验证。

例 7-1 LY12 铝合金试样如图 7-29 所示,试验在 MTS-880-50kN 疲劳试验机上进行,加载频率为 15Hz,试验环境为大气室温,实测载荷谱如图 7-30 所示,试样材料在应力集中系数 $K_t = 2.5$ 下的广义疲劳 S-N 曲面为

$$N = 3.86 \times 10^9 \left(\frac{460.00}{460.00 - S_m} S_a - 27.00 \right)^{-2.43}$$

疲劳裂纹扩展速率 da/dN-ΔK 曲线为

$$\frac{da}{dN} = 1.19 \times 10^{-2} (\Delta K)^{3.83} (1-R)^{-1.43}$$

应力比 $r = 0.05$ 下的断裂门槛值 $\Delta K_{th} = 2.8 \mathrm{MPa \cdot m^{1/2}}$。采用前面所述编谱方法,编制的加速谱如图 7-31 所示。图 7-30 和图 7-31 所示原谱和加速谱分别由 151 个和 37 个应力循环组成,原谱和加速谱各做了 5 个和 8 个试样疲劳试验,试验结果如表 7-4 所示。从表 7-4 中可见,两组试验寿命的相对偏差为

$$\frac{|1582.25 - 1546|}{1582.25} \times 100\% = 2.3\%$$

原谱试样的平均试验时间为 4h19min,而加速谱试样的平均试验时间为 1h5min,减少了 3h14min。

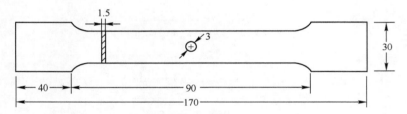

图 7-29 LY12 铝合金试样

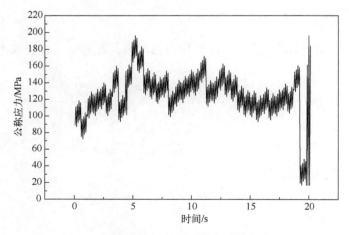

图 7-30 LY12 铝合金原谱

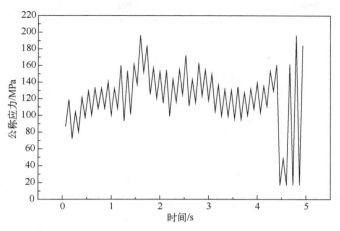

图 7-31 LY12 铝合金加速谱

表 7-4 LY12 铝合金试验寿命结果

试 样 号	原 谱		加 速 谱	
	（循环）	（周期）	（循环）	（周期）
1	249 603	1653	58940	1592
2	227 708	1508	52133	1409
3	256 851	1701	57830	1562
4	226 500	1500	71891	1943
5	206 568	1368	59681	1613
6			56425	1525
7			56017	1513
8			59239	1501
平均寿命		1546		1582.25
总试验时间	21h37min		8h45min	
平均试验时间	4h19min		1h5min	

例 7-2 40CrNiMoA 合金钢试样如图 7-32 所示，试验在 MTS-880-500kN 疲劳试验机上进行，加载频率为 10Hz，试验环境为大气室温，实测载荷谱如图 7-33 所示，40CrNiMoA 合金钢在应力比 $r=0.1$ 下的断裂门槛值 $\Delta K_{th}=5.54\mathrm{MPa}\cdot\mathrm{m}^{1/2}$，疲劳裂纹扩展速率 $\mathrm{d}a/\mathrm{d}N$-ΔK 曲线为

$$\frac{\mathrm{d}a}{\mathrm{d}N}=1.56\times10^{-4}(\Delta K)^{2.95}$$

采用前述编谱方法编制的加速谱如图 7-34 所示，图 7-33 和图 7-34 所示原谱和加速谱分别由 609 个和 139 个应力循环组成，原谱和加速谱各做了 6 个和 9 个试样疲劳试验，试验结果如表 7-5 所示。从表 7-5 中可见，两组试验寿命的相对偏差为

$$\frac{|1475.17-1415.89|}{1475.17}\times100\%\approx4.02\%$$

原谱试样的平均试验时间为 24h57.8min，而加速谱试样的平均试验时间为 5h28min，减少了 19h30min。

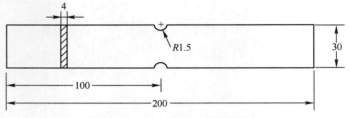

图 7-32 40CrNiMoA 合金钢试样

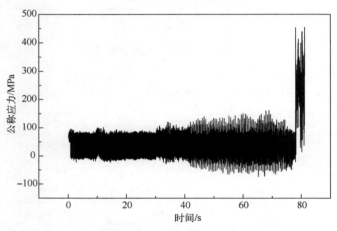

图 7-33 40CrNiMoA 原谱

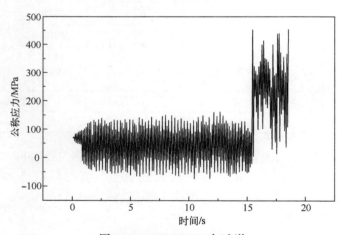

图 7-34 40CrNiMoA 加速谱

表 7-5 40CrNiMoA 合金钢试验寿命结果

试 样 号	原谱		加速谱	
	（次循环）	（周期）	（次循环）	（周期）
1	1 091 937	1793	213 173	1533
2	834 330	1370	203 770	1465

(续)

试 样 号	原谱		加速谱	
	（次循环）	（周期）	（次循环）	（周期）
3	984 758	1617	168 739	1213
4	841 635	1382	216 563	1558
5	878 765	1442	169 031	1216
6	760 587	1247	206 972	1489
7			194 739	1401
8			220 988	1589
9			177 781	1279
平均寿命		1475.17		1415.89
总试验时间	149h46.7min		49h13min	
平均试验时间	24h57.8min		5h28min	

例 7-3 30CrMnSiNi2A 合金钢试样如图 7-35 所示，试验同样在 MTS-880-500kN 疲劳试验机上进行，加载频率为 10Hz，试验环境为大气室温，实测载荷谱如图 7-36 所示，30CrMnSiNi2A 合金钢在应力比 $r=0.1$ 下的断裂门槛值 $\Delta K_{th} = 3.67 \text{MPa} \cdot \text{m}^{1/2}$，疲劳裂纹扩展速率 da/dN-ΔK 曲线为

$$\frac{da}{dN} = 3.011 \times 10^{-8} (\Delta K)^{2.45} (1-R)^{-0.98}$$

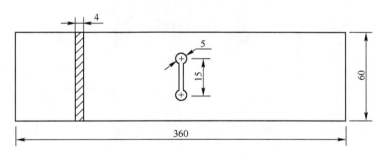

图 7-35 30CrMnSiNi2A 合金钢试样

同样，采用前述编谱方法编制的加速谱如图 7-37 所示，图 7-36 和图 7-37 所示原谱和加速谱分别由 6906 个和 1663 个应力循环组成，原谱和加速谱各做了 3 个和 5 个试样疲劳试验，试验结果如表 7-6 所示。从表 7-6 中可见，两组试验寿命的相对偏差为

$$\frac{|49.6-52.31|}{49.6} \times 100\% = 5.46\%$$

原谱试样的平均试验时间为 10h6min，而加速谱试样的平均试验时间为 2h1min，减少了 8h5min。

从上述三种材料验证试验结果可以看出，原谱与加速谱试验结果吻合良好，而试验时间得到大幅压缩，说明编谱方法效果良好。

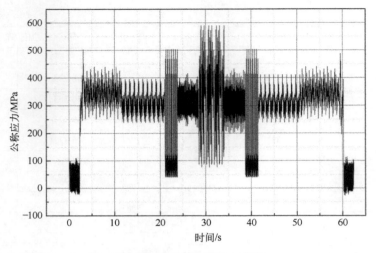

图 7-36　30CrMnSiNi2A 原谱

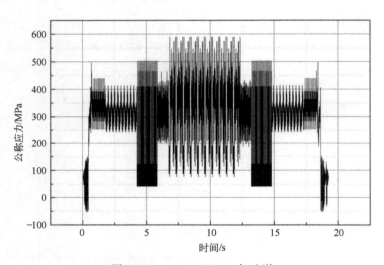

图 7-37　30CrMnSiNi2A 加速谱

表 7-6　30CrMnSiNi2A 合金钢试验寿命结果

试 样 号	原谱		加速谱	
	（次循环）	（周期）	（次循环）	（周期）
1	367 340	53	87307	50
2	297 193	43	65194	37
3	427 556	61	115 307	66
4			106 088	60
5			62739	35
平均寿命		52.33		49.6
平均试验时间	10h6min		2h1min	

7.4 5×5谱编谱实例

民用飞机使用情况相对简单，通常不进行大过载的机动飞行，因此，其飞行谱中各机动飞行状态可统一进行考虑，但是，最终的飞行谱必须根据飞机的实际飞行使用情况，进行大子样的统计分析确定。飞机研制的初步设计和设计定型阶段，一般没有大子样载荷统计数据，则可根据研制型号的技术规范和相似机型类似任务的飞行谱类比得到，并将其作为暂定飞行谱，作为飞行载荷测量和初步寿命评估的依据。某民机属A320、B737-40、MD-82、MD-83、B767-200ER等同一量级航程和载客数的机型，参照这些机型的飞行谱，采用类比法，可分析和推断该民机的飞行谱。根据此民机设计目标和现有同类民机飞行实测的结果，分析飞机营运的长程、中程、短程的飞行时间和典型飞行任务剖面的标准使用情况（涉及地面滑跑、爬升、巡航、降落、飞行时间、速度、重量和高度以及各飞行状态的时间比例），建立典型飞行任务剖面。飞行统计结果表明，MD-82、MD-83航班数3987，飞行小时数7120；B737-400航班数8679，飞行小时数13916，上述两种机型典型飞行任务剖面的飞行小时数平均后的时间比例，可作为此民机暂定飞行谱的任务剖面时间比例，得到飞行剖面中各任务段的时间比例（表7-7）。

表7-7 民用飞机典型飞行任务剖面空中各阶段的时间比例

机　型	满载航程/km	主要飞行距离/km	离地/fh	爬升/fh	巡航/fh	降落/fh	进场/fh
A320	5700	3800以下	214	3771	22481	3462	891
B737-400	4005	1800以下	161	2332	7975	2583	865
MD-82、MD-83	3800	1800以下	51	1226	4481	999	363
B767-200ER	7300	6480以下	29	444	7636	453	143
某民机	4075		1	17.0	59.8	16.5	5.7

根据商业运营中的B737-400的飞行实测载荷统计数据（图7-38~图7-41），将飞行剖面划分7个任务段进行载荷数据统计分析（表7-8），图7-38~图7-41所示的实测载荷数据为过载-超越数曲线，需对实测载荷数据进行函数拟合，获得连续过载谱，即载荷系数增量连续谱，以便进行载荷统计推断。

表7-8 典型任务段及其载荷谱类型

任务段名称	起飞滑跑	离地	爬升	巡航	下降	进场	着陆滑跑
5×5谱类型	机动谱	机动谱和突风谱	机动谱和突风谱	突风谱	机动谱和突风谱	机动谱和突风谱	机动谱

由于过载-累积发生次数理论上为单调的递增或递减，因此，采用直线 $m = A + B \times \Delta n_z$ 拟合（表7-9，其中，Δn_z 表示载荷系数增量；m 表示每次飞行的各任务段中的载荷系数增量或遭遇突风的超越次数）。参照B737-400飞机下翼面各飞行段的单位增量载荷系数（$\Delta 1g$）对应的应力水平 $\sigma_{\Delta 1g}$ 的统计结果，可由表7-9所示的载荷系数增量连续谱，计算某民机各飞行段的应力连续谱（表7-10，其中 $\Delta \sigma$ 为在 $\sigma_{\Delta 1g}$ 基础上的应力水平增量，等于 $\sigma_{\Delta 1g}$ 与 Δn_z 的乘积）。

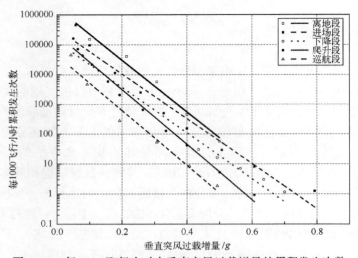

图 7-38　每 1000 飞行小时中垂直突风过载增量的累积发生次数

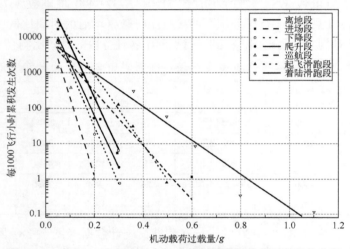

图 7-39　每 1000 飞行小时中机动载荷过载增量的累积发生次数

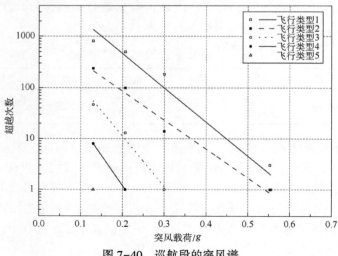

图 7-40　巡航段的突风谱

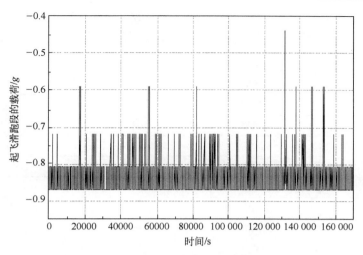

图 7-41 起飞滑跑段的载荷谱

表 7-9 各任务段突风过载 Δn_z 和应力连续分析谱

任 务 段	载荷谱类型	过载连续分析谱表达式
起飞滑跑	机动谱	$\lg m = 4.93 - 9.90 \times \Delta n_z$, $m = 10^{[4.93-9.90\Delta\sigma/(100)]}$
离地	机动谱	$\lg m = 5.26 - 14.79 \times \Delta n_z$, $m = 10^{[5.26-14.79\Delta\sigma/100]}$
	突风谱	$\lg m = 6.23 - 8.72 \times \Delta n_z$, $m = 10^{[6.23-8.72\Delta\sigma/100]}$
爬升	机动谱	$\lg m = 4.74 - 14.72 \times \Delta n_z$, $m = 10^{[4.74-14.72\Delta\sigma/100]}$
	突风谱	$\lg m = 5.35 - 9.24 \times \Delta n_z$, $m = 10^{[5.35-9.24\Delta\sigma/100]}$
巡航	机动谱	$\lg m = 4.49 - 22.06 \times \Delta n_z$, $m = 10^{[4.49-22.06\Delta\sigma/100]}$
	突风谱	$\lg m = 4.65 - 9.24 \times \Delta n_z$, $m = 10^{[4.65-9.24\Delta\sigma/100]}$
降落	机动谱	$\lg m = 4.71 - 16.15 \times \Delta n_z$, $m = 10^{[4.71-16.15\Delta\sigma/100]}$
	突风谱	$\lg m = 5.12 - 7.68 \times \Delta n_z$, $m = 10^{[5.12-7.68\Delta\sigma/100]}$
进场	机动谱	$\lg m = 4.01 - 7.67 \times \Delta n_z$, $m = 10^{[4.01-7.67\Delta\sigma/100]}$
	突风谱	$\lg m = 5.53 - 7.53 \times \Delta n_z$, $m = 10^{[5.53-7.53\Delta\sigma/100]}$
着陆滑跑	机动谱	$\lg m = 3.96 - 4.77 \times \Delta n_z$, $m = 10^{[3.96-4.77\Delta\sigma/100]}$

按照 TWIST 标准编谱方法，由表 7-9 所示的应力连续谱，可编制民机的 5×5 地-空-地谱，主要编谱步骤如下：高、低载处理；应力连续谱的离散化；飞行任务类型与飞行载荷等级定义，即将飞行剖面中的任务段划分为 n 类，各类任务段的载荷又划分为 n 等级；各任务段载荷次序的随机生成。由于过高拉伸应力会在裂纹形成部位产生内部残余应力和应变硬化，为了避免因裂纹扩展迟滞效应而截除出现次数很少的高水平载荷，为此，选取 3000 次飞行中被超过 1 次的最大载荷作为高载截取准则，进行高载截除，同时，为了减少试验时间需要删除不会对累积损伤产生影响，可略去不计的高频低载，借鉴波音 737 飞机试验谱中曾采用过的删除准则，选取删除低载的应力水平为 13MPa，各阶段的截除与删除准则如表 7-10 所示。

表 7-10 各任务段应力连续谱的高载截取和低载删除水平

飞 行 段	载荷谱类型	高载截除水平/MPa	低载删除水平/MPa
起飞滑跑	机动谱	55.94	13
离地	机动谱	27.29	13
	突风谱	52.73	13
爬升	突风谱	58.65	13
巡航	机动谱	13.98	13
	突风谱	55.48	13
降落	突风谱	90.67	13
进场	机动谱	45.34	13
	突风谱	71.32	13
着陆滑跑	机动谱	50.81	13

通过 MATLAB 编制程序完成载荷谱离散化，得到各级离散载荷及其出现次数。由于天气条件和其他外界因素的影响，每次飞行都包含不同载荷等级的不同飞行类型，为此，需要定义飞行类型，将不同等级离散载荷分配到各飞行类型，即将每类飞行中出现的最高载荷对应于离散谱 n 级载荷水平中的某一等级，最强烈的飞行类型则含有 n 级离散谱中的最高等级载荷，而离散谱中最小等级载荷仅存在于最平稳的飞行类型。离散载荷分配时，必须满足突风极值载荷对数正态分布准则、突风谱形状相似准则以及每次飞行机动循环数近似相同准则，最终，获得巡航段突风谱载荷矩阵（表 7-11）和突风谱（图 7-40）。

表 7-11 巡航段的突风谱载荷矩阵

飞行类型	3000 次飞行载荷块中的飞行次数	5 个载荷幅值水平对应的载荷峰值/MPa					每次飞行的总循环数
		55.48	55.06	29.99	20.65	13	
F_{T1}	1	1	3	183	499	811	811
F_{T2}	2		1	1	99	240	240
F_{T3}	64			1	1	4	47
F_{T4}	633				1	8	8
F_{T5}	2300					1	1

采用相同方法和计算步骤，可以得到各飞行段的突风谱与机动谱及其载荷矩阵。在完成各飞行段各飞行类型的离散突风谱与机动谱的编制后，将各飞行段的具有相同载荷等级的飞行类型的谱编制在一起，即将所有飞行段的 A 类谱按飞行段的排列次序组合形成一个完整的 A 类飞行，依此类推，完成飞行段的 5 级离散谱的随机排列次序。首先，进行飞行段的飞行类型的随机排列；其次，对各个飞行类型包含的各级载荷随机排列，按照飞行段的发生次序将随机的载荷排列，得到的各个飞行段的载荷谱。起飞滑跑段和离地段的载荷谱分别如图 7-41 和图 7-42 所示，限于篇幅，其他飞行段的载荷谱就不详尽示出。按照上述方法编制的飞机机翼下翼面的载荷谱如图 7-43 所示。

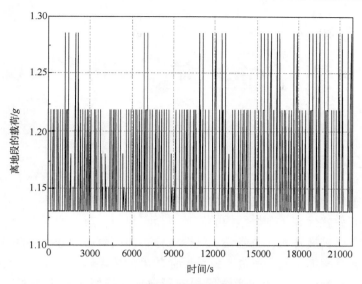

图 7-42 离地段的载荷谱

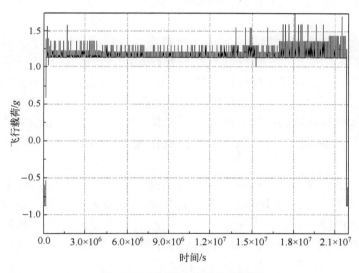

图 7-43 机翼下翼面的载荷谱

第8章 安全寿命与损伤容限设计

8.1 名义应力法

飞机结构破坏实际上是指飞机结构的关键部位发生了疲劳破坏，所以，飞机结构关键部件的疲劳寿命就代表了飞机结构的疲劳寿命。目前，对于疲劳寿命有多种定义，如无裂纹寿命、裂纹扩展寿命、全寿命、安全寿命、使用寿命和经济寿命等。安全寿命和使用寿命等概念是考虑了安全系数和疲劳寿命的分散性以后的，无裂纹寿命或者全寿命的安全指标。经济寿命是指结构实际使用的寿命，结构使用一段时间后会产生疲劳破损，需进行修复，但到一定寿命后，破损较严重了，不修不能用，再修不经济，此即为经济寿命。

无裂纹寿命在全寿命中所占的比例与结构形式、载荷条件、环境和材料等因素有关，对于疲劳试验中的标准小试样（直径一般在 6~10mm），试验中一旦发现裂纹，则很快就会发生断裂，这说明小圆棒试样裂纹形成阶段是主要的，裂纹扩展部分占的比例很小，甚至可忽略不计。对于板材的疲劳试验则不然，裂纹扩展可占一半左右，甚至占的比例更大，如带有缺陷的试样。随着冶金技术、加工工艺水平、无损探伤技术的不断提高，在结构的关键部位，在危险的方向上确保无明显初始裂纹（缺陷）的存在，既必要也可能。

工程上的疲劳裂纹形成常指疲劳裂纹成核并扩展到工程上可检长度（如裂纹长为 0.5~1mm）的阶段，通过疲劳寿命计算，计算结构的无裂纹寿命，就表明结构在危险部位的小范围内已破坏了，即产生了工程上较小的可检裂纹（具体长度与结构部位和检测手段等均有关）。估算疲劳寿命的方法可分为名义应力法和局部应力-应变法，名义应力法有时称为当量应力集中系数法，应力严重系数法也是一种名义应力估算方法，它是一种专门用于连接件疲劳寿命估算的方法。

飞机结构的安全寿命，主要取决于各个零构件的寿命，因此，构件的安全寿命估算，对评价全机的安全寿命具有重要意义。经过静强度设计和初步的疲劳分析得到的构件，必须按有限寿命设计观点进行安全寿命估算，并通过疲劳试验，检验它是否达到安全寿命设计要求。对构件进行安全寿命估算的基本步骤是：①分析构件的疲劳应力谱；②采用局部模拟试验测定构件的疲劳性能 S-N 曲线；③按照积累损伤理论，估算构件的安全寿命。

8.1.1 局部模拟试验

第 7 章已介绍了构件的疲劳应力谱及其数据处理，在确定了构件疲劳应力谱后，还需要了解构件的疲劳性能，即得到构件应力谱各应力水平对应的 S-N 曲线，才能进行安全寿命估算。为了得到构件的 S-N 曲线族，需要数量很大的构件作为试验件，这显然是十分复杂和费用很高的，解决此问题的一个切实可行的办法就是采用小型元件的局部模拟试验，局部模拟试验是以疲劳破坏的局部性为依据的。这是什么意思呢？很多疲劳破坏的事实指出，当飞机结构中某一主要构件产生疲劳裂纹时，在裂纹的初始形成阶段，其变形是微小的，因此，不会引起载荷的重新分配。距裂纹较远的部位，应力水平基本上保持原来的状态，分担不了多少危险部位处的载荷，这就是疲劳破坏的局部性。根据这一特点，结构的总体疲劳强度主要体现在个别的局部强度上，飞机总体结构的无裂纹安全寿命，也就取决于某些主要构件的安全寿命，而构件的疲劳强度则又取决于它本身的危险区，如果构件危险区的应力与应变状态能够用一个小试样真实地模拟出来，那么，模拟试样疲劳试验确定的 S-N 曲线就能代表实际构件的疲劳性能。

局部模拟试验应该满足的条件是，使小型模拟试样与实际构件在危险区这一局部的应力与应变尽可能的一致。具体来说，要满足以下几个条件：①模拟试样和实际构件的材料及工艺性应该一致；②二者在危险区受力方式（拉压、弯曲等）相同；③二者的应力比 r 相同；④二者在危险区局部的尺寸基本相同，相差不宜过大；⑤二者在危险区局部的应力场应相同，为了做到这一点，首先要使理论应力集中系数 K_t 相同，并且尽可能地还要使截面上的应力分布规律相同，同时，使截面上的应力梯度、残余应力与次级应力基本一样。对于应力梯度、残余应力与次级应力的概念，下面做一简单的说明。

两个几何相似，且均有应力集中的拉伸试样（图 8-1），在最大应力 σ_{max} 相等的条件下，小试样在点 A 的应力梯度（即 $\tan\theta_2$）较大，大试样的应力梯度（$\tan\theta_1$）较小。可以看到，应力梯度越小，接近 σ_{max} 的高应力区越厚，有较多的金属结晶颗粒受到高应力的作用，因此，易发生疲劳破坏。对于图 8-1 所示的两个试样来说，小试样比大试样的疲劳强度高一些，其原因就是应力梯度造成的。

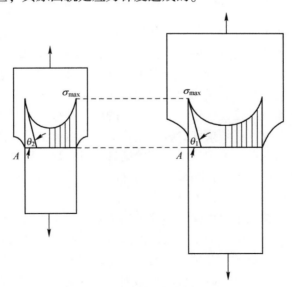

图 8-1 应力集中的拉伸试样

残余应力可分为两种：一种是由于焊接、铆接、热处理以及表面喷丸等工艺产生的，此应力在结构使用前就存在；另一种是在加载过程中产生的。对于有应力集中的构件，当在某一高的拉伸载荷作用下，缺口处的局部拉应力常常会超过材料的屈服应力，使材料强化，并且卸载后局部区域的塑性伸长，不能恢复原状，因而产生了残余压应力。这种残余压应力有抵消拉应力的作用，从而使构件在承受随后的低的拉应力循环时，处于较有利的工作环境。

对于次级应力，举例加以说明。如图8-2所示一个两端铰支的梁，在横向载荷作用下产生弯曲变形。若有一端是活动铰支，则铰支支座将向内移动，中性层并无伸长，但是若两端都是固定铰支，则中性层会由于弯曲变形的产生而伸长，因此伴随着产生了拉应力，这种拉应力就是次级应力。再如图8-3所示一受拉伸载荷板件，在产生轴向伸长的同时要发生横向收缩，但是因为在板件中间装有加强件，使得板件在加强部分的横向变形受到限制，于是就产生了横向拉应力，这也是次级拉应力。试验证明，次级应力对疲劳强度也有不可忽略的影响。

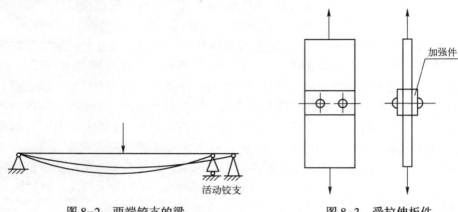

图8-2 两端铰支的梁　　　　图8-3 受拉伸板件

在实际进行局部模拟试验时，前4个条件与第5个条件中的理论应力集中系数一致比较容易满足，第5个条件的其他因素，特别是应力梯度与次级应力的模拟比较困难。为此，除了需要进行细致的力学分析，还要通过试验总结这方面的经验。当不能更好地做到模拟试样与实际构件在危险区局部的应力场相同时，至少要保证有相同的理论应力集中系数。还要着重指出的是，在进行某一构件的局部模拟试验时，为检验模拟试验对实际构件的模拟是否合理，必须要和少量实际构件进行对比试验。如果这少量实际构件的试验结果和用来模拟它们的模拟试样的试验结果接近，那么模拟试样的全部试验结果就可以代表实际构件的疲劳性能；如果实际构件的试验结果与对应的模拟试样的试验结果相差较大，那么需要对模拟条件加以检查，以改进模拟试样。

下面仍以民用机机翼大梁为例说明局部模拟试验。对于民用机机翼来说，梁是其主要受力构件，机翼的寿命常常取决于翼梁的疲劳强度；而对翼梁来说，承受拉应力的下突缘上的铆钉孔附近常常是其疲劳破坏的危险区，图8-4所示的工字形翼梁疲劳破坏的断口情况就已证实了这一点。假如翼梁采用图8-4（a）所示的工字型，那么，用以进行局部模拟试验可以采用图8-4（b）所示的小试样，下面就对这样的模拟试样和实际翼梁加以比较分析：①二者的材料及工艺性可以做到一致；②翼梁弯曲时，在下突缘上受到拉力，在模拟试样的两端也施加同样大小的拉伸载荷；③试验中可以保证二者所加的交变应力的应力比相同；④模拟试样与实际翼梁在危险区：下突缘部位的尺寸相同；⑤关于危险区局部的应力场，可得到以下分析结果。

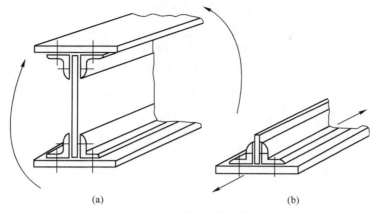

图 8-4　民机机翼大梁

（1）当模拟试样的外形和尺寸与翼梁危险区部分一致时，可以做到二者的理论应力集中系数相同。

（2）模拟试样在截面上应力是均布的，翼梁下突缘上的正应力分布严格地说是线性分布（图 8-5），但是，由于下突缘的厚度和整个翼梁的高度相比要小得多，所以应力可近似认为是均布的，也就是说，近似认为二者分布规律是相同的，这种近似对于下蒙皮来说比较精确，而对角材部分则有一定的差异。

（3）由于铆接工艺性得到保证，所以残余应力的情况基本相同。

（4）由于局部结构的一致，所以二者的应力梯度与次级应力的情况也基本一致。

（5）翼梁下突缘的上部承受腹板传递的剪力作用，而小试样上部是自由表面，因此小试样在上表面的边界条件与真实翼梁有所不同。

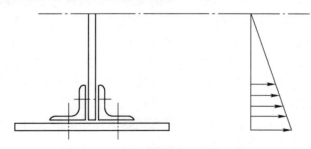

图 8-5　翼梁下突缘上的正应力分布

从上面的分析可见，模拟试样还是相当好地模拟了翼梁，如果模拟试验与翼梁的对比试验结果基本一致，那么用模拟试样在疲劳试验机上进行试验所测定的 S-N 曲线，即可作为翼梁的安全寿命估算的依据。

8.1.2　线性累积损伤理论

如果给出了构件的 S-N 曲线或广义 S-N 曲面，那么根据应力 s 及应力比 r，在 S-N 曲线上，就可以直接查出构件在恒幅交变应力 s 单独作用下的破坏循环数 N，也就是构件的寿命。但是，飞机构件在实际工作期间所受的交变应力并不是稳定的恒幅应力，其平均应力与应力幅值都是随机变化的。为了估算出在这种不稳定的交变应力作用下构件的安全寿命，常常采用线性累积损伤理论，有时称为 Miner 理论。

设在一个周期内包含有 L 级应力水平 $s_1, s_2, \cdots, s_L$，各级应力水平的循环数分别为 $n_1, n_2, \cdots, n_L$。令 $N_1, N_2, \cdots, N_L$ 分别代表在各级应力水平单独作用下的破坏循环数（可由 S-N 曲线查得）。线性累积损伤理论认为，疲劳损伤度可用相应的"循环比"来表示，即 $n_1/N_1, n_2/N_2, \cdots, n_L/N_L$。若以 T 表示周期总数，则在整个工作期间各级应力水平对构件所造成的损伤度分别为

$$T\frac{n_1}{N_1}, T\frac{n_2}{N_2}, \cdots, T\frac{n_L}{N_L}$$

当损伤度总和累积至 1（100%）时，构件即发生疲劳破坏（出现工程裂纹）：

$$T\sum_{i=1}^{L}\frac{n_i}{N_i} = 1 \tag{8-1}$$

在连续的随机谱载作用下，式（8-1）可写为积分形式：

$$T \cdot \int_{0}^{(s)_{\max}} \frac{n_T f(s)}{N(s)} \mathrm{d}s = 1 \tag{8-2}$$

式中，n_T 为谱载中应力循环的总频数；$f(s)$ 为疲劳应力 s 的概率密度函数；$N(s)$ 为疲劳应力 s 单独作用下疲劳裂纹形成的循环次数。

式（8-1）和式（8-2）即线性累积损伤理论，或 Miner 理论。若不计及载荷循环先后次序的影响，利用式（8-1）和式（8-2）则可估算构件的裂纹形成寿命 T。由于各种复杂因素的影响，式（8-1）和式（8-2）左边一般不等于 1，而是等于某一个数值 α：

$$T \cdot \sum \frac{n_i}{N_i} = \alpha \tag{8-3}$$

大量试验研究表明，α 与各级应力水平的大小、先后次序及材料类型等因素有关，大致在 0.5~3.5 的范围内变化。根据试验研究和长期使用经验推荐，在飞机构件安全寿命估算中，α 一般取 1.0~1.5；对于比较简单的构件，α 应取 1.0；对于典型飞机结构部件（如机翼），α 则可取 1.5。线性累积损伤理论的实质，就是假定各级应力水平作用下造成的损伤可以线性地叠加起来，这种假定与实际情况有不少出入，因此，利用线性累积损伤理论估算安全寿命只能是近似的。但是，由于线性累积损伤理论计算简单，概念直观，易于为人们接受，至今还没有更好的理论可以采用，所以在飞机疲劳设计中，仍多以此理论作为安全寿命估算的依据。

因为疲劳应力由两个变量 (s_a, s_m) 描述，所以可直接利用 S_a-S_m-N 曲面估算疲劳寿命。设在一个周期内应力幅值 s_a 包含 $i = 1, 2, \cdots, h$ 级；应力均值 s_m 包含 $j = 1, 2, \cdots, k$ 级，则式（8-1）可推广为二维累积损伤理论：

$$T \cdot \sum_{j=1}^{k} \sum_{i=1}^{h} \frac{n_{ij}(s_a, s_m)}{N_{ij}(s_a, s_m)} = 1 \tag{8-4}$$

式中，$n_{ij}(s_a, s_m)$ 为载荷谱一周期内应力水平 (s_a, s_m) 对应的循环数；$N_{ij}(s_a, s_m)$ 为应力水平 (s_a, s_m) 单独作用下的破坏循环数（裂纹形成寿命）。

当谱应力由二维连续型随机变量表示时，二维概率累积损伤理论公式为

$$T \cdot \int_{(s_\mathrm{m})\min}^{(s_\mathrm{m})\max} \int_{(s_\mathrm{a})\min}^{(s_\mathrm{a})\max} \frac{n_\mathrm{T} f(s_\mathrm{a}, s_\mathrm{m})}{N(s_\mathrm{a}, s_\mathrm{m})} \mathrm{d}s_\mathrm{a} \mathrm{d}s_\mathrm{m} = 1 \tag{8-5}$$

式中，n_T 为一个周期内应力循环的总频数；$f(s_\mathrm{a}, s_\mathrm{m})$ 为疲劳应力二维概率密度函数。

试验表明，由于受多种因素影响，线性累积损伤一般不等于1，而为某一变量 α，为了精确地计算寿命 T，α 值可由模拟件试验结果，或由已有的同类型全尺寸结构试验结果给出，于是，式（8-4）和式（8-5）可写成

$$T \cdot \sum_{j=1}^{k} \sum_{i=1}^{h} \frac{n_{ij}(s_\mathrm{a}, s_\mathrm{m})}{N_{ij}(s_\mathrm{a}, s_\mathrm{m})} = \alpha \tag{8-6}$$

$$T \cdot \int_{(s_\mathrm{m})\min}^{(s_\mathrm{m})\max} \int_{(s_\mathrm{a})\min}^{(s_\mathrm{a})\max} \frac{n_\mathrm{T} f(s_\mathrm{a}, s_\mathrm{m})}{N(s_\mathrm{a}, s_\mathrm{m})} \mathrm{d}s_\mathrm{a} \mathrm{d}s_\mathrm{m} = \alpha \tag{8-7}$$

式（8-4）~式（8-7）在建立过程中也未考虑先行的高峰过载对其后继的低载循环的影响，故只适用无高过载情况。对于比较稳定的循环应力，即幅值和均值波动不大的情况，该公式与试验结果符合良好。

下面通过翼梁下突缘的例子说明，利用线性累积损伤理论进行飞机构件安全寿命估算的方法。考虑图7-3所示应力谱作用下的机翼下突缘，首先，将应力谱具体表示出来，对于滑行载荷，平均应力为-38MPa；对于突风和机动，平均应力为100MPa；着陆撞击所引起的应力也假设在100MPa上下变化；除此之外，每次飞行中还发生一次 -38~100MPa 的应力循环，即地-空-地循环。地-空-地循环的平均应力为

$$s_\mathrm{m} = \frac{s_\max + s_\min}{2} = \frac{100-38}{2} = 31(\mathrm{MPa})$$

应力幅值为

$$s_\mathrm{a} = s_\max - s_\mathrm{m} = 100 - 31 = 69(\mathrm{MPa})$$

其他加载情况的应力幅值 s_a 和均值 s_m 在表8-1和表8-2中给出，表中的应力单位为MPa，r 是应力比，n_i 是每次飞行出现的次数。破坏循环数 N_i 是根据模拟试验所做的各种应力比的 S-N 曲线查得。当给定 r 值及最大应力 $s_\max$，即可查出 N_i 值；对于 $N_i > 10^7$，损伤比 n_i/N_i 可忽略不计。表8-1给出了在前9次飞行中，每次飞行的损伤比总和为 7.8×10^{-5}。

表8-1 前9次飞行损伤比

载荷来源	s_m	s_a	r	n_i	N_i	n_i/N_i
滑行	-38	20	3.2	8	>10^7	—
	-38	40	-3.9	1	>10^7	—
突风和机动	100	20	0.67	28	>10^7	—
	100	40	0.42	1	9×10^5	1.1×10^{-5}
	100	60	0.25	1	2×10^5	5×10^{-5}
着陆撞击	100	20	0.67	1	>10^7	—
地-空-地	31	69	0.38	1	6×10^4	1.7×10^{-5}
$\sum \frac{n_i}{N_i}$	—	—	—	—	—	7.8×10^{-5}

表 8-2 第 10 次飞行损伤比

载荷来源	s_m	s_a	r	n_i	N_i	n_i/N_i
滑行	−38	20	3.2	8	$>10^7$	—
	−38	40	−3.9	1	$>10^7$	—
	−38	60 *	−4.5	1	3×10^5	0.3×10^{-5}
突风和机动	100	20	0.57	28	$>10^7$	—
	100	40	0.42	1	9×10^4	1.1×10^{-5}
	100	60	0.25	1	2×10^4	5×10^{-5}
	100	80 *	0.11	1	8×10^3	12.5×10^{-5}
着陆撞击	100	20	0.67	1	$>10^7$	—
	100	40 *	0.42	1	9×10^4	1.1×10^{-5}
地-空-地	31	69	−0.38	1	6×10^4	1.7×10^{-5}
$\sum \dfrac{n_i}{N_i}$						21.7×10^{-5}

第 10 次飞行和前 9 次不同的是包括了 3 次较大的载荷,这些较大的载荷在每 10 次飞行中才遇到一次,表 8-2 中带 * 号的表示由它们所引起的应力,表 8-2 给出了第 10 次飞行的损伤比总和为 21.7×10^{-5}。于是,前 10 次飞行总的损伤比共有

$$9\times7.8\times10^{-5}+21.7\times10^{-5}=9.19\times10^{-4}$$

设第 10 次飞行中突风的一个大过载($s_m=100$MPa,$s_a=80$MPa),使材料强化,提高了疲劳强度。利用强化后的模拟试样试验,得到了强化后构件的 $S-N$ 曲线。采用前 10 次飞行损伤比总和的类似计算步骤,可以得到强化后(即第 11 次飞行以后)每 10 次飞行的损伤比总和,如为 6.8×10^{-4}。若总的飞行次数为 T,那么,第 11 次以后损伤比总和应为

$$(T-10)\times\frac{6.8\times10^{-4}}{10}$$

取 $\alpha=1$,按照线性累积损伤理论,由上式可求出

$$9.19\times10^{-4}+(T-10)\times\frac{6.8\times10^{-4}}{10}=1$$

$$T=14700\text{(次飞行)}$$

显见,在确定 T 的过程中,用到了构件强化前与强化后的两组 $S-N$ 曲线,而 $S-N$ 曲线的确定是很花费人力和物力的。如果前 10 次飞行也近似地采用强化后模拟试验的数据,那么计算结果是

$$T\times\frac{6.8\times10^{-4}}{10}=1$$

$$T=14710\text{(次飞行起落)}$$

与前者 $T=14700$ 相比,相差很小,可见只要测定出强化后模拟试样的 $S-N$ 曲线族即可,而无须测定强化前的 $S-N$ 曲线。由表 8-1 和表 8-2 可以看出,对机翼下突缘的疲劳损伤,主要是突风和机动引起的,而滑行和着陆撞击的影响很小。据有关

研究资料的报道，机翼的疲劳损伤大致可分成三种情况：对大型民机和轰炸机，突风起主要作用；对中型歼击轰炸机，主要是突风和机动；对歼击机，所有的疲劳损伤几乎都是机动引起的。这种说法当然也不是绝对的，业已发现，某型机翼在起落架内侧（靠近机身一边）突缘和腹板连接角材处，曾出现沿翼展方向的疲劳裂纹。据分析，这种破坏可能是由于着陆撞击时剪力所引起的，并且，由于现代军用飞机的多用途化，有时已不能明显地区分以上三种类型的飞机，而需根据实际情况考虑它们的疲劳损伤问题。

8.1.3 名义载荷法

实践证明，结构部件的静强度和疲劳强度受多种因素的影响，如材料的力学性能、结构形式和几何形状、紧固件类型和刚度、表面状况、装配工艺、加载顺序和大小等。结构连接部位存在紧固件钻孔，减少了结构的有效承载面积，紧固孔边易引起应力集中，同时，影响紧固孔的表面粗糙度，导致疲劳裂纹在孔边萌生并向周围扩展，造成结构失效，因此，结构部件的疲劳分析显得非常重要。接触、摩擦以及弯矩之间的相互作用，采用试验测试和模拟仿真方法，往往难以精确得到紧固孔周围的局部应力/应变状态，因此，基于局部应力/应变状态预测结构部件疲劳寿命是一项艰巨的任务。

液压作动器结构由对称的液压油缸和活塞杆构成，耳轴和衬套通过螺栓与作动器固定连接，并且，液压油缸筒壁上通过焊接装配多个液压油流动的焊接油嘴（图8-6）。疲劳试验发现，在疲劳载荷作用下，油嘴根部的焊缝部位因裂纹萌生而导致漏油。筒壁焊缝部位的局部结构复杂性以及作动器流-固耦合效应，因此，筒壁焊缝部位的局部应力/应变状态分析具有挑战性。为此，采用名义载荷作为作动器结构疲劳损伤驱动力，表征其疲劳特性。在实际工作状态下，通过液压传递，作动器活塞杆沿轴向运动，以平衡机翼舵面的空气动力，此时，活塞杆承受的名义应力可以表示为

$$S_{\max} = \frac{P_{\max}}{A} \tag{8-8}$$

$$r = \frac{P_{\min}}{P_{\max}} \tag{8-9}$$

式中，P_a 和 P_m 为表示活塞杆承受的载荷幅值和载荷均值；A 为活塞杆的截面积。

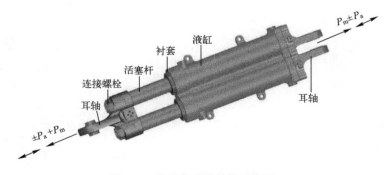

图8-6 液压作动器结构示意图

将式（8-8）和式（8-9）代入式（6-17），可以得到作动器结构疲劳特性曲面：

$$\left[\frac{2P_b(1-r)P_{\max,r}}{(1-r_0)[2P_b-(1+r)P_{\max,r}]+(1+r_0)(1-r)P_{\max,r}}-S_0\right]^m \cdot N = C \quad (8-10)$$

其中，

$$P_b = \sigma_b \cdot A \quad (8-11)$$

工程实践表明，结构件疲劳特性曲线（即式（8-10））的形状参数 C 和 m 与其材料疲劳性能参数相等，但二者的疲劳极限 S_0 却不同，因此，结构件疲劳特性曲面公式（8-10）中的 C 和 m 等形状参数可以由其材料的 S-N 曲线参数得到，但疲劳极限 S_0 则需要通过对全尺寸结构疲劳试验测定。

将式（8-10）代入式（8-1），可得作动器结构件的疲劳寿命估算公式：

$$T \cdot \sum_{i=1}^{K} \frac{n_i}{C}\left[\frac{2\sigma_b(1-r_i)P_{\max,r_i}}{(1-r_0)[2P_b-(1+r_i)P_{\max,r_i}]+(1+r_0)(1-r_i)P_{\max,r_i}}-S_0\right]^m = 1 \quad (8-12)$$

式中，$P_{\max,r_i}$ 和 r_i 分别为载荷谱中第 i 级应力水平的最大应力和应力比；K 为载荷谱中应力水平的总级数；n_i 为载荷谱中第 i 级应力水平对应的循环次数。

8.1.4 应力严重系数法

飞机结构是由成千上万的零件，通过铆钉、螺钉等紧固件连接而成的，所以，连接件的寿命估算是飞机结构疲劳寿命估算的一个重要课题。应力严重系数法也是一种名义应力法，主要用于连接件的疲劳寿命估算。连接件的疲劳特性在很大程度上受孔的加工情况、紧固件的形式和装配技术等影响，有些影响可通过计算确定，但大部分因素要通过试验才能确定，因此，对结构的连接件进行包括各紧固件所传递的载荷在内的细节分析，找到合适的应力严重系数是确定连接件疲劳强度的关键。

图 8-7（a）是一个承受轴向载荷的组合结构，图 8-7（b）是从中取出的一个紧固件的连接情况，把一个紧固件连接的下面一块板拿出来作为分离体（图 8-8）。由图可见，板受到的载荷可分成两部分：一部分是由旁路通过的载荷 P，另一部分是由紧固件传递的载荷 ΔP。旁路载荷通过开孔的区域时，由于几何形状的改变引起了应力集中（图 8-9）；对板来说，紧固件传递的载荷使开孔处载荷发生突变，同样引起应力集中（图 8-10）。

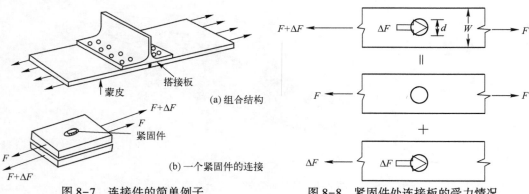

图 8-7 连接件的简单例子

图 8-8 紧固件处连接板的受力情况

第8章 安全寿命与损伤容限设计

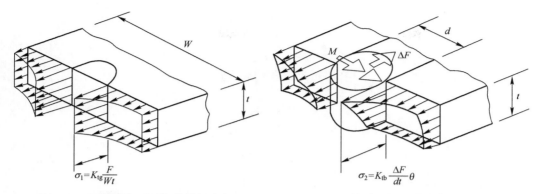

图 8-9 旁路载荷 P 引起的局部应力　　图 8-10 传递载荷 ΔP 引起的局部应力

旁路载荷 P 引起的最大局部应力 σ_1 为

$$\sigma_1 = K_{tg}\frac{P}{Wt} \tag{8-13}$$

式中，K_{tg} 为旁路毛面积应力的应力集中系数；t 为板的厚度；W 为板的宽度。

紧固件传递载荷 ΔP 引起的局部应力为

$$\sigma_2 = K_{tb}\frac{\Delta P}{dt}\theta \tag{8-14}$$

式中，K_{tb} 为挤压应力引起的应力集中系数；d 为钉孔直径；θ 为挤压应力分布系数。

应力集中系数 K_{tg} 和挤压应力集中系数 K_{tb}，都可以从有关应力集中的资料中直接查到（图 8-11 和图 8-12）。挤压分布系数 θ 是考虑孔内侧不均匀挤压的影响，它与板和紧固件的材料、连接厚度与紧固件直径之比，以及紧固件的接头形式等因素有关，一般由试验得到。在初步设计时，如果没有试验数据，可以近似地采用图 8-13 所给的数据。

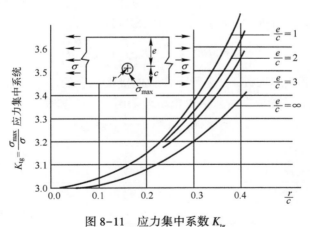

图 8-11 应力集中系数 K_{tg}

孔边的最大应力是式（8-13）和式（8-14）所表示的两部分应力之和，即

$$\sigma_{max} = K_{tg}\frac{P}{Wt} + K_{tb}\frac{\Delta P}{dt}\theta \tag{8-15}$$

总的应力集中系数 K_{tA} 则为

$$K_{tA} = \frac{K_{tg}\dfrac{P}{Wt} + K_{tb}\dfrac{\Delta P}{dt}\theta}{\sigma_{ref}} \tag{8-16}$$

式中，σ_{ref} 为参考应力，可取钉孔附近毛面积的名义应力

$$\sigma_{ref} = \frac{P}{Wt} \tag{8-17}$$

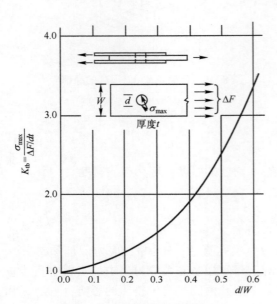

图 8-12 挤压应力集中系数 K_{tb}

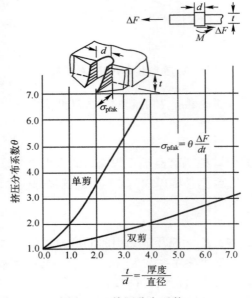

图 8-13 挤压分布系数 θ

仅用总应力中集系数 K_{tA} 还不能很好地反映连接件的疲劳特性，因为它还受紧固件的形式和装配形式的影响。考虑了这些影响因素的总应力集中系数就称为应力严重系数（Stress Severity Factor，SSF），应力严重系数 SSF 可表示为

$$SSF = \alpha\beta K_{tA} = \frac{\alpha\beta}{\sigma_{ref}}\left(K_{tg}\frac{P}{Wt} + K_{tb}\frac{\Delta P}{dt}\theta\right) \tag{8-18}$$

式中，α 为孔的表面状态系数；β 为紧固件和连接板配合的填充系数。α 和 β 通常由试验确定，没有合适的试验数据时，可以粗略地采用表 8-3 和表 8-4 所列的数据。

表 8-3 表面状态系数 α

圆角半径	1.0~1.5
标准钻孔	1.0
扩孔或铰孔	0.9
冷作孔	0.7~0.8

表 8-4 填充系数 β

开孔	1.0
锁紧钢螺栓	0.75
铆钉	0.75

(续)

螺栓	0.75~0.9
锥形锁紧紧固件	0.5
高-虎克紧固件	0.75

应力严重系数表征孔边最大局部应力的大小,是一个无量纲系数,反映了结构疲劳品质的优劣,仅受结构配置参数的影响,因此,可以把应力严重系数看作应力集中系数 K_t 进行疲劳分析和寿命估算。在相同的名义应力水平下,SSF 越大的地方,一般疲劳寿命也越短。

对于一块图 8-14 所示的承受拉伸载荷的开孔(钻孔)板,由图 8-11 查得 $K_{tg}=3$;由于 $\Delta P=0$,则无须查 K_{tb};由表 8-3 和表 8-4 查得 $\alpha=1$(钻孔),$\beta=1$(开孔)。把这些数据代入式(8-18),得到应力严重系数:

$$\text{SSF} = \frac{1 \times 1}{\dfrac{P}{Wt}} \times 3 \times \frac{P}{Wt} = 3$$

由此可见,对于开孔板,其应力严重系数就等于它的应力集中系数。

对于图 8-15 所示一简单连接件(铰孔,$t=d$),由前面的有关图表可查得各系数分别为 $\alpha=0.9$(铰孔),$\beta=0.75$(铆接),$\theta=2.0$(单剪);$K_{tb}=1.26$($d/W=0.2$)。由于旁路载荷为零,传递载荷为 P,所以

$$\text{SSF} = \frac{0.9 \times 0.75}{\dfrac{P}{5dt}} \times \left(\frac{P}{dt} \times 2.0 \times 1.26 \right) \approx 8.5$$

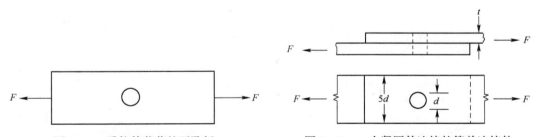

图 8-14 受拉伸载荷的开孔板　　　图 8-15 一个紧固件连接的简单连接件

上面介绍了应力严重系数的概念及其计算方法,由举例可知,计算应力严重系数的前提条件是,必须知道所要计算的每一个孔的旁路载荷 P,以及由紧固件所传递的载荷 ΔP。对于飞机结构,常规的应力分析一般不会如此细致的计算,因此,采用应力严重系数法进行连接件的疲劳分析时,必须先要对所有危险的紧固件的连接区域,进行详细的载荷分布计算,即细节应力分析。除了极为简单的情况,这种连接区域载荷分布的计算一般使用结构力学中的矩阵力法或有限元素法,并借助于计算机来实现。

图 8-16 所示双重件为某飞机主起落架滑轨上含组合孔的连接件,$dt=2d_{tb}t=267.1\text{ mm}^2$,$W=182.88\text{mm}$,$t=7.62\text{mm}$。通过细节应力分析,能够得到双重件在设计载荷(2622.715±2622.715)kN 作用下,各孔的旁路载荷和传递载荷,以及细节应力分布,并发现孔周

围 $\sigma_{ref}=378.27\text{MPa}$,旁路应力为 $P/(Wt)=275.61\text{MPa}$,传递载荷 $\Delta P=143.14\text{kN}$。由图 8-11~图 8-13 分别查得 $K_{tg}=3.0$、$K_{tb}=1.25$ ($2d_{tb}/W=0.1916$) 和 $\theta=1.4$ ($t/d=0.3/0.6896\approx0.435$,单剪);由表 8-3 和表 8-4 查得 $\alpha=1.0$ (标准钻孔) 和 $\beta=0.75$ (铆钉)。将以上数据代入式 (8-18),可得

$$\text{SSF}=\frac{\alpha\beta}{\sigma_{ref}}\left(K_{tg}\frac{P}{Wt}+K_{tb}\frac{\Delta P}{dt}\theta\right)=\frac{1.0\times0.75}{378.27}\left(3.0\times275.61+1.25\times1.4\times\frac{143.14}{267.1}\times1000\right)=3.5$$

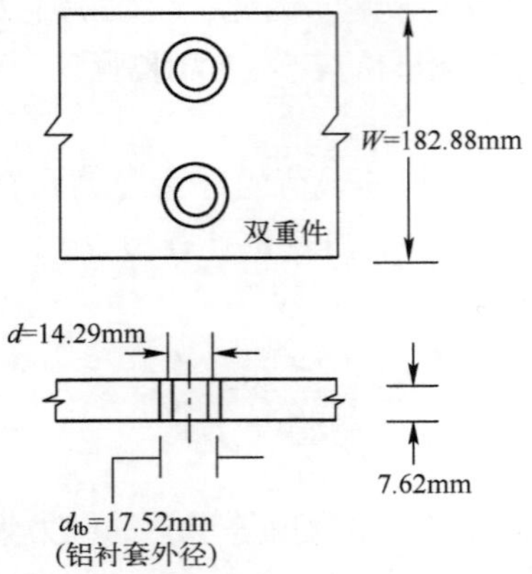

图 8-16 双重件孔处的构造和受力情况

连接件谱载疲劳寿命估算时,将应力严重数据作为相当的应力集中系数,也就是说,具有某一应力严重系数的孔边材料的疲劳寿命,与具有相同大小的应力集中系数的材料的疲劳寿命相等。根据式 (6-22) 和式 (8-1),可得连接件疲劳性能 S-N-R 曲面和累积损伤理论:

$$\left\{\frac{2\sigma_b(1-r)S_{max,r}}{(1-r_0)[2\sigma_b-(1+r)S_{max,r}]+(1+r_0)(1-r)S_{max,r}}-[1+a(1-(\text{SSF})^b)]S_0\right\}^m N=C \tag{8-19}$$

$$T\sum_{i=1}^{L}\frac{n_i}{C}\left[\frac{2\sigma_b(1-r)S_{max,r}}{(1-r_0)[2\sigma_b-(1+r)S_{max,r}]+(1+r_0)(1-r)S_{max,r}}-[1+a(1-(\text{SSF})^b)]S_0\right]^m=1 \tag{8-20}$$

8.1.5 相似细节法

对于图 8-17 所示的机身或机翼蒙皮壁板多钉单搭连接件,相邻紧固孔之间的中心距为 d,且排数 N_1 和列数 N_2 均为奇数,则奇数排且奇数列的紧固件数为 $(N_1+1)(N_2+1)/4$,偶数排且偶数列的紧固件数为 $(N_1-1)(N_2-1)/4$,连接件紧固件总数为 $(N_1N_2+1)/2$。根据弹性力学理论可知,在平面应力状态下,连接件所受应力状态的第一主应力 σ_1、第二主应力 σ_2 和第一主应力方位角 α 分别为

$$\sigma_1=\frac{\sigma_x+\sigma_y}{2}+\sqrt{\left(\frac{\sigma_x-\sigma_y}{2}\right)^2+\tau_{xy}^2} \tag{8-21}$$

$$\sigma_2=\frac{\sigma_x+\sigma_y}{2}-\sqrt{\left(\frac{\sigma_x-\sigma_y}{2}\right)^2+\tau_{xy}^2} \tag{8-22}$$

$$\alpha = \frac{1}{2}\arctan\left(-\frac{2\tau_{xy}}{\sigma_x - \sigma_y}\right) \tag{8-23}$$

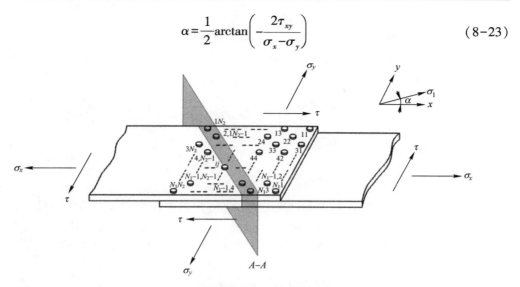

图 8-17 平面应力状态下的多钉单搭连接件

为方便分析紧固孔边的局部应力应变状态，通常做如下假设：①由于连接件上紧固件类型和尺寸均相同，因此，其传递载荷也相同。②σ_1 和 σ_2 方向上的载荷传递无相互干扰效应，故 σ_1 和 σ_2 方向上的载荷传递可独立计算。通过多钉单搭连接件第 i 排第 j 列紧固件，做垂直于第一主应力轴方向的截面 A—A，截开连接件（图 8-17），得到连接件下搭板的分离体（图 8-18），根据分离体的平衡条件，可得

$$P_{ij} + (M'_{ij} + M_{ij})\sigma_{\Delta P}\mathrm{d}t - (\tau W_{ij}t\sin\alpha)\cos\alpha - (\sigma_x W_{ij}t\cos\alpha)\cos\alpha - \\ (\tau W_{ij}t\cos\alpha)\sin\alpha - (\sigma_y W_{ij}t\sin\alpha)\sin\alpha = 0 \tag{8-24}$$

式中，P_{ij} 为下搭板在截面 A—A 上的旁路载荷，$i = 1, 2, \cdots, N_1$，$j = 1, 2, \cdots, N_2$；M_{ij} 为下搭板在截面 A—A 上的紧固孔数量；M'_{ij} 为下搭板紧固孔的总数量；$\sigma_{\Delta P}$ 为紧固孔的传递应力；t 为下搭板的厚度；d_1 为紧固孔孔径；W_{ij} 为下搭板截面 A—A 的宽度。

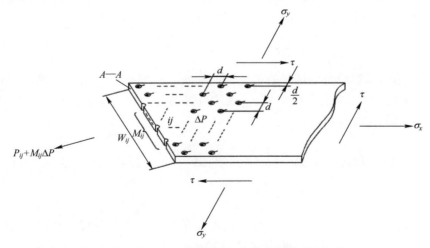

图 8-18 平面应力状态下连接件下搭板的分离体

根据紧固孔旁路应力的定义,可知
$$P_{ij}=\sigma_{P_{ij}}\cdot(W_{ij}-M_{ij}d_1)\cdot t \tag{8-25}$$
式中,$\sigma_{P_{ij}}$为第i排第j列紧固孔的旁路应力。

利用二倍角公式,由式(8-24)和式(8-25),导出
$$\sigma_{P_{ij}}=\frac{W_{ij}}{W_{ij}-M_{ij}d_1}\cdot\left(\frac{\sigma_x+\sigma_y}{2}-\frac{\sigma_x-\sigma_y}{2}\cos2\alpha+\tau\sin2\alpha\right)-\frac{(M'_{ij}+M_{ij})d_1}{W_{ij}-M_{ij}d_1}\sigma_{\Delta P} \tag{8-26}$$

将式(8-23)代入式(8-26),可得
$$\sigma_{P_{ij}}=\frac{\sigma_1 W_{ij}-\sigma_{\Delta P}(M'_{ij}+M_{ij})d_1}{W_{ij}-M_{ij}d_1} \tag{8-27}$$

由图8-18和式(8-27)可知,W_{ij}、M_{ij}和M'_{ij}与紧固件交错排布的几何尺寸和第一主应力的方位角均有关,当$i=1$,$j=1$时,$M'_{ij}=0$,下搭板分离体上第1排第1列紧固孔边的应力状态最为严重,疲劳裂纹最先在此处萌生和扩展。由式(8-27),得
$$\sigma_{P_{11}}=\frac{\sigma_1 W_{11}-\sigma_{\Delta P}M_{11}d_1}{W_{11}-M_{11}d_1} \tag{8-28}$$

由紧固件交错排布形式的对称性(图8-18)可知,当$i=N_1$,$j=N_2$时,有
$$M_{N_1 N_2}=M_{11} \tag{8-29}$$
$$M'_{N_1 N_2}+M_{N_1 N_2}=\frac{N_1 N_2+1}{2} \tag{8-30}$$
$$\sigma_{P_{N_1 N_2}}=0 \tag{8-31}$$

将式(8-29)~式(8-31)代入式(8-27),得
$$\frac{2\sigma_1 W_{N_1 N_2}-\sigma_{\Delta P}(N_1 N_2+1)d_1}{W_{N_1 N_2}-M_{11}d_1}=0 \tag{8-32}$$

变换式(8-32),可得由传递载荷引起的传递应力
$$\sigma_{\Delta P}=\frac{2\sigma_1 W_{N_1 N_2}}{(N_1 N_2+1)d_1} \tag{8-33}$$

将式(8-33)代入式(8-28),可得第1排第1列紧固孔边的旁路应力
$$\sigma_{P_{11}}=\frac{\sigma_1}{W_{11}-M_{11}d_1}\cdot\left(W_{11}-\frac{2M_{11}W_{N_1 N_2}}{N_1 N_2+1}\right) \tag{8-34}$$

考虑$\sigma_{P_{ij}}$和$\sigma_{\Delta P}$对疲劳强度和疲劳寿命的影响,将连接件的相似紧固孔细节的旁路应力$\sigma_{P_{ij}}$与传递应力(或挤压应力)$\sigma_{\Delta P}$线性叠加后的总名义应力,作为连接件疲劳损伤的驱动力,即
$$S_T=\sigma_{P_{ij}}+\sigma_{\Delta P} \tag{8-35}$$

将式(8-27)和式(8-33)代入式(8-35),可得任意紧固孔的总名义应力
$$S_T=\frac{\sigma_1 W_{ij}-\sigma_{\Delta P}(M'_{ij}+M_{ij})d_1}{W_{ij}-M_{ij}d_1}+\frac{2\sigma_1 W_{N_1 N_2}}{(N_1 N_2+1)d_1} \tag{8-36}$$

同样,将式(8-33)和式(8-34)代入式(8-35),亦可得最大的总名义应力
$$S_T=\sigma_{P_{11}}+\sigma_{\Delta P}=\frac{W_{11}[(N_1 N_2+1)d_1+2W_{N_1 N_2}]-4M_{11}W_{N_1 N_2}}{(N_1 N_2+1)(W_{11}-M_{11})d_1}\sigma_1 \tag{8-37}$$

式 (8-37) 为平面应力状态下多钉连接件最危险细节处（即第 1 排第 1 列紧固孔）的名义应力。

在单轴应力状态（$\sigma_1 = \sigma_x$）下，有

$$M_{11} = \frac{N_1 + 1}{2} \tag{8-38}$$

$$W_{N_1 N_2} = W_{11} = N_1 d \tag{8-39}$$

式中，d 为相邻紧固孔之间的中心距。

将式 (8-38) 和式 (8-39) 代入式 (8-37)，可得

$$S_T = \frac{N_1 [2(N_1 N_2 - 1) d_1 + 4 N_1 (d - d_1)] d}{(N_1 N_2 + 1)[2 N_1 d - (N_1 + 1) d_1] d_1} \sigma_x \tag{8-40}$$

式 (8-40) 为单轴应力状态下多钉连接件最危险细节处（即第 1 排第 1 列紧固孔）的名义应力。

根据式 (6-17)，可得连接件相似紧固细节的疲劳性能 S-N-r 曲面表征模型：

$$\left[\frac{2\sigma_b (1-r) S_{\mathrm{Tmax},r}}{(1-r_0)[2\sigma_b - (1+r) S_{\mathrm{Tmax},r}] + (1+r_0)(1-r) S_{\mathrm{Tmax},r}} - S_0 \right]^m \cdot N = C \tag{8-41}$$

将式 (8-41) 代入式 (8-1)，可得具有相似紧固细节的连接件的疲劳寿命估算公式

$$T \cdot \sum_{i=1}^{K} \frac{n_i}{C} \left[\frac{2\sigma_b (1-r_i) S_{\mathrm{Tmax},r_i}}{(1-r_0)[2\sigma_b - (1+r_i) S_{\mathrm{Tmax},r_i}] + (1+r_0)(1-r_i) S_{\mathrm{Tmax},r_i}} - S_0 \right]^m = 1 \tag{8-42}$$

式中，S_{Tmax,r_i} 和 r_i 分别表示载荷谱中第 i 级应力水平的最大应力和应力比；K 为载荷谱中应力水平的总级数；n_i 为载荷谱中第 i 级应力水平的循环次数。

8.1.6 日历寿命评估模型

通常情况下，"停-飞-停"飞机金属结构承受的载荷/环境-时间历程如图 8-19 所示，其损伤模式为地面停放预腐蚀造成的腐蚀损伤和空中飞行疲劳载荷造成的机械疲劳损伤交替进行的过程。根据实际使用情况，飞机每年的飞行强度不同（即每年的载荷-

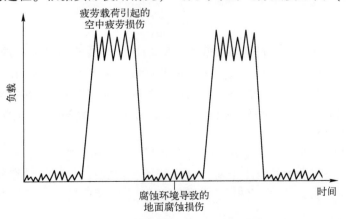

图 8-19　飞机金属结构的载荷-环境历程示意图

时间历程中疲劳载荷循环次数不同），因此，需要对飞机金属结构每年的"停-飞-停"过程进行逐年的损伤累积计算，确定其金属结构的日历腐蚀疲劳寿命。

由式（6-32），可知任意应力比下的金属材料腐蚀疲劳性能 S-N-t 曲线：

$$\left\{\frac{2\sigma_b(1-r)S_{\max,r}}{(1-r_0)[2\sigma_b-(1+r)S_{\max,r}]+(1+r_0)(1-r)S_{\max,r}}-(1-\alpha t^\beta)S_0\right\}^m N = C \quad (8\text{-}43)$$

将式（8-43）代入式（8-1），可以得到"停-飞-停"飞机金属结构日历寿命的计算公式：

$$\sum_{i=1}^{T}\sum_{j=1}^{H_i}\frac{n_{ij}}{C}\left\{\frac{2\sigma_b(1-r_{ij})S_{\max,r_{ij}}}{(1-r_0)[2\sigma_b-(1+r_{ij})S_{\max,r_{ij}}]+(1+r_0)(1-r_{ij})S_{\max,r_{ij}}}-(1-\alpha t_i^\beta)S_0\right\}^m = 1$$

(8-44)

式中，n_{ij} 为第 i 日历年的载荷谱中第 j 级载荷水平的循环次数；H_i 为材料在第 i 日历年的载荷谱中载荷水平的级数；T 为结构发生疲劳失效时的日历年限。

8.1.7 载荷顺序效应

根据式（8-1）和式（6-33），可得随机载荷谱中第 i 个应力循环造成的疲劳损伤增量 ΔD_i

$$\Delta D_i = \begin{cases} \dfrac{S_{eq}^m}{C} & (S_{eq} \geqslant 0) \\ 0 & (S_{eq} < 0) \end{cases} \quad (8\text{-}45)$$

其中，

$$S_{eq} = \frac{2\sigma_b(1-r_{eff})S_{\max,r}}{(1-r_0)[2\sigma_b-(1+r_{eff})S_{\max,r}]+(1+r_0)(1-r_{eff})S_{\max,r}} - S_0 \quad (8\text{-}46)$$

$$r_{eff} = 1 - \frac{2S_a}{S_{\max,eff}} \quad (8\text{-}47)$$

$$S_{\max,eff} = S_{\max,r} - \frac{S_{\max,r}^{OL} - S_0}{(r-1)S_{\max,r}^{OL}}\left[S_{\max,r}^{OL}\sqrt{1-\frac{\Delta D'}{z_{OL}}} - S_{\max,r}\right] \quad (8\text{-}48)$$

$$z_{OL} = \frac{1}{2}\left(\frac{S_{\max}\sqrt{D}}{\sigma_b}\right)^2 \quad (8\text{-}49)$$

式中，r_{eff} 为有效应力比，代表循环加载下过载塑性区内疲劳裂纹处的应力变化；$S_{\max,eff}$ 为有效最大疲劳应力，代表过载塑性区内疲劳裂纹处的最大循环应力；$S_{\max,eff}^{OL}$ 为过载应力循环中的最大疲劳应力；r 为超载截止比，对于 2524-T3 和 7050-T7451 航空铝合金材料，r 值为 2.80；D 为累积疲劳损伤量；$\Delta D'$ 为位于过载塑性区内的疲劳损伤增量；z_{OL} 为过载塑性区的尺寸参数。

考虑载荷顺序效应的谱载疲劳寿命估算由下述 4 个步骤组成：

（1）从随机载荷谱中的第 1 个应力循环开始，由式（8-46）~式（8-49）计算参数 $(S_{\max,eff})_1$ 和 $(r_{eff})_1$，代入式（8-45），得到首个应力循环对应的疲劳损伤增量 ΔD_1 以及当前损伤量 D_1。

（2）同样，在损伤量 D_1 的基础上，由随机载荷谱中的第 2 个应力循环以及式（8-46）~式（8-49），计算参数$(S_{max,eff})_2$和$(r_{eff})_2$，并代入式（8-45），得到第2个应力循环对应的疲劳损伤增量ΔD_2以及当前损伤量D_2。

(3) 采用如此循环接循环的累积损伤计算，能够得到随机载荷谱中每个后续相邻的应力循环所对应的疲劳损伤增量，并确定和记录当前应力循环所对应的累积损伤大小。

(4) 根据线性累积损伤法则，当累积损伤量达到或超过临界损伤值1时，疲劳累积损伤计算停止，从而获得最终失效时对应的累积应力循环数，即随机载荷谱作用下的疲劳寿命。

上述4步累积损伤计算方法可以认为是一种修正的累积损伤算法，显然，采用这种修正算法预测谱载疲劳寿命，考虑了随机载荷谱中的载荷顺序效应，重要的是，模型参数和疲劳寿命能够简便确定。

8.2 局部应力-应变法

常规疲劳设计法是以名义应力为基本设计参数，按名义应力进行抗疲劳设计。目前，仍然广泛应用的评价飞机结构疲劳强度的名义应力法存在着某些缺点，名义应力法的主要不足表现在以下三个方面：

(1) 采用名义应力法计算结构的疲劳寿命时，都采用由缺口或光滑试样得到的S-N曲线。对于不同的构件，只要有相同的应力集中系数，就认为它们的疲劳特性存在着当量关系。目前，几乎所有实用的几何形状和受载形式的结构元件的应力集中系数K_t值，都可由现成的图表或曲线取得，仔细研究发现，具有相同应力集中系数的元件，在缺口根部不一定会有相同的应力，这已被许多事实所证明。

(2) 名义应力法所计算的寿命，传统的说法是到破坏时的寿命。根据安全寿命的概念，这里所说的"破坏"是指出现可检裂纹的寿命，但是，计算中所采用的S-N数据往往都是由小尺寸试样得到的，而小尺寸试样的寿命又都是到"断裂"时的寿命，这样，小试样的断裂寿命中包括了裂纹扩展部分。通常，这部分寿命占的比例很小，但对于板状的试样，这部分寿命就占较大的比例，因此，计算结构元件的疲劳寿命与小试样的疲劳寿命相比，有时就发生困难。

以上两个缺点可以概括为：结构与小试样的疲劳特性之间不存在真正的当量关系。

(3) 由于应力集中的原因，局部区域的应力常常会超过屈服极限，而使材料进入塑性状态。例如，一个设计得比较好的缺口元件，其理论应力集中系数值可能在3左右，于是，局部应力$\sigma = K_t s$超过$\sigma_{0.2}$是常有的事。由于局部屈服会导致残余应力，这就对承受变幅载荷结构的疲劳寿命有重要的影响，如单个高峰载荷或间断高峰载荷会有效地延长结构的疲劳寿命，而名义应力法却不能计及这种影响，这是其最本质的缺点。

峰值载荷和缺口根部塑性变形产生的残余应力情况，可由图8-20加以说明，该图的左半部分代表相应于一个载荷谱的名义应力顺序。在图中试样的左半部分代表加载和卸载的净截面的应变分布。当名义应力已恢复到零时，缺口根部仍然存在着较大的应变。试样的右半部分表明加载和卸载的应力状态，缺口根部应力超过了材料的屈服强度。当名义应力已经恢复到零时，缺口附近还存在着一个自相平衡的应力状态，缺口根部有残余压应力。图中右半部分代表相应于名义应力顺序缺口根部的真实应力顺序，名义应力顺序中一个大载荷发生后，较小载荷循环的平均应力则有所改变，而一个负的峰值载荷又会消除（或部分消除）这一改变。

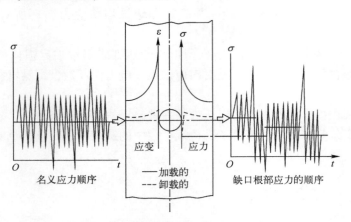

图 8-20　缺口根部应力和应变以及残余应力

在疲劳寿命估算中，如果采用应力集中区附近的局部应力和应变代替名义应力，就可以克服前面所说的一些主要缺点。实际上，决定零件疲劳强度和寿命的是应变集中（或应力集中）处的最大局部应力和应变，因此，近代在应变分析和低周疲劳的基础上，提出了一种新的疲劳寿命估算方法：局部应力应变法。采用某些方法计算疲劳危险部位的局部应力-应变历程，再结合材料相应的疲劳特性曲线，进行寿命估算的方法称为"局部应力-应变法"。局部应力-应变法所计算的是，缺口边上应力集中最严重区域附近一小块材料的疲劳破坏寿命，所以，它所指的寿命就是缺口边上出现可见裂纹的寿命。它的设计思路是，零构件的疲劳破坏都是从应变集中部位的最大应变处起始的，并且在裂纹形成以前都要产生一定的局部塑性变形，局部塑性变形是疲劳裂纹形成和扩展的先决条件。因此，决定零构件疲劳强度和寿命的是应变集中处的最大局部应力应变，只要最大局部应力应变相同，疲劳寿命就相同。有应力集中零构件的疲劳寿命，可以由局部应力应变相同的光滑试样的应变-寿命曲线进行计算，也可利用局部应力应变相同的光滑试样进行疲劳试验来模拟。

局部应力-应变法具有以下特点：①由于应变是可以测量的，而且已被证明是一个与低周疲劳相关的极好参数，根据应变分析的方法，就可以将高低周疲劳寿命的估算方法统一起来；②使用这种方法时，只需知道应变集中部位的局部应力应变和基本的材料疲劳性能数据，就可以估算零件的裂纹形成寿命，避免了大量的结构疲劳试验；③这种方法可以考虑载荷顺序对应力应变的影响，特别适用于随机载荷下的寿命估算，另外，这种方法易于与计数法结合起来，可以利用计算机进行复杂计算。

名义应力有限寿命设计法估算出的是总寿命，而局部应力-应变法估算出的是裂纹形成寿命（图8-21）。这种方法常常与断裂力学方法联合使用，用这种方法估算出裂纹形成寿命以后，再用断裂力学方法估算出裂纹扩展寿命，两阶段寿命之和即为零件的总寿命。局部应力-应变法虽然有很多优点，但它并不能取代名义应力法，这是因为：①这种方法只能用于有限寿命下的寿命估算，而不能用于无限寿命，当然也无法代替常规的无限寿命设计法；②这种方法目前还不够完善，还未考虑尺寸因素和表面情况的影响，因此，对高周疲劳有较大误差；③这种方法目前仍主要限于对单个零件进行分析，对于复杂的连接件，由于难于进行精确的应力应变分析，目前尚难于使用。

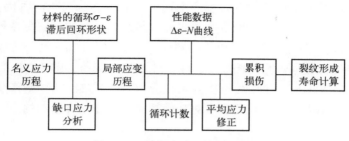

图 8-21　局部应力-应变法流程

8.2.1　材料疲劳特性

1. Masing 特性

如图 8-22 所示，将不同应力幅下的应力-应变迟滞回环平移，使其坐标原点重合时，若迟滞回环的上行段迹线相吻合，则该材料具有 Masing 特性，称为 Masing 材料；相反，若迟滞回环最高点与其上行迹线有明显的差异时，则该材料不具有 Masing 特性，称为非 Masing 材料。Masing 特性的物理意义是，材料循环应力-应变曲线的弹性部分不随应变幅值的变化而改变，或者说材料循环加载时屈服点不变。

2. 材料的记忆特性

在循环加载下，当后级载荷的绝对值大于前级时，材料仍按前级迹线的变化规律继续变化。例如，对于图 8-23 所示的情况，第一次加载时，按循环应力-应变曲线由点 O 升载至点 A，然后，按迟滞回环降载至点 B，并升载至点 C。当由点 C 降载至点 D 时，在达到点 B 之前按以点 C 为原点的迟滞回环降载；在降至点 B 以后，则似乎记得原来的变化规律，仍按以点 A 为起点的迟滞回环变化。由点 D 升载时，在达到点 A 以前，按以点 D 为起点的迟滞回环变化；在达到点 A 之后，则似乎记得 OA 原来的变化特性，仍按循环应力-应变曲线变化。

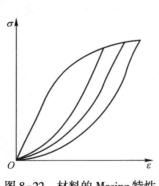

图 8-22　材料的 Masing 特性

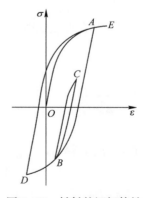

图 8-23　材料的记忆特性

3. 载荷顺序效应

缺口零件的应力集中处，在拉伸载荷作用下发生局部屈服。卸载后处于弹性状态的材料要恢复原来的状态，而已发生塑性变形的材料则阻止这种恢复，从而使缺口根部产生残余压应力，未发生塑性变形的区域产生残余拉应力。若大载荷后接着出现小载荷，则此小载荷引起的应力将叠加在残余应力之上，因此，后面的小载荷循环造成的损伤受到前面大载荷循环的影响，这就是载荷的顺序效应。例如图 8-24 中的两种载荷历程，所加的载荷循环完全相同，只是图 8-24（a）先加拉伸载荷，图 8-24（b）先加压缩载荷，而图 8-24（a）的应力集中处产生残余压应力，图 8-24（b）则产生残余应力，二者的迟滞回环形状不同；可见载荷顺序对其局部应力应变是有影响的。

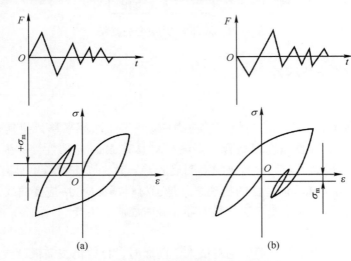

图 8-24 载荷顺序对迟滞回环的影响

8.2.2 载荷-应变标定曲线法

根据载荷-应变标定曲线，可将载荷-时间历程转化为局部应变-时间历程，而得到载荷-应变标定曲线可使用试验法和有限元法，这里仅介绍试验法。使用试验法时，首先，在材质相同、几何形状相似的模拟试样的缺口根部贴上应变片，测出循环稳定后的载荷幅值与应变幅值间的关系。这时，载荷和应变也形成稳定的迟滞回环，迟滞回环顶点的连线即为载荷-应变标定曲线，它常用下面形式的数学式进行拟合：

$$\varepsilon = \frac{P}{C_1} + \left(\frac{P}{C_2}\right)^{\frac{1}{d}} \tag{8-50}$$

式中，ε 为局部应变；P 为载荷；C_1，C_2，d 均为拟合常数。

若将载荷-应变标定曲线表示为下面的普遍形式：

$$\varepsilon = G(P) \tag{8-51}$$

利用倍增原理（即将载荷-应变回线的顶点放在原点以后，迟滞回环的坐标恰好比载荷-应变标定曲线放大 1 倍），可得迟滞回环的方程

$$\frac{\Delta \varepsilon}{2} = G\left(\frac{\Delta P}{2}\right) \tag{8-52}$$

于是，加载时，有

$$\frac{\varepsilon-\varepsilon_r}{2}=G\left(\frac{P-P_r}{2}\right) \quad (8-53)$$

卸载时，有

$$\frac{\varepsilon_r-\varepsilon}{2}=G\left(\frac{P_r-P}{2}\right) \quad (8-54)$$

式中，P_r 和 ε_r 分别为载荷-应变回线前一次反向终点处的载荷和局部应变值；P 和 ε 分别为载荷-应变回线本次反向终点处的载荷和局部应变值。开始加载时，使用载荷-应变标定曲线，此后，再反复使用式（8-53）和式（8-54），即可由载荷-时间历程得出局部应变-时间历程，在计算过程中应注意材料的记忆特性。

根据循环应力-应变曲线，可由局部应变-时间历程得出局部应力-时间历程。已知循环应力-应变曲线的方程为

$$\varepsilon=\frac{\sigma}{E}+\left(\frac{\sigma}{K'}\right)^{\frac{1}{n'}} \quad (8-55)$$

利用倍增原理，可得应力-应变回线的方程为

$$\frac{\Delta\varepsilon}{2}=\frac{\Delta\sigma}{2E}+\left(\frac{\Delta\sigma}{2K'}\right)^{\frac{1}{n'}} \quad (8-56)$$

与载荷-应变回线情况相似，加载时，有

$$\frac{\varepsilon-\varepsilon_r}{2}=\frac{\sigma-\sigma_r}{2E}+\left(\frac{\sigma-\sigma_r}{2K'}\right)^{\frac{1}{n'}} \quad (8-57)$$

卸载时，有

$$\frac{\varepsilon_r-\varepsilon}{2}=\frac{\sigma_r-\sigma}{2E}+\left(\frac{\sigma_r-\sigma}{2K'}\right)^{\frac{1}{n'}} \quad (8-58)$$

式中，ε_r 和 σ_r 分别为前一次反向终点的局部应变和局部应力；ε 和 σ 分别为本次反向终点的局部应变和局部应力。第一次加载时，使用循环应力-应变曲线，此后，再反复使用式（8-57）和式（8-58），就可以从局部应变-时间历程得出局部应力-时间历程，在计算过程中同样要注意材料的记忆特性。

有了局部应力-时间历程和对应的局部应变-时间历程后，就可绘出图 8-25 所示的局部应力-应变响应图，这时，局部应力应变形成若干个封闭的迟滞回环。在计算机或专用的计数仪器中，输入局部应变-时间历程和循环应力-应变曲线以后，利用雨流法程序，可以直接判读出封闭的迟滞回环。

若某个迟滞回环的寿命为 N_i，则该迟滞回环的损伤为 $1/N_i$，可以直接用应变-寿命关系式（2-20）计算损伤，但该式对疲劳寿命 N 为

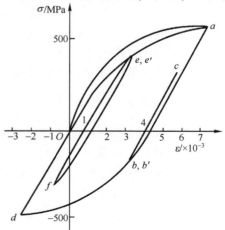

图 8-25　局部应力-应变响应图

隐式，必须用迭代法求解，计算工作量较大。为了简化计算，分别提出了以下计算式。

当 $\Delta\varepsilon_p > \Delta\varepsilon_e$ 时，塑性应变占主导，忽略弹性应变的影响，使用式（2-19）计算损伤，这时的损伤计算式为

$$\frac{1}{N_p} = 2\left(\frac{\Delta\varepsilon_p}{2\varepsilon_f'}\right)^{\frac{1}{c}} \tag{8-59}$$

当 $\Delta\varepsilon_e > \Delta\varepsilon_p$ 时，弹性应变占主导，忽略塑性应变的影响，使用式（2-17）或式（2-18）的弹性线计算损伤，这时的损伤计算式为

$$\frac{1}{N_e} = 2\left(\frac{E \cdot \Delta\varepsilon_e}{2\sigma_f'}\right)^{-\frac{1}{b}} \tag{8-60}$$

或

$$\frac{1}{N_e} = 2\left[\frac{E \cdot \Delta\varepsilon_e}{2(\sigma_f' - \sigma_m)}\right]^{-\frac{1}{b}} \tag{8-61}$$

将式（2-19）与式（2-17）相除，得

$$\frac{\Delta\varepsilon_p}{\Delta\varepsilon_e} = \frac{\varepsilon_f' E}{\sigma_f'}(2N)^{c-b}$$

于是，得出以下损伤计算式：

$$\frac{1}{N} = 2\left(\frac{\sigma_f'}{\varepsilon_f' E} \cdot \frac{\Delta\varepsilon_p}{\Delta\varepsilon_e}\right)^{\frac{1}{b-c}} \tag{8-62}$$

当 $\Delta\varepsilon_e > \Delta\varepsilon_p$ 时，需要考虑平均应力的影响，修正后的 Landgraf 损伤计算式为

$$\frac{1}{N} = 2\left[\frac{\sigma_f'}{\varepsilon_f' E} \cdot \frac{\Delta\varepsilon_p}{\Delta\varepsilon_e} \cdot \frac{\sigma_f'}{(\sigma_f' - \sigma_m)}\right]^{\frac{1}{b-c}} \tag{8-63}$$

通过一些实例的验算发现，在不同的 $\Delta\varepsilon_p/\Delta\varepsilon_e$ 比值下，与试验值符合较好的损伤计算式也不同。①当 $\Delta\varepsilon_p/\Delta\varepsilon_e \geq 1$ 时，采用塑性线，即式（8-59），计算损伤值与试验值符合较好；②当 $\Delta\varepsilon_p/\Delta\varepsilon_e \leq 0.1$ 时，采用弹性线，即式（8-60）或式（8-61），计算损伤值与试验值较为接近；③当 $0.1 < \Delta\varepsilon_p/\Delta\varepsilon_e < 1$ 时，采用式（8-62）、式（8-63）或式（2-20），计算损伤值较好（当 $0.1 < \Delta\varepsilon_p/\Delta\varepsilon_e < 0.35$ 时，塑性线虽下弯，但与直线偏离不大，故式（2-20）仍可使用）。

由以上损伤计算公式计算各循环的损伤比 n_i/N_i 以后，按照 Miner 线性累积损伤理论，可计算载荷谱作用下的疲劳寿命。

8.2.3 修正 Neuber 法

修正 Neuber 法是一种近似方法，其精度较载荷-应变标定曲线法为低，但使用起来比较方便，因此，得到了广泛应用。修正 Neuber 法的出发点是，在中、低寿命范围，当缺口处发生局部屈服时，应当考虑两个集中系数，即应变集中系数 K_ε' 和应力集中系数 K_σ'，二者之间的关系为

$$K_t = (K_\sigma' K_\varepsilon')^{\frac{1}{2}} \tag{8-64}$$

$$K_\sigma' = \frac{\Delta\sigma}{\Delta S} \tag{8-65}$$

$$K'_\varepsilon = \frac{\Delta\varepsilon}{\Delta e} \qquad (8\text{-}66)$$

式中，ΔS 和 Δe 分别为名义应力变程和名义应变变程；$\Delta\sigma$ 和 $\Delta\varepsilon$ 分别为局部应力变程和局部应变变程；K_t 为理论应力集中系数。

将 K'_σ 和 K'_ε 的表达式代入式 (8-64)，可得

$$K_t (\Delta S \cdot \Delta e \cdot E)^{\frac{1}{2}} = (\Delta\sigma \cdot \Delta\varepsilon \cdot E)^{\frac{1}{2}}$$

$$\Delta S = E \Delta e$$

因此

$$K_t \cdot \Delta S = (\Delta\sigma \cdot \Delta\varepsilon \cdot E)^{\frac{1}{2}} \qquad (8\text{-}67)$$

根据式 (8-67)，就可以把局部应力应变与名义应力联系起来，而名义应力与载荷成正比，从而，可以把载荷与局部应力应变联系起来。使用中发现，采用式 (8-67) 计算的局部应力应变过大，因此，在寿命估算中，常用疲劳缺口系数 K_f 代替理论应力集中系数 K_t，这时，式 (8-67) 变为

$$K_f \cdot \Delta S = (\Delta\sigma \cdot \Delta\varepsilon \cdot E)^{\frac{1}{2}}$$

为了方便起见，上式改写为

$$\Delta\sigma \cdot \Delta\varepsilon = \frac{(K_f \cdot \Delta S)^2}{E} \qquad (8\text{-}68)$$

式 (8-68) 称为修正 Neuber 公式，它相当于 $XY=$ 常数的双曲线。式 (8-68) 中的 K_f 仍用 K_t 时，称为 Neuber 公式。

利用修正 Neuber 公式进行寿命估算的步骤如下：①根据材料力学公式，将载荷-时间历程转化为名义应力-时间历程；②采用修正 Neuber 公式和材料的循环应力-应变曲线，将名义应力-时间历程转化为局部应力-时间历程；③利用循环应力-应变曲线，由局部应力-时间历程得出缺口根部的局部应力-应变响应，并得出封闭的应力-应变滞回环；④利用损伤计算式，计算每种循环的损伤；⑤利用 Miner 法则进行寿命估算。

具体的估算方法如下：名义应力 S 与载荷 P 呈线性关系，其关系式为

$$S = \left(\frac{1}{A} + \frac{\rho}{Z}\right) P = CP \qquad (8\text{-}69)$$

式中，A 为缺口处的净截面积；Z 为缺口截面的净抗弯截面系数；ρ 为力作用点到缺口截面的距离；C 为比例系数。

利用式 (8-69)，很容易将载荷-时间历程转化为名义应力-时间历程。将修正 Neuber 公式 (8-68) 与应力-应变迟滞回环的方程 (8-56) 联立，可以得出局部应力与名义应力之间的关系为

$$\frac{(\Delta\sigma)^2}{E} + 2(\Delta\sigma)\left(\frac{\Delta\sigma}{2K'}\right)^{\frac{1}{n'}} = \frac{(K_f \cdot \Delta S)^2}{E} \qquad (8\text{-}70)$$

若将式 (8-69) 代入式 (8-70)，则可以直接得出局部应力与载荷间的关系为

$$\frac{(\Delta\sigma)^2}{E} + 2(\Delta\sigma)\left(\frac{\Delta\sigma}{2K'}\right)^{\frac{1}{n'}} = \frac{(K_f \cdot C \cdot \Delta P)^2}{E} \qquad (8\text{-}71)$$

于是，加载时，有

$$\frac{(\sigma-\sigma_r)^2}{E}+2(\sigma-\sigma_r)\left(\frac{\sigma-\sigma_r}{2K'}\right)^{\frac{1}{n'}}=\frac{(K_f \cdot C \cdot \Delta P)^2}{E} \tag{8-72}$$

卸载时，有

$$\frac{(\sigma_r-\sigma)^2}{E}+2(\sigma_r-\sigma)\left(\frac{\sigma_r-\sigma}{2K'}\right)^{\frac{1}{n'}}=\frac{(K_f \cdot C \cdot \Delta P)^2}{E} \tag{8-73}$$

式中，σ_r 为前一次反向终了时的局部应力；σ 为本次反向终了时的局部应力。反复使用式（8-72）和式（8-73），即可直接由载荷-时间历程得出局部应力-时间历程。

需要注意的是，第一次加载时，使用循环应力-应变曲线，这时，循环应力-应变曲线与修正 Neuber 公式联立后，可以得出局部应力与载荷间的关系为

$$\frac{\sigma^2}{E}+\sigma\left(\frac{\sigma}{K'}\right)^{\frac{1}{n'}}=\frac{(K_f \cdot S)^2}{E} \tag{8-74}$$

或

$$\frac{\sigma^2}{E}+\sigma\left(\frac{\sigma}{K'}\right)^{\frac{1}{n'}}=\frac{(K_f \cdot C \cdot P)^2}{E} \tag{8-75}$$

另外，计算时还应注意材料的记忆效应，即当后一次的载荷超过前一次的载荷以后，应力-应变间的关系仍服从前一次载荷的应力-应变迹线；得出局部应力-时间历程以后，利用应力-应变回线，反复使用式（8-57）和式（8-58），即可由局部应力-时间历程得出局部应变-时间历程，这时，也必须注意材料的记忆效应和在第一次加载时使用循环应力-应变曲线。得出局部应力-时间历程和局部应变-时间历程以后，就可以使用与载荷-应变标定曲线法相同的方法，把局部应力-应变响应画成若干个封闭的迟滞回环，并使用与它相同的方法估算疲劳寿命。

同样地，将载荷-时间历程、修正 Neuber 公式、局部应力与载荷间的关系式和循环应力-应变曲线输入计算机以后，即可利用雨流法程序自动判别出封闭的迟滞回环，将这些滞回环的参量取出后，可以进行损伤和寿命估算。

修正 Neuber 法与载荷-应变标定曲线的弹塑性有限元法相比，计算工作量少；与名义应力法相比，它能反映材料进入塑性以后的载荷次序及大过载等对疲劳寿命的影响，计算时只要提供材料的应变疲劳性能和试样的应力集中系数等数据，就可进行计算，所以，通用性强，也可用来计算复杂的结构。综上所述，修正 Neuber 法的计算模型较合理，计算较简单，具有较高的精度，是一种值得引起重视的疲劳寿命估算方法。

8.3 疲劳裂纹扩展的累积求和法

我国早期飞机都是按静强度准则设计的，在 20 世纪 60 年代初期才接触到疲劳问题，通过部件和全机疲劳试验确定其疲劳寿命，并以其出现宏观可检裂纹作为疲劳寿命的终点，但是，实际上，从裂纹形成到断裂还有相当长的寿命，部件或全机的总寿命应是裂纹形成寿命与裂纹扩展寿命之和。在常规的"安全寿命"设计中，是以光滑试样测得的 $S-N$ 曲线为依据进行的疲劳设计。对某些重要的承力构件，即使根据疲劳强度极限以及安全系数进行设计，构件在使用过程中，有时仍会过早地发生意外破坏，这是

由于测定材料疲劳特性所用试样与实际构件间有着根本的差别所致。构件在加工制造和使用过程中，会因锻造缺陷、焊接裂纹、表面划痕和腐蚀坑等而造成表面或内部裂纹。带裂纹构件在承受交变载荷作用时，裂纹发生扩展，从而导致构件突然断裂，因此，承认构件存在裂纹这一客观事实，并考虑裂纹在交变载荷作用下的扩展特性，将是疲劳设计的发展途径和补充。

随着飞机、火箭、船舶等运载工具制造业的迅速发展，并且，因疲劳破坏而导致脆性断裂事故的大量出现，对结构设计的要求越来越高。为此，在安全寿命设计基础上，引入了损伤容限设计，这种设计原则认为某些重要承力构件出现不大的损伤（裂纹）后，在所规定的检修期内仍能安全地工作，允许飞机构件在使用期间出现疲劳裂纹；但是，要保证裂纹的扩展速率很慢，能够使构件有足够的剩余强度持续工作，直到下次检修时予以发现、修复或更换。这样，就会遇到一个问题，即如何科学而合理地选择构件材料，采取止裂措施和确定飞机检修周期，以保证构件正常地工作。为此，对裂纹扩展速率的研究，以及材料抵抗裂纹快速扩展能力的探讨必不可少，这就给断裂力学研究提出了新课题。

8.3.1 线性累积损伤理论

如 6.2.1 节所述，对疲劳裂纹扩展速率公式分离变量，并从 a_0 到 a_c 积分，可得疲劳裂纹扩展寿命性能 S_a-S_m-N^* 曲面，根据线性累积损伤理论，便可估算裂纹扩展寿命。疲劳裂纹扩展累积损伤理论为

$$T^* \cdot \sum_{j=1}^{k} \sum_{i=1}^{h} \frac{n_{ij}(s_a, s_m)}{N_{ij}^*(s_a, s_m)} = 1 \tag{8-76}$$

式中，$n_{ij}(s_a, s_m)$ 为载荷谱一周期内应力水平 (s_a, s_m) 对应的循环数；$N_{ij}^*(s_a, s_m)$ 为应力水平 (s_a, s_m) 单独作用下的破坏循环数（裂纹扩展寿命），由疲劳裂纹扩展寿命性能 S_a-S_m-N^* 曲面确定。

当谱应力由二维连续型随机变量表示时，疲劳裂纹扩展累积损伤理论变为

$$T^* \cdot \int_{(s_m)_{\min}}^{(s_m)_{\max}} \int_{(s_a)_{\min}}^{(s_a)_{\max}} \frac{n_T f(s_a, s_m)}{N^*(s_a, s_m)} \mathrm{d}s_a \mathrm{d}s_m = 1 \tag{8-77}$$

式中，n_T 为一个周期内应力循环的总频数；$f(s_a, s_m)$ 为疲劳应力二维概率密度函数。

为了精确地计算裂纹扩展寿命 T^*，式（8-76）和式（8-77）还可写成

$$T^* \cdot \sum_{j=1}^{k} \sum_{i=1}^{h} \frac{n_{ij}(s_a, s_m)}{N_{ij}^*(s_a, s_m)} = \alpha \tag{8-78}$$

$$T^* \cdot \int_{(s_m)_{\min}}^{(s_m)_{\max}} \int_{(s_a)_{\min}}^{(s_a)_{\max}} \frac{n_T f(s_a, s_m)}{N^*(s_a, s_m)} \mathrm{d}s_a \mathrm{d}s_m = \alpha \tag{8-79}$$

式中，α 值由同类型试验结果给出。式（8-76）～式（8-79）在建立过程中也未考虑先行的高峰过载对其后继的低载循环的影响，故只适用无高过载情况。对于比较稳定的循环应力，即幅值和均值波动不大的情况，该公式与试验结果符合良好。

8.3.2 累积求和法

根据线弹性断裂力学理论可知，混合裂纹扩展的裂纹前缘的张开型（Ⅰ型）、滑开

型（Ⅱ型）和撕开型（Ⅲ）应力强度因子为

$$\begin{Bmatrix} K_{\mathrm{I}} \\ K_{\mathrm{II}} \\ K_{\mathrm{III}} \end{Bmatrix} = 2G\sqrt{\frac{2\pi}{r}} \begin{Bmatrix} v/(1+\mu) \\ u/(1+\mu) \\ w \end{Bmatrix} \tag{8-80}$$

式中，u，v 和 w 分别为裂纹前缘附近点沿局部直角坐标系 x，y 和 z 轴方向的位移；r 为裂纹前缘附近点在局部极坐标系下极轴方向的坐标；G 为材料的剪切模量；μ 为与泊松比 ν 相关的系数，平面应力状态下，$\mu=(3-\nu)/(1+\nu)$，平面应变状态下，$\mu=3-4\nu$。

从式（8-80）可以看出，只要能够获取裂纹尖端附近的位移场，即可获得裂纹尖端的应力强度因子。根据最大能量释放率准则，可得到第 j 次飞行起落中第 i 个循环载荷作用下的裂纹扩展方向：

$$(K_{\mathrm{I},ij})_{\mathrm{eff}}^2 \left(\sin\frac{\theta_{ij}}{2} + \sin\frac{3\theta_{ij}}{2} \right) + 4(K_{\mathrm{I},ij})_{\mathrm{eff}}(K_{\mathrm{II},ij})_{\mathrm{eff}} \cos\frac{3\theta_{ij}}{2} - (K_{\mathrm{II},ij})_{\mathrm{eff}}^2 \left(3\sin\frac{3\theta_{ij}}{2} - 5\sin\frac{\theta_{ij}}{2} \right)$$

$$= -\frac{8}{\mu+1}(K_{\mathrm{III},ij})_{\mathrm{eff}}^2 \sin\frac{\theta_{ij}}{2} \left\{ \frac{\mu+1}{8} \left[(K_{\mathrm{I},ij})_{\mathrm{eff}}^2 (1+\cos\theta_{ij}) - 4(K_{\mathrm{I},ij})_{\mathrm{eff}}(K_{\mathrm{II},ij})_{\mathrm{eff}} \sin\theta_{ij} + (K_{\mathrm{II},ij})_{\mathrm{eff}}^2 (5-3\cos\theta_{ij}) \right] + (K_{\mathrm{III},ij})_{\mathrm{eff}}^2 \right\}$$

$$= \frac{(\mu+1)K_{\mathrm{C}}^2}{4\cos^2\frac{\theta_{ij}}{2}} \tag{8-81}$$

式中，K_{C} 为断裂韧性；θ_{ij} 为第 j 次飞行起落中第 i 个循环载荷引起的疲劳裂纹扩展角度；$(K_{\mathrm{I},ij})_{\mathrm{eff}}$，$(K_{\mathrm{II},ij})_{\mathrm{eff}}$ 和 $(K_{\mathrm{III},ij})_{\mathrm{eff}}$ 分别为第 j 次飞行起落中第 i 个循环载荷的 Ⅰ、Ⅱ 和 Ⅲ 型有效应力强度因子。

根据式（8-80）和式（8-81）计算能量释放率，当某方向的能量释放率达到最大，且接近断裂韧性时，裂纹启裂。对于混合扩展模式，需综合考虑 K_{I}、K_{II} 和 K_{III} 对裂纹扩展速率的影响，因此，为计算裂纹扩展长度，引入等效应力强度因子：

$$K_{\mathrm{eq}} = \sqrt{K_{\mathrm{I}}^2 + K_{\mathrm{II}}^2 + K_{\mathrm{III}}^2/(1-\nu)} \tag{8-82}$$

由于 Ⅱ 和 Ⅲ 型裂纹扩展性能测试的复杂性和难度，常将混合裂纹等效为 Ⅰ 型裂纹，并利用基于 Willenborg-Chang 修正的 Walker 模型表征谱载下的 Ⅰ 型裂纹扩展性能，计算谱载裂纹扩展寿命。将式（8-82）与基于 Willenborg-Chang 修正的 Walker 模型相结合，可导出混合扩展模式下考虑载荷顺序效应的裂纹扩展速率：

$$\frac{\mathrm{d}a}{\mathrm{d}N} = \begin{cases} C\left[(1-r_{\mathrm{eff}})^{m_1}(K_{\mathrm{max}})_{\mathrm{eff}}\right]^{m_3} & (r_{\mathrm{eff}} \geqslant 0, \Delta K \geqslant \Delta K_{\mathrm{th}}) \\ C\left[(1-r_{\mathrm{eff}})^{m_2}(K_{\mathrm{max}})_{\mathrm{eff}}\right]^{m_3} & (r_{\mathrm{eff}} < 0, \Delta K \geqslant \Delta K_{\mathrm{th}}) \\ 0 & (\Delta K < \Delta K_{\mathrm{th}}) \end{cases} \tag{8-83}$$

其中，

$$r_{\mathrm{eff}} = 1 - \Delta K_{\mathrm{eq}}/(K_{\mathrm{max}})_{\mathrm{eff}} \tag{8-84}$$

$$(K_{\mathrm{max}})_{\mathrm{th}} = \Delta K_{\mathrm{th0}}/(1-r) \tag{8-85}$$

$$z_{\mathrm{OL}} = \frac{1}{4\pi^2}\left[\frac{(K_{\mathrm{max}})_{\mathrm{eq}}}{\sigma_{\mathrm{s}}}\right]^2 \tag{8-86}$$

$$(K_{\mathrm{max}})_{\mathrm{eff}} = (K_{\mathrm{max}})_{\mathrm{eq}}\left[\frac{K_{\mathrm{max},r}^{\mathrm{OL}} - (K_{\mathrm{max}})_{\mathrm{th}}}{(R_{\mathrm{C}}^{\mathrm{OL}} - 1)K_{\mathrm{max},r}^{\mathrm{OL}}} + 1\right] - \frac{K_{\mathrm{max},r}^{\mathrm{OL}} - (K_{\mathrm{max}})_{\mathrm{th}}}{R_{\mathrm{C}}^{\mathrm{OL}} - 1}\sqrt{1-\frac{\Delta a}{z_{\mathrm{OL}}}} \tag{8-87}$$

式中，C，m_1，m_2 和 m_3 为材料常数；ΔK_{eq} 为等效应力强度因子变程；ΔK_{th} 为断裂门槛值；r_{eff} 为有效应力比，$(K_{max})_{eff}$ 和 $(K_{max})_{eq}$ 分别为最大有效和等效应力强度因子；$K_{max,r}^{OL}$ 为最近一次超载引起的最大应力强度因子；R_C^{OL} 为临界超载比；Δa 为当前裂纹长度与最近一次超载作用时的裂纹长度之差；$(K_{max})_{th}$ 为最大断裂门槛值；ΔK_{th0} 为应力比 0 时的断裂门槛值；z_{OL} 为超载塑性区尺寸；σ_s 为屈服极限。

由式（8-83）可知，第 j 次飞行起落第 i 个循环载荷作用后裂纹长度为

$$a_{ij} = \sum_{h=1}^{j}\sum_{k=1}^{i}\Delta a_{kh} = \sum_{h=1}^{j}\sum_{k=1}^{i}\begin{cases} C\left[(1-(r_{kh})_{eff})^{m_1}(K_{max,kh})_{eff}\right]^{m_3} & ((r_{kh})_{eff} \geq 0, (\Delta K_{kh})_{eq} \geq \Delta K_{th}) \\ C\left[(1-(r_{kh})_{eff})^{m_2}(K_{max,kh})_{eff}\right]^{m_3} & ((r_{kh})_{eff} < 0, (\Delta K_{kh})_{eq} \geq \Delta K_{th}) \\ 0 & ((\Delta K_{kh})_{eq} < \Delta K_{th}) \end{cases}$$

(8-88)

式中，$(K_{max,kh})_{eff}$ 和 $(r_{kh})_{eff}$ 分别为第 h 次飞行起落中第 k 个循环载荷的最大有效应力强度因子和有效应力比。

图 8-26 给出了三维裂纹扩展角度与长度关系示意图，利用有限元软件，在裂纹前缘上布置节点，施加疲劳循环载荷，各节点在其法平面内扩展。由式（8-80）、式（8-81）和式（8-88），分别计算裂尖各节点的应力强度因子、裂纹扩展角度和长度，并拟合得到载荷循环作用后的当前裂纹前缘的位置和形状。重复上述过程，直至裂纹扩展至临界裂纹长度，此时的载荷循环次数即为裂纹扩展寿命。

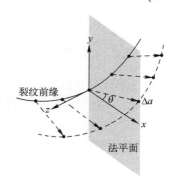

图 8-26 三维裂纹扩展角度与长度

8.4 复合材料渐进疲劳损伤算法

8.4.1 疲劳失效判据

复合材料强度随疲劳加载循环次数增加而单调递降，因此，复合材料静力失效判据（如 Hashin 和 Olmedo 失效判据等）不适用于复合材料面内疲劳失效模式识别，需要采用多轴疲劳剩余强度（即式（6-76））替代静力失效判据中的静强度，得到复合材料疲劳失效判据。

经向纤维拉伸失效（$\sigma_{11} \geq 0$）：

$$\left[\frac{\sigma_{11}}{X_{1t}-\Delta X_{1t}(n)}\right]^2 + \left[\frac{\sigma_{12}}{X_{12}-\Delta X_{12}(n)}\right]^2 + \left[\frac{\sigma_{13}}{X_{13}-\Delta X_{13}(n)}\right]^2 \geq 1 \quad (8-89)$$

经向纤维压缩失效（$\sigma_{11} < 0$）：

$$\left[\frac{\sigma_{11}}{X_{1c}-\Delta X_{1c}(n)}\right]^2 \geq 1 \quad (8-90)$$

纬向纤维拉伸失效（$\sigma_{22} \geq 0$）：

$$\left[\frac{\sigma_{22}}{X_{2t}-\Delta X_{2t}(n)}\right]^2 + \left[\frac{\sigma_{12}}{X_{12}-\Delta X_{12}(n)}\right]^2 + \left[\frac{\sigma_{23}}{X_{23}-\Delta X_{23}(n)}\right]^2 \geq 1 \quad (8-91)$$

纬向纤维压缩失效（$\sigma_{22}<0$）：

$$\left[\frac{\sigma_{22}}{X_{2c}-\Delta X_{2c}(n)}\right]^2 \geqslant 1 \tag{8-92}$$

基体压缩失效（$\sigma_{22}<0$）：

$$\left[\frac{\sigma_{22}}{X_{2c}-\Delta X_{2c}(n)}\right]^2 + \left[\frac{\sigma_{12}}{X_{12}-\Delta X_{12}(n)}\right]^2 + \left[\frac{\sigma_{23}}{X_{23}-\Delta X_{23}(n)}\right]^2 \geqslant 1 \tag{8-93}$$

面内剪切疲劳失效（$\sigma_{11}<0$）：

$$\left[\frac{\sigma_{11}}{X_{1c}-\Delta X_{1c}(n)}\right]^2 + \left[\frac{\sigma_{12}}{X_{12}-\Delta X_{12}(n)}\right]^2 + \left[\frac{\sigma_{13}}{X_{13}-\Delta X_{13}(n)}\right]^2 \geqslant 1 \tag{8-94}$$

其中，

$$\begin{cases} \Delta X_{it}(n) = \left\{[X_{it}-R_{it}(n-1)]^{b_{it}} + C_{it}^{-1}(s_{r_0}-S_{0,it})^{-m_{it}}\right\}^{\frac{1}{b_{it}}} & (i=1,2,3) \\ \Delta X_{ic}(n) = \left\{[X_{ic}-R_{ic}(n-1)]^{b_{ic}} + C_{ic}^{-1}(s_{r_0}-S_{0,ic})^{-m_{ic}}\right\}^{\frac{1}{b_{ic}}} & (i=1,2,3) \\ \Delta X_{ij}(n) = \left\{[X_{ij}-R_{ij}(n-1)]^{b_{ij}} + C_{ij}^{-1}(s_{ij}-S_{0,ij})^{-m_{ij}}\right\}^{\frac{1}{b_{ij}}} & (i,j=1,2,3, i\neq j) \end{cases} \tag{8-95}$$

式（8-89）~式（8-94）为面内疲劳失效判据，而面外层间分层失效判据主要有两类：最大应力或二次名义应力判据，以及面外基体开裂判据。

最大应力判据：

$$\max\left\{\frac{<\sigma_{33}>}{X_{33}}, \frac{\sigma_{13}}{X_{13}}, \frac{\sigma_{23}}{X_{23}}\right\} = 1 \tag{8-96}$$

二次名义应力判据：

$$\left(\frac{<\sigma_{33}>}{X_{33}}\right)^2 + \left(\frac{\sigma_{13}}{X_{13}}\right)^2 + \left(\frac{\sigma_{23}}{X_{23}}\right)^2 = 1 \tag{8-97}$$

其中，

$$<\sigma_{33}> = \begin{cases} \sigma_{33}(\sigma_{33}>0) \\ 0(\sigma_{33}<0) \end{cases} \tag{8-98}$$

面外基体开裂判据称为三维（3D）分层失效判据，其失效判据形式与层内基体失效判据一致，并充分考虑了厚度方向的法向应力和强度、纵向和横向的层间剪切应力与强度对层间分层失效的贡献，即

拉伸分层失效（$\sigma_{33} \geqslant 0$）：

$$\left[\frac{\sigma_{33}}{X_{3t}-\Delta X_{3t}(n)}\right]^2 + \left[\frac{\sigma_{13}}{X_{13}-\Delta X_{13}(n)}\right]^2 + \left[\frac{\sigma_{23}}{X_{23}-\Delta X_{23}(n)}\right]^2 \geqslant 1 \tag{8-99}$$

压缩分层失效（$\sigma_{33}<0$）：

$$\left[\frac{\sigma_{33}}{X_{3c}-\Delta X_{3c}(n)}\right]^2 + \left[\frac{\sigma_{13}}{X_{13}-\Delta X_{13}(n)}\right]^2 + \left[\frac{\sigma_{23}}{X_{23}-\Delta X_{23}(n)}\right]^2 \geqslant 1 \tag{8-100}$$

值得注意的是，当上述复合材料多轴强度降 ΔX 取值为零时，表示复合材料未经历疲劳载荷循环和疲劳损伤，此时，疲劳失效判据退化为静力或低速冲击失效判据。

8.4.2 复合材料刚度退化准则

疲劳载荷循环的加载会导致复合材料各向刚度性能逐渐退化，目前，主要有两种刚度退化模型表征复合材料的刚度退化行为：第一种是刚度渐降模型，可以较精确描述在疲劳载荷作用下复合材料的刚度变化，然而，过多的模型参数需要大量的试验数据才能确定；第二种是刚度突降模型，在触发疲劳失效判据之前，假定刚度不变，否则，失效复合材料的刚度下降至接近于零，刚度突降取决于失效模式的种类。显然，刚度突降的损伤力学方法可以简化失效材料刚度退化的定量表征，也就是说，当单元发生失效后，根据损伤力学方法和具体的失效模式退化材料的刚度矩阵，将退化后的刚度分配到有限元模型的失效单元中，接着开启下一次迭代计算。刚度突降模型由于简单而广泛应用于复合材料疲劳渐进损伤分析。

根据损伤力学知识，复合材料的弹性模量退化表示为

$$\begin{cases} E'_{ii} = (1-d_{ii})E_{ii} & (i=1,2,3) \\ \nu'_{ij} = \dfrac{E'_{ii}\nu_{ij}}{E_{ii}} & (i,j=1,2,3, i\neq j) \\ G'_{ij} = (1-d_{ij})G_{ij} & (i,j=1,2,3, i\neq j) \end{cases} \quad (8-101)$$

其中，

$$d_{ii} = 1-(1-d_{ii}^{\mathrm{t}})(1-d_{ii}^{\mathrm{c}}) \quad (i=1,2) \quad (8-102)$$

式中，E'_{ii} 和 E_{ii}，G'_{ij} 和 G_{ij}、ν'_{ij} 和 ν_{ij} 分别为含损伤和无损伤杨氏模量、剪切模量和泊松比；d 为损伤变量，取值范围为 [0，1]，其中，0 表示无损伤状态，1 表示失效状态。

每个复合材料损伤变量对应单一失效模式，如 d_{ii}^{t} 表示复合材料拉伸损伤变量，d_{ii}^{c} 表示复合材料压缩损伤变量，d_{ii} 和 d_{ij} 表示各失效模式交互影响的复合材料损伤变量，各失效模式对应的损伤变量可表示为

$$d_{ii}^{\mathrm{t(c)}} = \frac{\varepsilon_{ii}^{\mathrm{t(c)},\mathrm{f}}(\varepsilon_{ii}^{\mathrm{t(c)}}-\varepsilon_{ii}^{\mathrm{t(c)},0})}{\varepsilon_{ii}^{\mathrm{t(c)}}(\varepsilon_{ii}^{\mathrm{t(c)},\mathrm{f}}-\varepsilon_{ii}^{\mathrm{t(c)},0})} \quad (i=1,2) \quad (8-103)$$

其中，

$$\begin{cases} \varepsilon_{ii}^{\mathrm{t},0} = \dfrac{X_{it}}{E_{it}} \\ \varepsilon_{ii}^{\mathrm{c},0} = \dfrac{X_{ic}}{E_{ic}} \\ \varepsilon_{ii}^{\mathrm{t},\mathrm{f}} = \dfrac{2\Gamma_{ii}^{\mathrm{t}}}{X_{it}l^*} \\ \varepsilon_{ii}^{\mathrm{c},\mathrm{f}} = \dfrac{2\Gamma_{ii}^{\mathrm{c}}}{X_{ic}l^*} \end{cases} \quad (i=1,2) \quad (8-104)$$

式中，$\varepsilon_{ii}^{\mathrm{t},0}$ 和 $\varepsilon_{ii}^{\mathrm{c},0}$ 分别为拉伸和压缩下的损伤起始应变；$\varepsilon_{ii}^{\mathrm{t},\mathrm{f}}$ 和 $\varepsilon_{ii}^{\mathrm{c},\mathrm{f}}$ 分别为拉伸和压缩下的断裂应变；X_{it} 和 X_{ic} 分别为复合材料的拉伸和压缩强度；Γ_{ii}^{t} 和 Γ_{ii}^{c} 分别为拉伸和压缩失效

模式下的Ⅰ型断裂能，可由修正的紧凑拉伸和压缩试验测定；l^* 为单元的特征长度，可由 $\sqrt[3]{V}$ 表示，其中，V 为单元体积。

在层间内聚力模型识别层间分层失效时，常用修正的 Paris 模型描述层间疲劳分层扩展速率，即

$$\frac{db}{dN}=C_3\left[\frac{G_{\max}}{G_C}(1-r^2)\right]^{m_3} \tag{8-105}$$

式中，db/dN 为疲劳分层扩展速率；G_c，C_3 和 m_3 为材料常数，在混合分层模式下（如图 8-27（a）所示），可表示为

$$C_3=\frac{G_{\text{I}}}{G_{\text{I}}+G_{\text{II}}}C_{\text{I}}+\frac{G_{\text{II}}}{G_{\text{I}}+G_{\text{II}}}C_{\text{II}} \tag{8-106}$$

$$m_3=\frac{G_{\text{I}}}{G_{\text{I}}+G_{\text{II}}}m_{\text{I}}+\frac{G_{\text{II}}}{G_{\text{I}}+G_{\text{II}}}m_{\text{II}} \tag{8-107}$$

$$G_C=G_{\text{IC}}+(G_{\text{IIC}}-G_{\text{IC}})\left(\frac{G_{\text{II}}}{G_{\text{I}}+G_{\text{II}}}\right)^{\eta} \tag{8-108}$$

其中，参数 C_{I} 和 m_{I} 可由双悬臂梁试验测定；参数 C_{II} 和 m_{II} 可由端部分层扩展的 4 点弯试验测定；η 为分层扩展 B-K 模型指数，可由混合模式弯曲试验测定；$G_{\max}$ 为最大能量释放率。

对层间内聚力模型的牵引力与牵引位移历程进行积分（图 8-27（b）），可推导 $G_{\max}$ 的表达式：

$$G_{\max}(n)=\sum_{i=1}^{n}\frac{\sigma_{\text{I}}(i)+\sigma_{\text{I}}(i-1)}{2}[\delta_{\text{I}}(i)-\delta_{\text{I}}(i-1)]+\frac{\sigma_{\text{II}}(i)+\sigma_{\text{II}}(i-1)}{2}[\delta_{\text{II}}(i)-\delta_{\text{II}}(i-1)]$$
$$\tag{8-109}$$

式中，σ_{I} 和 σ_{II} 分别为法向和剪切向牵引应力；δ_{I} 和 δ_{II} 分别为法向和剪切向牵引位移。

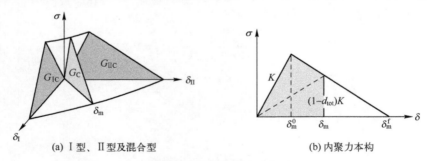

(a) Ⅰ型、Ⅱ型及混合型　　　　　　(b) 内聚力本构

图 8-27　内聚力模型示意图

根据损伤力学理论，由式（8-105）得到的内聚力单元的疲劳分层扩展速率需要进一步转化为疲劳损伤变量 d_f，并且疲劳损伤仅在超过线弹性范围内发生不可逆变形的内聚区累积，同时，疲劳损伤累积通常限制在内聚区内的分层尖端单元。实际上，疲劳内聚区与传统静力内聚区的损伤区域重合，因此，可以定义静损伤变量的阈值，对疲劳内聚区的分层尖端单元进行识别和跟踪，静损伤变量阈值推荐取值为 0.95，该方法既实用又简便。

由式（8-105），可以计算分层扩展长度 L_e 对应的疲劳应力循环次数：

$$N_e = L_e \left(\frac{db}{dN}\right)^{-1} \tag{8-110}$$

式中，L_e 为分层扩展方向上与单个内聚积分点相关的有效单元长度。于是，单次疲劳应力循环下的疲劳损伤增量 Δd_{1i} 可定义为

$$\Delta d_{1i} = \frac{1-d_0}{N_e} \tag{8-111}$$

式中，d_0 表示静损伤变量；Δd_{1i} 为疲劳损伤增量。

疲劳载荷谱作用下的累积疲劳损伤 d_1 为

$$d_1 = \sum_i^n \Delta d_{1i} \tag{8-112}$$

式中，n 为疲劳载荷谱作用下的疲劳循环次数；d_1 表示累积疲劳损伤变量。因此，内聚区的总损伤为

$$d_2 = d_0 + d_1 \tag{8-113}$$

其中，

$$d_0 = \frac{\delta^f(\delta-\delta^0)}{\delta(\delta^f-\delta^0)} \tag{8-114}$$

式中，δ、δ^0 和 δ^f 分别为混合层间分层模式下的牵引位移、损伤起始牵引位移和失效牵引位移，可根据内聚力模型的最大应力判据或二次名义应力判据，以及分层扩展 B-K 模型确定。

由式（8-113）得到的内聚力单元总损伤，对其罚刚度进行退化，以表征分层损伤演化过程中的层间软化行为。特别地，在低速冲击载荷或静载荷作用下，复合材料未经历疲劳循环，因此，式（8-113）中的疲劳损伤变量 d_1 取值为零，则分层损伤演化过程中的层间软化行为由传统静损伤变量 d_0 控制。

值得注意的是，由两种层间失效判据和刚度退化模型相结合的渐进损伤算法还适用于复合材料的冲击损伤容限评估，但各算法需要的输入参数不同。对于基于 3D 分层失效判据及其相应的层间刚度退化模型组合，需要测量与厚度方向上相关的疲劳剩余强度模型参数；对于基于内聚力模型的分层失效判据及其相应的层间刚度退化模型组合，需要测量Ⅰ型、Ⅱ型、Ⅲ型断裂韧性和混合模式指数，以及疲劳分层扩展速率模型参数等，因此，根据实际工程情况和试验资源，可以选择适合的算法进行复合材料的冲击损伤容限评估。

8.4.3 基于典型铺层性能的渐进疲劳损伤算法

实践证明，渐进损伤模型是预测复合材料结构疲劳寿命和失效机理的有效手段，将剩余强度模型、疲劳失效判据和有限元分析方法相结合，建立疲劳载荷谱作用下的复合材料结构渐进疲劳损伤算法（图 8-28），通过有限元应力分析的循环迭代，对谱载下复合材料单元进行疲劳失效判别，模拟复合材料结构疲劳失效过程，预测疲劳寿命。

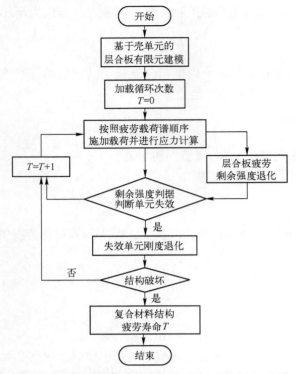

图8-28 疲劳载荷谱作用下复合材料结构渐进损伤算法流程

由式(6-103),可得施加一次疲劳应力循环后的复合材料层板剩余强度降:

$$\begin{cases} \Delta R(n) = \left[\dfrac{(1-r)X_t s_{\max,r}}{(1-r_0)X_t+(r_0-r)s_{\max,r}}-S_0\right]^{-\frac{m}{b}}\left[\left(\dfrac{n}{C}\right)^{\frac{1}{b}}-\left(\dfrac{n-1}{C}\right)^{\frac{1}{b}}\right] & (r_0^2\leqslant 1,\ r^2\leqslant 1) \\ \Delta R(n) = \left[\dfrac{(r-1)r_0|X_c||s_{\min,r}|}{(1-r_0)r|X_c|+(r_0-r)|s_{\min,r}|}-S_0\right]^{-\frac{m}{b}}\left[\left(\dfrac{n}{C}\right)^{\frac{1}{b}}-\left(\dfrac{n-1}{C}\right)^{\frac{1}{b}}\right] & (1<r_0^2,\ 1<r^2) \end{cases}$$
(8-115)

在疲劳载荷作用下,复合材料层板剩余强度随着疲劳载荷的循环加载而逐渐降低,在经过 n 次疲劳应力循环后,剩余强度下降为

$$R(n)=R_0-\Delta R(i) \quad (i=1,2,\cdots,n) \tag{8-116}$$

式中,R_0 为复合材料强度极限;$\Delta R(i)$ 为第 i 次疲劳载荷下的剩余强度降;$R(n)$ 为危险部位承受疲劳载荷谱的 n 个应力循环后的剩余强度。

当危险部位的剩余强度值 $R(n)$ 低于最大工作应力 $[s_{\max}]$(即疲劳载荷谱中的最大载荷在危险部位单元上产生的应力)时,即

$$R(n)\leqslant [s_{\max}] \tag{8-117}$$

则该单元发生失效,对失效单元进行刚度退化,即将失效单元的材料模量退化为接近于0的数值,然后,根据疲劳载荷谱继续施加疲劳载荷,并对未失效单元进行失效判别,直至危险截面完全失效为止,此时,记录的疲劳载荷谱周期数即为复合材料结构的疲劳寿命。

基于 Abaqus 软件,利用子程序 USDFLD 开发了复合材料结构渐进疲劳损伤算法,

以剩余强度为表征量,在疲劳载荷循环加载过程中,对每个单元进行应力和剩余强度计算,得到随循环次数变化的累积损伤状态,并进行失效判定,直到危险截面完全失效为止,停止计算,完成复合材料结构寿命估算以及渐进损伤分析。具体来讲,根据材料力学性能、结构几何特征、边界条件,建立复合材料结构有限元分析模型,然后,在疲劳载荷峰值时进行有限元分析,根据剩余强度准则判定单元是否失效,若失效,则对单元的材料性能进行退化;若未失效,则依据疲劳剩余强度曲面,继续对承受疲劳载荷谱的复合材料结构进行剩余强度的衰减。随着损伤的累积,最终,危险截面发生完全失效,结构将失去承载能力,停止计算。当判定结构完全失效时,则将当前循环次数或周期数作为结构的疲劳寿命。为提高计算效率,给定初始加载循环 n 为 1,在最初的循环计算中,损伤扩展较慢,因此,给定较大的应力循环数增量 Δn;而在后续的循环计算中,由于损伤扩展较快,则给定较小的应力循环数增量 Δn。

8.4.4 基于基本铺层性能的渐进疲劳损伤算法

上节所述的基于典型铺层性能的渐进疲劳损伤算法适用于全尺寸复合材料结构疲劳寿命评估,此算法的一个缺点是,不能识别疲劳损伤机理和失效模式,因此,基于基本铺层板性能的渐进疲劳损伤算法得到越来越广泛的应用。同样地,采用 Fortran 语言,将渐进损伤算法写入 ABAQUS 代码的 VUMAT 子程序中,实现材料性能的退化和单元失效的识别(图 8-29)。通过 ABAQUS 代码生成有限元模型,并将疲劳载荷历程输入至

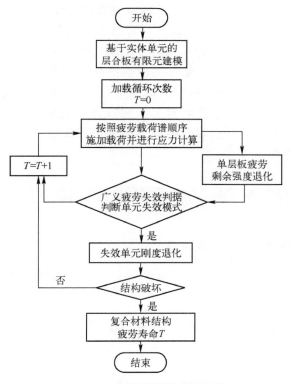

图 8-29 渐进损伤模型的流程

ABAQUS代码的载荷条件中，进行有限元应力分析。当单元的应力状态分析后，使用式（6-76）逐渐退化单元的材料疲劳剩余强度性能，并更新疲劳失效判据（即式（8-89）~式（8-100））；然后，使用更新后的疲劳失效判据识别单元失效，如果单元失效发生，根据刚度突降准则（即式（8-101）~式（8-104）），将失效单元的刚度退化至接近零，并继续施加疲劳载荷，重新进行有限元应力计算，再对未失效单元进行失效判别，直至危险截面完全失效为止，此时，记录的疲劳载荷循环次数即为复合材料结构疲劳寿命。

值得注意以下几点：为了模拟疲劳损伤机理，当纤维断裂后，删除此单元以便使该单元不参与下次迭代计算。显式计算适用于复合材料渐进损伤模拟，采用显式计算，每一次疲劳载荷循环迭代计算，单元的强度和刚度都进行退化，同时，疲劳失效判据进行更新，并且每一个单元的应力状态都重新计算，新的失效单元不断被识别出来，否则，在下一次迭代计算时，需要增加载荷水平或载荷循环次数（增加新的时间增量）。在渐进疲劳损伤模拟中，每一个应力循环都使用准静态载荷模拟，准静态载荷的大小与疲劳载荷绝对值的最大值相同，载荷施加的时间增量为0.1s（与疲劳试验中的频率10Hz保持一致），将准静态载荷代入有限元模型，进行应力分析，由此可知，疲劳载荷谱可等效为一系列与各级疲劳载荷绝对值最大值相同的准静态载荷，且每一次循环的加载时间增量为0.1s。根据逐个疲劳载荷循环作用下的应力计算结果，新的疲劳失效单元能够不断被识别出来，且复合材料结构最终失效疲劳载荷的累积循环次数（或疲劳寿命）可以记录下来。

基于典型铺层性能和基本铺层性能的渐进疲劳损伤算法各有优缺点，相互补充，二者的主要区别如下：①前者采用壳单元，对层合板划分单元；后者采用实体单元，对层合板各铺层划分单元。②前者采用典型铺层疲劳性能，模拟渐进疲劳损伤；后者采用基本铺层疲劳性能，模拟各铺层的疲劳损伤。③前者采用剩余强度判据识别复合材料失效，但不能识别失效模式和机理；后者采用疲劳失效判据识别复合材料失效，能识别疲劳损伤机理。④前者有限单元数相对较少，计算量少，适合全尺寸复合材料结构疲劳寿命评估；后者有限单元较多，计算量大，适合复合材料结构局部部位的疲劳损伤评估。

8.5 复合材料热-湿-力耦合渐进疲劳损伤算法

8.5.1 热-湿-力耦合本构关系

考虑材料热应变、湿应变和受热-湿影响的材料性能，复合材料热-湿-力（TMM）耦合的线性本构方程通常可写为

$$\boldsymbol{\sigma} = \boldsymbol{C}_{tm} : \boldsymbol{\varepsilon} - (T-T_0)[\alpha_{11} \quad \alpha_{22} \quad \alpha_{33} \quad 0 \quad 0 \quad 0]^T - M[\beta_{11} \quad \beta_{22} \quad \beta_{33} \quad 0 \quad 0 \quad 0]^T$$

(8-118)

其中，

$$C_{\text{tm}} = \frac{1}{\Delta} \begin{bmatrix} E_{11,\text{tm}}(1-\nu_{23}\nu_{32}) & E_{11,\text{tm}}(\nu_{21}+\nu_{23}\nu_{31}) & E_{11,\text{tm}}(\nu_{31}+\nu_{21}\nu_{32}) & 0 & 0 & 0 \\ & E_{22,\text{tm}}(1-\nu_{13}\nu_{31}) & E_{22,\text{tm}}(\nu_{32}+\nu_{12}\nu_{31}) & 0 & 0 & 0 \\ & & E_{33,\text{tm}}(1-\nu_{12}\nu_{21}) & 0 & 0 & 0 \\ & \text{Symmetric} & & \Delta G_{12,\text{tm}} & 0 & 0 \\ & & & & \Delta G_{23,\text{tm}} & 0 \\ & & & & & \Delta G_{31,\text{tm}} \end{bmatrix}$$

(8-119)

$$\Delta = 1 - \nu_{12}\nu_{21} - \nu_{23}\nu_{32} - \nu_{13}\nu_{31} - 2\nu_{21}\nu_{32}\nu_{13} \tag{8-120}$$

式中，E 为杨氏模量；G 为剪切模量；ν 为泊松比；α 为膨胀系数；β 为湿膨胀系数；T 为环境温度；M 为复合材料含湿量；下标：tm 表示热-湿耦合环境；11 表示单向层纵向；22 表示单向层横向；33 表示单向层厚度方向；12 表示单向层纵-横剪切方向；13 表示单向层纵向-厚度剪切方向；23 表示单向层横向-厚度剪切方向。

采用经验 Tsai 模型，确定复合材料的热-湿耦合力学性能，即

$$\begin{bmatrix} \ln E_{11,\text{tm}} & \ln X_{1\text{t,tm}} \\ \ln E_{22,\text{tm}} & \ln X_{1\text{c,tm}} \\ \ln E_{33,\text{tm}} & \ln X_{2\text{t,tm}} \\ \ln G_{12,\text{tm}} & \ln X_{2\text{c,tm}} \\ \ln G_{13,\text{tm}} & \ln X_{3\text{t,tm}} \\ \ln G_{23,\text{tm}} & \ln X_{3\text{c,tm}} \\ & \ln X_{12,\text{tm}} \\ & \ln X_{13,\text{tm}} \\ & \ln X_{23,\text{tm}} \end{bmatrix} = \ln \bar{T} \begin{bmatrix} a_1 & b_1 \\ a_2 & b_2 \\ a_2 & b_3 \\ a_3 & b_4 \\ a_3 & b_3 \\ a_4 & b_4 \\ & b_5 \\ & b_5 \\ & b_6 \end{bmatrix} + \begin{bmatrix} \ln E_{11} & \ln X_{1\text{t}} \\ \ln E_{22} & \ln X_{1\text{c}} \\ \ln E_{33} & \ln X_{2\text{t}} \\ \ln G_{12} & \ln X_{2\text{c}} \\ \ln G_{12} & \ln X_{3\text{t}} \\ \ln G_{13} & \ln X_{3\text{c}} \\ & \ln X_{12} \\ & \ln X_{13} \\ & \ln X_{23} \end{bmatrix} \tag{8-121}$$

且

$$\bar{T} = \left\{ T_{\text{g}} \left[\frac{50 M^2 \rho_1^2}{\rho_2^2 (1-v_{\text{f}})^2} - \frac{10 M \rho_1}{\rho_2 (1-v_{\text{f}})} + 1 \right] - T \right\} / (T_{\text{g}} - T_0) \tag{8-122}$$

式中，a 和 b 为 Tsai 模型中的材料常数；X 为单向层静强度；ρ_1 为复合材料密度；ρ_2 为基体密度；v_{f} 为纤维体积含量；M 为复合材料含湿量；下标：c 表示静力压缩；g 表示玻璃化转变；t 表示静力拉伸；1t 表示单向层纵向拉伸方向；1c 表示单向层纵向压缩方向；2t 表示单向层横向拉伸方向；2c 表示单向层横向压缩方向；3t 表示单向层厚度拉伸方向；3c 表示单向层厚度压缩方向。

在热-湿耦合环境下复合材料一般呈现沿剪切和横向的非线性弹性行为，然而，与剪切非线性相比，复合材料的横向非线性要轻微得多，且大多出现在大应变情况下。实际上，疲劳应力总是在应变较小的线弹性范围内，因此，在本构模型中不考虑横向非线性是合理的。根据 Hahn-Tsai 模型，复合材料的非线性剪切行为可以描述为

$$\begin{cases} \gamma_{12} = \sigma_{12}/G_{12,\text{tm}} + \mu \sigma_{12}^2 \\ \gamma_{13} = \sigma_{13}/G_{13,\text{tm}} + \mu \sigma_{13}^2 \\ \gamma_{23} = \sigma_{23}/G_{23,\text{tm}} + \mu \sigma_{23}^2 \end{cases} \tag{8-123}$$

式中，μ 为非线性系数；对于碳纤维增强单向层，μ 通常取 $7.17 \times 10^{-8} \mathrm{MPa}^{-3}$。

根据式（8-118）和式（8-123），推导出考虑剪切非线性的 TMM 耦合本构关系为

$$\boldsymbol{\sigma} = \boldsymbol{C}_{\mathrm{tm}}^* : \boldsymbol{\varepsilon} - (T-T_0)[\alpha_{11} \ \alpha_{22} \ \alpha_{33} \ 0 \ 0 \ 0]^{\mathrm{T}} - M[\beta_{11} \ \beta_{22} \ \beta_{33} \ 0 \ 0 \ 0]^{\mathrm{T}} \tag{8-124}$$

其中

$$\boldsymbol{C}_{\mathrm{tm}}^* = \frac{1}{\Delta} \begin{bmatrix} E_{11,\mathrm{tm}}(1-\nu_{23}\nu_{32}) & E_{11,\mathrm{tm}}(\nu_{21}+\nu_{23}\nu_{31}) & E_{11,\mathrm{tm}}(\nu_{31}+\nu_{21}\nu_{32}) & 0 & 0 & 0 \\ & E_{22,\mathrm{tm}}(1-\nu_{13}\nu_{31}) & E_{22,\mathrm{tm}}(\nu_{32}+\nu_{12}\nu_{31}) & 0 & 0 & 0 \\ & & E_{33,\mathrm{tm}}(1-\nu_{12}\nu_{21}) & 0 & 0 & 0 \\ & \mathrm{Symmetric} & & \Delta G_{12,\mathrm{tm}}^* & 0 & 0 \\ & & & & \Delta G_{23,\mathrm{tm}}^* & 0 \\ & & & & & \Delta G_{13,\mathrm{tm}}^* \end{bmatrix} \tag{8-125}$$

$$\begin{cases} G_{12,\mathrm{tm}}^* = \dfrac{1+2\mu\sigma_{12,t-\Delta t}^3/\gamma_{12,t}}{1+3\mu G_{12,\mathrm{tm}}\sigma_{12,t-\Delta t}^2} G_{12,\mathrm{tm}} \\[2mm] G_{13,\mathrm{tm}}^* = \dfrac{1+2\mu\sigma_{13,t-\Delta t}^3/\gamma_{13,t}}{1+3\mu G_{13,\mathrm{tm}}\sigma_{13,t-\Delta t}^2} G_{13,\mathrm{tm}} \\[2mm] G_{23,\mathrm{tm}}^* = \dfrac{1+2\mu\sigma_{23,t-\Delta t}^3/\gamma_{23,t}}{1+3\mu G_{23,\mathrm{tm}}\sigma_{23,t-\Delta t}^2} G_{23,\mathrm{tm}} \end{cases} \tag{8-126}$$

式中，t 为时间；Δt 为时间增量。

8.5.2 热-湿-力耦合疲劳失效判据

在疲劳载荷作用下，复合材料性能随加载次数增加而逐渐非线性退化，事实上，剩余强度广泛用于描述复合材料构件的疲劳损伤，基于多轴剩余强度概念的三维 Hashin 失效判据可以成功地识别疲劳破坏模式[27]，同样地，基于 TMM 耦合疲劳剩余强度概念，改进三维 Hashin 判据，可识别 TMM 耦合疲劳破坏模式。

纤维拉伸断裂：

$$\frac{S_{11}^2}{R_{1t,\mathrm{tm}}^2(n)} + \frac{2S_{12}^2/G_{12,\mathrm{tm}}+3\mu S_{12}^4}{2R_{12,\mathrm{tm}}^2(n)/G_{12,\mathrm{tm}}+3\mu R_{12,\mathrm{tm}}^4(n)} + \frac{2S_{13}^2/G_{13,\mathrm{tm}}+3\mu S_{13}^4}{2R_{13,\mathrm{tm}}^2(n)/G_{13,\mathrm{tm}}+3\mu R_{13,\mathrm{tm}}^4(n)} \geqslant 1 \quad (r_{11}^2 \leqslant 1) \tag{8-127}$$

纤维压缩断裂：

$$\frac{S_{11}^2}{R_{1c,\mathrm{tm}}^2(n)} \geqslant 1, \quad (1 < r_{11}^2) \tag{8-128}$$

基体拉伸开裂：

$$\frac{S_{22}^2}{R_{2t,\mathrm{tm}}^2(n)} + \frac{2S_{12}^2/G_{12,\mathrm{tm}}+3\mu S_{12}^4}{2R_{12,\mathrm{tm}}^2(n)/G_{12,\mathrm{tm}}+3\mu R_{12,\mathrm{tm}}^4(n)} + \frac{2S_{23}^2/G_{23,\mathrm{tm}}+3\mu S_{23}^4}{2R_{23,\mathrm{tm}}^2(n)/G_{23,\mathrm{tm}}+3\mu R_{23,\mathrm{tm}}^4(n)} \geqslant 1 \quad (r_{22}^2 \leqslant 1) \tag{8-129}$$

基体压缩开裂：
$$\frac{S_{22}^2}{R_{2c,\text{tm}}^2(n)}+\frac{2S_{12}^2/G_{12,\text{tm}}+3\mu S_{12}^4}{2R_{12,\text{tm}}^2(n)/G_{12,\text{tm}}+3\mu R_{12,\text{tm}}^4(n)}+\frac{2S_{23}^2/G_{23,\text{tm}}+3\mu S_{23}^4}{2R_{23,\text{tm}}^2(n)/G_{23,\text{tm}}+3\mu R_{23,\text{tm}}^4(n)}\geqslant 1 \quad (1<r_{22}^2)$$
(8-130)

拉伸分层：
$$\frac{S_{33}^2}{R_{3t,\text{tm}}^2(n)}+\frac{2S_{13}^2/G_{13,\text{tm}}+3\mu S_{13}^4}{2R_{13,\text{tm}}^2(n)/G_{13,\text{tm}}+3\mu R_{13,\text{tm}}^4(n)}+\frac{2S_{23}^2/G_{23,\text{tm}}+3\mu S_{23}^4}{2R_{23,\text{tm}}^2(n)/G_{23,\text{tm}}+3\mu R_{23,\text{tm}}^4(n)}\geqslant 1 \quad (r_{33}^2\leqslant 1)$$
(8-131)

压缩分层：
$$\frac{S_{33}^2}{R_{3c,\text{tm}}^2(n)}+\frac{2S_{13}^2/G_{13,\text{tm}}+3\mu S_{13}^4}{2R_{13,\text{tm}}^2(n)/G_{13,\text{tm}}+3\mu R_{13,\text{tm}}^4(n)}+\frac{2S_{23}^2/G_{23,\text{tm}}+3\mu S_{23}^4}{2R_{23,\text{tm}}^2(n)/G_{23,\text{tm}}+3\mu R_{23,\text{tm}}^4(n)}\geqslant 1 \quad (1<r_{33}^2)$$
(8-132)

纤维-基体剪切脱粘：
$$\frac{S_{11}^2}{R_{1c,\text{tm}}^2(n)}+\frac{2S_{12}^2/G_{12,\text{tm}}+3\mu S_{12}^4}{2R_{12,\text{tm}}^2(n)/G_{12,\text{tm}}+3\mu R_{12,\text{tm}}^4(n)}+\frac{2S_{13}^2/G_{13,\text{tm}}+3\mu S_{13}^4}{2R_{13,\text{tm}}^2(n)/G_{13,\text{tm}}+3\mu R_{13,\text{tm}}^4(n)}\geqslant 1 \quad (1\leqslant r_{11}^2)$$
(8-133)

其中，
$$\begin{cases} R_{it,\text{tm}}(n)=X_{it,\text{tm}}-[X_{it,\text{tm}}-R_{it,\text{tm}}(n-1)]\left\{\dfrac{C_{it}^{-1}(S_{ii,r_0}-S_{0,it,\text{tm}})^{-p_{it}}}{[X_{it,\text{tm}}-R_{it,\text{tm}}(n-1)]^{q_{it}}}+1\right\}^{\frac{1}{q_{it}}} & (i=1,2,3) \\ R_{ic,\text{tm}}(n)=X_{ic,\text{tm}}-[X_{ic,\text{tm}}-R_{ic,\text{tm}}(n-1)]\left\{\dfrac{C_{ic}^{-1}(S_{ii,r_0}-S_{0,ic,\text{tm}})^{-p_{ic}}}{[X_{ic,\text{tm}}-R_{ic,\text{tm}}(n-1)]^{q_{ic}}}+1\right\}^{\frac{1}{q_{ic}}} & (i=1,2,3) \\ R_{ij,\text{tm}}(n)=X_{ij,\text{tm}}-[X_{ij,\text{tm}}-R_{ij,\text{tm}}(n-1)]\left\{\dfrac{C_{ij}^{-1}(S_{ij,r_0}-S_{0,ij,\text{tm}})^{-p_{ij}}}{[X_{ij,\text{tm}}-R_{ij,\text{tm}}(n-1)]^{q_{ij}}}+1\right\}^{\frac{1}{q_{ij}}} & (i=1,2,3;\ j=1,2,3) \end{cases}$$
(8-134)

$$\begin{bmatrix}\ln S_{0,1t,\text{tm}}\\ \ln S_{0,1c,\text{tm}}\\ \ln S_{0,2t,\text{tm}}\\ \ln S_{0,2c,\text{tm}}\\ \ln S_{0,3t,\text{tm}}\\ \ln S_{0,3c,\text{tm}}\\ \ln S_{0,12,\text{tm}}\\ \ln S_{0,13,\text{tm}}\\ \ln S_{0,23,\text{tm}}\end{bmatrix}=\ln\overline{T}\begin{bmatrix}b_1\\ b_2\\ b_3\\ b_4\\ b_3\\ b_4\\ b_5\\ b_5\\ b_6\end{bmatrix}+\begin{bmatrix}\ln(E_{1t,\text{tm}}\varepsilon_{0,11})\\ \ln(E_{1c,\text{tm}}\varepsilon_{0,11})\\ \ln(E_{22,\text{tm}}\varepsilon_{0,22})\\ \ln(E_{22,\text{tm}}\varepsilon_{0,22})\\ \ln(E_{33,\text{tm}}\varepsilon_{0,22})\\ \ln(E_{33,\text{tm}}\varepsilon_{0,22})\\ \ln[2G_{12,\text{tm}}E_{22,\text{tm}}\varepsilon_{0,12}/(G_{12,\text{tm}}+E_{22,\text{tm}})]\\ \ln[2G_{13,\text{tm}}E_{33,\text{tm}}\varepsilon_{0,12}/(G_{13,\text{tm}}+E_{33,\text{tm}})]\\ \ln[2G_{23,\text{tm}}E_{33,\text{tm}}\varepsilon_{0,12}/(G_{23,\text{tm}}+E_{33,\text{tm}})]\end{bmatrix}$$
(8-135)

$$S_{ij,r_0} = \begin{cases} \dfrac{(1-r_{ij})X_{it,tm}S_{ij,r_{ij}}}{(1-r_0)X_{it,tm}+(r_0-r_{ij})S_{ij,r_{ij}}} & (r_0^2 \leqslant 1, r_{ij}^2 \leqslant 1; \\ & i=j;\ i=1,2,3;\ j=1,2,3) \\[2pt] \dfrac{(1-r_{ij})r_0 X_{ic,tm}S_{ij}}{(1-r_0)r_{ij}X_{ic,tm}+(r_0-r_{ij})S_{ij,r_{ij}}} & (1 \leqslant r_0^2, 1 \leqslant r_{ij}^2; \\ & i=j;\ i=1,2,3;\ j=1,2,3) \\[2pt] \dfrac{(1-r_{ij})X_{ij,tm}S_{ij}}{(1-r_0)X_{ij,tm}+(r_0-r_{ij})S_{ij,r_{ij}}} & (r_0^2 \leqslant 1, r_{ij}^2 \leqslant 1; \\ & i<j;\ i=1,2,3;\ j=1,2,3) \\[2pt] \dfrac{(1-r_{ij})r_0 X_{ij,tm}S_{ij}}{(1-r_0)r_{ij}X_{ij,tm}+(r_0-r_{ij})S_{ij,r_{ij}}} & (1 \leqslant r_0^2, 1 \leqslant r_{ij}^2; \\ & i<j;\ i=1,2,3;\ j=1,2,3) \end{cases} \quad (8\text{-}136)$$

式中，C、p 和 q 为疲劳失效准则中的材料常数；n 为循环加载次数；$R(n)$ 为 n 次循环加载后的疲劳剩余强度；r 为任意应力比；r_0 为特定应力比；S_0 为疲劳极限；$\varepsilon_{0,11}$ 为复合材料纵向疲劳应变极限；$\varepsilon_{0,22}$ 为复合材料横向疲劳应变极限；$\varepsilon_{0,12}$ 为复合材料剪切疲劳应变极限；$\varepsilon_{0,11}$、$\varepsilon_{0,22}$ 和 $\varepsilon_{0,12}$ 分别通常取 0.006、0.001 和 0.0015[36]。

需要注意的是，通过式（8-134）和逐次循环算法，单向层的多轴剩余强度随疲劳应力循环增加而逐渐退化，由式（8-135）可以估算单向层考虑 TMM 耦合的多轴疲劳极限，同时，借助 Goodman 等寿命图，利用式（8-136）对应力比效应进行量化。显然，上述失效准则中考虑了复合材料的 TMM 耦合疲劳剩余强度。事实上，通过开展大量的 TMM 耦合疲劳试验来获取单向层的多轴剩余强度代价高昂，因此，根据单向层在不同应力比下的纵向、横向、面内剪切和面外剪切疲劳性能试验数据，利用式（8-135），通过最优拟合方法，可确定复合材料层在各个方向上的材料常数 C、p、q 和 $S_{0,\mathrm{tm}}$，从而，得到其 TMM 耦合疲劳性能。

8.5.3　热-湿-力耦合疲劳渐进损伤算法

大量研究表明，单层性能折减模型可以有效描述失效材料在循环载荷作用下的突然刚度退化，即根据折减模型和破坏模式对失效单元的弹性模量和泊松比进行折减，然后，根据式（8-125）重新生成失效单元的刚度矩阵，用于渐进疲劳损伤模拟过程的下一次迭代计算。TMM 耦合渐进疲劳损伤算法（PFDA）的单层性能折减模型和流程图分别如表 8-5 和图 8-30 所示。

表 8-5　单层性能折减模型

破坏模式	折减方案
纤维断裂	$E_{11,\mathrm{tm}} = E_{22,\mathrm{tm}} = E_{33,\mathrm{tm}} = G_{12,\mathrm{tm}} = G_{13,\mathrm{tm}} = G_{23,\mathrm{tm}} = \nu_{12} = \nu_{13} = \nu_{23} = 0$
基体开裂	$E_{22,\mathrm{tm}} = 0.1 E_{22,\mathrm{tm}},\ G_{12,\mathrm{tm}} = 0.1 G_{12,\mathrm{tm}},\ G_{23,\mathrm{tm}} = 0.1 G_{23,\mathrm{tm}},\ \nu_{12} = 0.1 \nu_{12},\ \nu_{23} = 0.1 \nu_{23}$
分层	$E_{33,\mathrm{tm}} = 0.1 E_{33,\mathrm{tm}},\ G_{13,\mathrm{tm}} = 0.1 G_{13,\mathrm{tm}},\ G_{23,\mathrm{tm}} = 0.1 G_{23,\mathrm{tm}},\ \nu_{13} = 0.1 \nu_{13},\ \nu_{23} = 0.1 \nu_{23}$
纤维-基体剪切脱粘	$G_{12,\mathrm{tm}} = 0.1 G_{12,\mathrm{tm}},\ \nu_{12} = 0.1 \nu_{12}$

采用 ABAQUS 代码中的 VUMAT 子程序实现了 TMM 耦合 PFDA，现将 PFDA 的主要程序总结如下：

（1）采用三维实体单元有限元模型，分析复合材料的多轴应力状态（特别是厚度

第8章 安全寿命与损伤容限设计

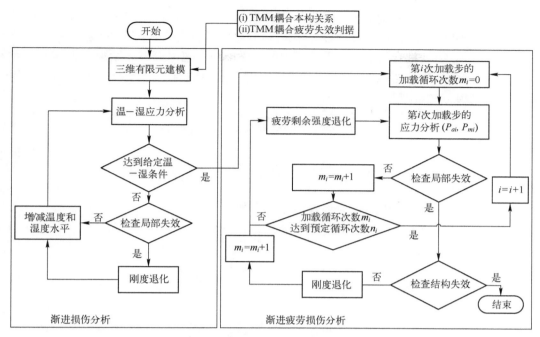

图 8-30　TMM 耦合 PFDA 计算流程

方向),有限元模型在 ABAQUS CAE 中构建,并输入复合材料的 TMM 耦合本构关系(即式(8-124))。

(2) 疲劳加载前,在 TMM 耦合环境下进行渐进损伤分析,采用三维 Hashin 型失效判据(即式(8-127)~式(8-133)),判断复合材料损伤,一旦单元失效,根据单层性能折减模型对失效单元的弹性模量和泊松比进行退化(见表 8-5),然后,重新生成失效单元的刚度矩阵,用于下一次迭代计算,分析结果将自动导入到下一步迭代计算。

(3) 在 ABAQUS CAE 的加载条件模块中,采用加载包络线策略导入疲劳载荷,即将疲劳载荷当作恒载施加,该恒定载荷具有疲劳载荷循环相同的最大绝对值。在计算应力场后,根据式(8-134)~式(8-136)对单元材料的多轴剩余强度进行退化,并同步更新 TMM 耦合疲劳失效判据(即式(8-127)~式(8-133)),以识别失效单元;然后,利用单层性能折减模型对失效单元的弹性模量和泊松比进行退化,更新失效单元的刚度矩阵,用于下一次迭代计算。当复合材料构件难以承受更多疲劳加载循环时,TMM 耦合 PFDA 停止计算,意味复合材料构件最终断裂。

在 TMM 耦合 PFDA 计算程序中,有些技术细节需要强调如下:

(1) 由于单向层在纵向呈现脆性破坏行为,纤维断裂模式下的失效单元被迅速删除,不需要进行新的迭代计算。

(2) 采用 ABAQUS 显式求解器,避免了因被连接件间复杂接触和失效单元突然退化而产生的计算不收敛问题。在显式求解器中,采用中心差分法,根据当前时刻的单元节点位移、速度和加速度,计算下一时刻的单元应变增量;同时,通过控制整个模型的动能小于内能的 5%,降低显式求解中惯性力的负面影响。在 ABAQUS 显式求解器中,利用 VUMAT 子程序,TMM 耦合 PFDA 随着加载循环次数的增加而不断进行。

(3) 在 TMM 耦合 PFDA 中，以 0.1s 时间增量（即 10Hz 加载频率）开展逐个循环应力分析，不断区分出新的失效单元，同时记录新的累积疲劳加载循环次数。

(4) 根据 TMM 耦合场求解有限元模型的力学响应，忽略摩擦、断裂等力学响应对热-湿耦合场的影响。当 ABAQUS 代码中没有湿膨胀模块时，根据式（8-124），采用等效温度场模拟热-湿耦合膨胀，即

$$\begin{cases} T^* - T_0 = \dfrac{\alpha_{ii}(T-T_0) + \beta_{ii} M}{\alpha_{ii}^*} & (i=1,2,3) \\ T^* - T_0 = \dfrac{\alpha_0(T-T_0)}{\alpha_0^*} \end{cases} \qquad (8-137)$$

式中，T^* 为等效环境温度；α^* 为等效热膨胀系数。

第9章 结构寿命可靠性评定与预测

9.1 无限寿命设计的概率方法

当构件承受的应力水平较低且应力循环次数很高时（如传动轴、振动元件等），属高周疲劳问题，对构件可进行无限寿命设计，其安全性由应力控制。当构件在高应力水平作用下工作状态处于低周疲劳占主导地位时（如飞机结构、重型机械部件等），则应进行有限寿命设计，其安全性由寿命控制。

按照疲劳可靠性观点，"无限寿命设计"是指构件以一定的可靠度和置信度，在无限长（理论上）的使用期间不出现疲劳裂纹，或者已存在的裂纹不再扩展。这种设计原则适用于比较平稳的低应力水平，并且循环次数很高的情况，以便将疲劳应力控制在疲劳极限以下，或将应力强度因子变程控制在疲劳裂纹扩展门槛值以下。当应力水平较高或变化较大时，则不宜采用此种设计。

进行无限寿命设计时，通常采用应力-强度干涉模型，美国波音飞机公司最先采用一维应力-强度干涉模型对直升机动部件进行可靠性评定。此处，一维应力-强度指的是对施加于构件上的疲劳应力和构件对疲劳的抗力（疲劳强度），只考虑其幅值的随机变化，而将均值视为恒定值，且疲劳应力和疲劳强度保持相同的平均应力。

设疲劳应力和疲劳极限为两个互相独立的正态变量 X_1 和 X_2，其正态概率密度函数（图9-1）分别为

$$f(x_1)=\frac{1}{\sigma_1\sqrt{2\pi}}e^{-\frac{(x_1-\mu_1)^2}{2\sigma_1^2}}, \quad g(x_2)=\frac{1}{\sigma_2\sqrt{2\pi}}e^{-\frac{(x_2-\mu_2)^2}{2\sigma_2^2}}$$

式中，σ_1 和 σ_2 分别表示疲劳应力和疲劳极限的母体标准差，并假定疲劳应力母体平均值 μ_1 小于疲劳极限母体平均值 μ_2。

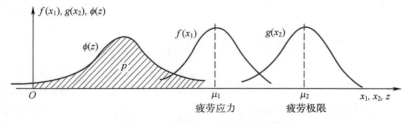

图 9-1 一维应力-强度干涉模型

构件的可靠度 p 等于 X_2 大于 X_1 的概率，即

$$p=P(X_2>X_1)=P(X_2-X_1>0)$$

令 $\zeta=X_2-X_1$，于是，上式可写成

$$p = P(\zeta > 0) \tag{9-1}$$

根据概率统计理论可知，ζ 仍为一正态变量，其母体平均值和标准差分别为

$$\mu = \mu_2 - \mu_1, \qquad \sigma = \sqrt{\sigma_2^2 + \sigma_1^2} \tag{9-2}$$

ζ 的概率密度函数（图 9-1）为

$$\phi(z) = \frac{1}{\sqrt{\sigma_2^2 + \sigma_1^2}\sqrt{2\pi}} \exp\left\{-\frac{[z-(\mu_2-\mu_1)]^2}{2(\sigma_2^2+\sigma_1^2)}\right\} \tag{9-3}$$

式中，$z = x_2 - x_1$。

已知 ζ 的概率密度函数后，根据式（9-1）即可求出可靠度

$$p = P(\zeta > 0) = \int_0^\infty \phi(z)\,\mathrm{d}z \tag{9-4}$$

可见 p 等于纵坐标轴以右曲线 $\phi(z)$ 与横坐标轴所包围的面积（图 9-1 中阴影面积所示）。

因为 $z_p = 0$，故

$$u_p = \frac{z_p - \mu}{\sigma} = -\frac{\mu}{\sigma}$$

即

$$-u_p = \frac{\mu_2 - \mu_1}{\sqrt{\sigma_1^2 + \sigma_2^2}} \tag{9-5}$$

式（9-5）称为"连接方程"或"耦合方程"，它以概率方法综合考虑了疲劳应力、疲劳极限和可靠度之间的关系。在实际应用中，母体参数 μ_1、μ_2、σ_1、σ_2 均以具有一定置信度 γ 的估计量代替。当满足式（9-5）时，可保证构件以可靠度 p 和置信度 γ 在无限长的使用期间不出现疲劳裂纹。此处"无限长"只在理论上有意义，实际上，很多意外的损伤如冲撞、腐蚀、磨损、冲蚀、微动磨损等均未计及，因此，仍必须进行定期的检查和维修。

本节所述干涉模型也可推广用于含裂纹构件的无限寿命设计，即期望构件以一定的可靠度在无限长的使用期间初始裂纹不继续扩展，此时，μ_1 和 σ_1 分别表示应力强度因子变程 ΔK 的母体平均值和标准差，μ_2 和 σ_2 分别表示疲劳裂纹扩展门槛值 ΔK_{th} 的母体平均值和标准差。

9.2　应力-强度干涉模型的普遍式

上面所述无限寿命设计的概率方法，仅适用于疲劳应力和疲劳强度均服从正态分布的情况。倘若应力和强度二者中有一个遵循其他分布，或它们为二维随机变量，则该模型不再适用，而必须采用普遍形式的应力-强度干涉模型进行可靠性设计。若已知疲劳应力幅值 s_a 与疲劳强度幅值 S_a 的一维概率密度函数分别为 $f(s_a)$ 和 $g(S_a)$（图 9-2），则对应任一应力幅值 s_a，S_a 小于 s_a 的概率为

$$F(s_a) = P(S_a < s_a) = \int_0^{s_a} g(S_a)\,\mathrm{d}S_a \tag{9-6}$$

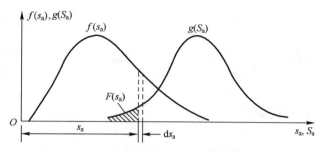

图 9-2 一维应力-强度干涉模型

因为应力幅值恒为非负值,故积分下限取零。分布函数 $F(s_a)$ 如图 9-2 中阴影面积所示,作为随机变量的应力幅值 s_a 发生的概率是 $f(s_a)ds_a$,由于 $F(s_a)$ 为 s_a 的单调函数,亦为一随机变量,$F(s_a)$ 发生的概率也是 $f(s_a)ds_a$,两者的乘积即构件破坏率 f 的微分 df:

$$df = F(s_a)f(s_a)ds_a$$

对上式积分,则得构件的破坏率 f

$$f = \int_0^{(s_a)_{max}} F(s_a)f(s_a)ds_a$$

构件的可靠度 p 为

$$p = 1 - f = 1 - \int_0^{(s_a)_{max}} F(s_a)f(s_a)ds_a$$

将式 (9-6) 代入上式,可得

$$p = 1 - \int_0^{(s_a)_{max}} \left[\int_0^{s_a} g(S_a)dS_a \right] f(s_a)ds_a \tag{9-7}$$

式 (9-7) 称为一维应力-强度干涉模型。

若疲劳应力 (s_a, s_m) 与疲劳强度 (S_a, S_m) 都是二维随机变量,且它们的概率密度函数分别为 $f(s_a, s_m)$ 和 $g(S_a, S_m)$。仿照一维应力-强度干涉模型的建立过程,疲劳强度 (S_a, S_m) 小于疲劳应力 (s_a, s_m) 的概率为

$$F(s_a, s_m) = P[(S_a, S_m) < (s_a, s_m)]$$

即

$$F(s_a, s_m) = \int_{(s_m)_{min}}^{s_m} \int_0^{s_a} g(S_a, S_m)dS_a dS_m \tag{9-8}$$

作为随机变量疲劳应力 (s_a, s_m) 发生的概率为 $f(s_a, s_m)ds_a ds_m$,也是 $F(s_a, s_m)$ 发生的概率。$F(s_a, s_m)$ 与其发生的概率乘积即构件破坏率 f 的微分 df

$$df = F(s_a, s_m)f(s_a, s_m)ds_a ds_m$$

对上式积分,则得构件的破坏率 f

$$f = \int_{(s_m)_{min}}^{(s_m)_{max}} \int_0^{(s_a)_{max}} F(s_a, s_m)f(s_a, s_m)ds_a ds_m$$

构件的可靠度 p 为

$$p = 1 - f = 1 - \int_{(s_m)_{min}}^{(s_m)_{max}} \int_0^{(s_a)_{max}} F(s_a, s_m)f(s_a, s_m)ds_a ds_m$$

将式 (9-8) 代入上式,则得二维应力-强度干涉模型

$$p = 1 - \int_{(s_m)_{\min}}^{(s_m)_{\max}} \int_0^{(s_a)_{\max}} \left[\int_{(s_m)_{\min}}^{s_m} \int_0^{s_a} g(S_a, S_m) \mathrm{d}S_a \mathrm{d}S_m \right] f(s_a, s_m) \mathrm{d}s_a \mathrm{d}s_m \quad (9-9)$$

当给定足够高的可靠度时，如 $p = 99.99\%$、99.999% 等，相当于将破坏率 f 控制在 10^{-4} 以下，这样，可显著降低构件疲劳裂纹出现的可能性。

9.3 断裂干涉模型

当含裂纹或含初始缺陷构件承受稳态随机应力循环时，为保证其安全工作，需将应力强度因子变程控制在疲劳裂纹扩展门槛值以下，以防止裂纹继续扩展。为此，建立断裂干涉模型，其原理和方法与应力-强度干涉模型建立过程相似，断裂干涉模型可用于无限寿命损伤容限设计。

根据式（6-53）和式（6-54），应力强度因子均值 K_m 和变程 ΔK 分别表示为

$$K_m = X(s_m) \cdot Y(a)$$
$$\Delta K = [X(s_{\max}) - X(s_{\min})] \cdot Y(a) = \Delta X \cdot Y(a)$$

按照概率统计理论，可以由疲劳应力的概率分布，导出给定裂纹长度 a 下的应力强度因子均值 K_m 和变程 ΔK 的概率分布；也可根据其统计特征直接建立 K_m 和 ΔK 的概率密度函数。若已知应力强度因子变程 ΔK 和疲劳裂纹扩展门槛值 ΔK_{th} 的一维概率密度函数分别为 $f(\Delta K)$ 和 $g(\Delta K_{th})$，则对应任一 ΔK，ΔK_{th} 小于 ΔK 的概率为

$$F(\Delta K) = P(\Delta K_{th} < \Delta K) = \int_0^{\Delta K} g(\Delta K_{th}) \mathrm{d}\Delta K_{th} \quad (9-10)$$

其中，$F(\Delta K)$ 为随机变量 ΔK 的单调函数，其发生的概率是 $f(\Delta K)\mathrm{d}\Delta K$，由此可得构件破坏率 f 的微分 $\mathrm{d}f$

$$\mathrm{d}f = F(\Delta K)f(\Delta K)\mathrm{d}\Delta K$$

对上式积分，则得构件裂纹继续扩展的概率，即破坏率 f

$$f = \int_0^{(\Delta K)_{\max}} F(\Delta K)f(\Delta K)\mathrm{d}\Delta K$$

构件裂纹不扩展概率，即可靠度为

$$p = 1 - f = 1 - \int_0^{(\Delta K)_{\max}} F(\Delta K)f(\Delta K)\mathrm{d}\Delta K$$

将式（9-10）代入上式，则得

$$p = 1 - \int_0^{(\Delta K)_{\max}} \left[\int_0^{\Delta K} g(\Delta K_{th}) \mathrm{d}\Delta K_{th} \right] f(\Delta K) \mathrm{d}\Delta K \quad (9-11)$$

此即一维断裂干涉模型。

现将式（9-11）推广到二维情况，设应力强度因子变程和均值的概率密度函数为 $f(\Delta K, K_m)$，疲劳裂纹扩展门槛值及其均值的概率密度函数为 $g(\Delta K_{th}, K_{mth})$，于是，可写出二维断裂干涉模型

$$p = 1 - \int_{(K_m)_{\min}}^{(K_m)_{\max}} \int_0^{(\Delta K)_{\max}} \left[\int_{(K_m)_{\min}}^{K_m} \int_0^{\Delta K} g(\Delta K_{th}, K_{mth}) \mathrm{d}\Delta K_{th} \mathrm{d}K_{mth} \right] \times f(\Delta K, K_m) \mathrm{d}\Delta K \mathrm{d}K_m \quad (9-12)$$

根据式（9-11）或式（9-12），不仅可求出已知裂纹长度 a 不扩展的可靠度 p，而且可计算在给定可靠度 p 下不扩展的裂纹最大尺寸 a。

9.4 缩减系数法

疲劳强度缩减系数 r 定义为安全疲劳强度 $\hat{S}_p$ 与中值试验疲劳强度 $[S_{50}]$ 的比值:

$$r = \frac{\hat{S}_p}{[S_{50}]} \tag{9-13}$$

式中，$[S_{50}]$ 为具有 50% 可靠度的中值试验疲劳强度估计量。

假设对数疲劳强度 $x = \lg S$ 服从正态分布 $N(\mu, \sigma_0)$，在已知母体标准差 $\sigma = \sigma_0$（σ_0 为某一常数）的情况下，按式 (3-66)，对数安全疲劳强度 $x_p = \mu + u_p \sigma$ 的估计量 $\hat{x}_p$ 可表示为

$$\hat{x}_p = \hat{\mu} + u_p \sigma_0 \tag{9-14}$$

式中，$\hat{\mu}$ 为母体平均值估计量。

当用对数疲劳强度 $\lg S$ 的子样平均值 $\bar{x}$ 作为估计量时，可能大于 μ，也可能小于 μ。为安全起见，对母体平均值估计量 $\hat{\mu}$ 赋予一定的置信度，使估计出的 $\hat{\mu}$ 尽可能小于真值 μ。为此将 $\hat{\mu}$ 写成以下形式：

$$\hat{\mu} = \bar{x} - C \tag{9-15}$$

式中，C 为一正的待定常数。

现在的问题是寻求常数 C，使得随机变量 $(\bar{X} - C)$ 小于 μ 的概率为 γ，即

$$P(\bar{X} - C < \mu) = \gamma$$

此处 γ 表示置信度。当满足上式时，则以置信度 γ 估计出的 $\hat{\mu}$ 值不超过 μ。

由统计理论可知，$\bar{X}$ 遵循平均值为 μ、标准差为 $\sigma/\sqrt{n}$ 的正态分布 $N(\mu; \sigma/\sqrt{n})$，且随机变量 $\eta = \bar{X} - C$ 也遵循正态分布，其母体平均值为 $\mu - C$，标准差仍为 $\sigma/\sqrt{n}$。$\bar{X} - C$ 的概率密度曲线示于图 9-3 中，图中 u_γ 为与置信度 γ 相关的标准正态偏量。当给定 γ 时，u_γ 值可从标准正态数值表查得。由图 9-3 可知，μ 和 $(\mu - C)$ 存在以下关系：

$$\mu = \mu - C + u_\gamma \frac{\sigma}{\sqrt{n}}$$

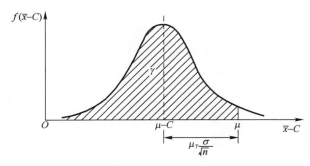

图 9-3 $\bar{X} - C$ 的正态概率密度曲线

根据上式，即可求出 C 值：

$$C = u_\gamma \frac{\sigma}{\sqrt{n}}$$

将 C 值代入式（9-15），则母体平均值估计量为

$$\hat{\mu} = \bar{x} - u_\gamma \frac{\sigma}{\sqrt{n}} \tag{9-16}$$

再将上式代入式（9-14），并取 $\sigma = \sigma_0$，得到对数安全疲劳强度估计量

$$\hat{x}_p = \bar{x} - u_\gamma \frac{\sigma_0}{\sqrt{n}} + u_p \sigma_0 \tag{9-17}$$

式（9-17）可写为

$$\lg \hat{S}_p = \lg[S_{50}] - u_\gamma \frac{\sigma_0}{\sqrt{n}} + u_p \sigma_0$$

经移项后可得

$$\lg \frac{\hat{S}_p}{[S_{50}]} = \left(u_p - \frac{u_\gamma}{\sqrt{n}} \right) \sigma_0$$

按式（9-13）定义，得

$$r = 10^{\left(u_p - \frac{u_\gamma}{\sqrt{n}} \right) \sigma_0} \tag{9-18}$$

在已知母体标准差未知的情况下，根据式（3-88），可知对数安全疲劳强度 $x_p = \mu + u_p \sigma$ 的估计量 $\hat{x}_p$

$$\hat{x}_p = (\bar{x} + u_p \hat{k} s) - t_\gamma s \sqrt{\frac{1}{n} + u_p^2(\hat{k}^2 - 1)} \tag{9-19}$$

经移项后，可得

$$\lg \frac{\hat{S}_p}{[S_{50}]} = (\bar{x} + u_p \hat{k} s) - t_\gamma s \sqrt{\frac{1}{n} + u_p^2(\hat{k}^2 - 1)}$$

$$r = \frac{\hat{S}_p}{[S_{50}]} = 10^{u_p \hat{k} s - t_\gamma s \sqrt{1/n + u_p^2(\hat{k}^2 - 1)}} \tag{9-20}$$

假定疲劳强度遵循平均值为 μ、标准差为 σ_0 的正态分布 $N(\mu, \sigma_0)$，在已知母体标准差 $\sigma = \sigma_0$（σ_0 为某一常数）的情况下，由式（9-17），可得安全疲劳强度估计值 $\hat{x}_p$

$$\hat{x}_p = \bar{x} - u_\gamma \frac{\sigma_0}{\sqrt{n}} + u_p \sigma_0$$

上式可写为

$$\hat{S}_p = [S_{50}] - u_\gamma \frac{\sigma_0}{\sqrt{n}} + u_p \sigma_0$$

经移项后，可得

$$\frac{\hat{S}_p}{[S_{50}]} = 1 + \left(u_p - \frac{u_\gamma}{\sqrt{n}} \right) \frac{\sigma_0}{[S_{50}]} \tag{9-21}$$

根据变异系数定义，可知

$$C_v = \frac{\sigma_0}{[S_{50}]}$$

将上式代入式（9-21），并按式（9-13）定义，得

$$r = 1 + C_v \left(u_p - \frac{u_\gamma}{\sqrt{n}} \right) \tag{9-22}$$

同样地，在已知母体标准差未知的情况下，根据公式（3-88），可知安全疲劳强度 $x_p = \mu + u_p \sigma$ 的估计量 $\hat{x}_p$

$$\hat{x}_p = (\bar{x} + u_p \hat{k}s) - t_\gamma s \sqrt{\frac{1}{n} + u_p^2(\hat{k}^2 - 1)} \tag{9-23}$$

经移项后，可得

$$r = 1 + u_p \hat{k} C_v - t_\gamma C_v \sqrt{\frac{1}{n} + u_p^2(\hat{k}^2 - 1)} \tag{9-24}$$

9.5 分散系数法

对于有限寿命设计，确定安全寿命的测试方法至少需要 5~6 个或更多的试样，对于小型试样尚且容易实现，但对于全尺寸结构不可能提供如此多的试样，有时甚至只有一两个试样，无法进行子样标准差 s 的计算，母体标准差 σ 常常根据长期实践经验获得。而产品使用寿命往往又要由全尺寸试样的疲劳试验结果给出，因此，以高可靠度根据极小子样（1~2 个试样）确定结构使用的安全寿命确系十分重要的问题。为解决这一问题，目前广泛采用的是"分散系数法"，在全寿命分散系数公式的建立过程中，通常假定对数裂纹形成寿命和对数裂纹扩展寿命均遵循正态分布 $N(\mu;\sigma)$，但二者的母体标准差大小则不相同。

无论裂纹形成寿命，还是裂纹扩展寿命的分散系数 L_f 都定义为中值试验寿命 $[N_{50}]$ 与安全寿命 $\hat{N}_p$ 的比值

$$L_f = \frac{[N_{50}]}{\hat{N}_p} \tag{9-25}$$

或写成

$$\hat{N}_p = \frac{[N_{50}]}{L_f} \tag{9-26}$$

式中，$[N_{50}]$ 为具有 50% 可靠度的中值试验寿命估计量。

当对数疲劳寿命遵循正态分布时，子样平均值即母体中值估计量。令 $\bar{x}$ 表示由 n 个试验结果得到的对数疲劳寿命 $\lg N_i$ 的子样平均值，$[N_{50}]$ 表示中值试验寿命，则

$$\bar{x} = \frac{1}{n} \sum_{i=1}^{n} \lg N_i$$

$$\lg[N_{50}] = \frac{1}{n} \sum_{i=1}^{n} \lg N_i$$

将上式两端取反对数，则

$$[N_{50}] = \sqrt[n]{N_1 \times N_2 \times \cdots \times N_n}$$

可见中值试验寿命$[N_{50}]$为一组试样试验寿命的几何平均值，对单一试样即本身寿命。

在已知母体标准差$\sigma = \sigma_0$（σ_0为某一常数）的情况下，由式（9-17）可得安全对数寿命估计值$\hat{x}_p$

$$\hat{x}_p = \bar{x} - u_\gamma \frac{\sigma_0}{\sqrt{n}} + u_p \sigma_0 \tag{9-27}$$

式（9-27）可写为

$$\lg \hat{N}_p = \lg[N_{50}] - u_\gamma \frac{\sigma_0}{\sqrt{n}} + u_p \sigma_0$$

经移项后可得

$$\lg \frac{[N_{50}]}{\hat{N}_p} = \left(\frac{u_\gamma}{\sqrt{n}} - u_p\right) \sigma_0$$

按式（9-25）定义，得到

$$L_f = 10^{\left(\frac{u_\gamma}{\sqrt{n}} - u_p\right)\sigma_0} \tag{9-28}$$

在谱载作用下，当根据少量全尺寸结构疲劳试验测定出中值裂纹形成寿命$[N_{50}]$时，按照式（9-26），可得任一可靠度p和置信度γ的安全裂纹形成寿命

$$\hat{N}_p = \frac{[N_{50}]}{10^{\left(\frac{u_\gamma}{\sqrt{n}} - u_p\right)\sigma_0}} \tag{9-29}$$

根据我国具体情况，对不同形式的金属结构，对数裂纹形成寿命的标准差σ_0建议取

$$\sigma_0 = 0.16 \sim 0.20$$

当$\sigma_0 = 0.17$时，分散系数L_f计算结果列于表9-1中。表9-1的计算结果表明，从经济角度考虑使用两个试样比较合理。因为当试样个数n由1变化到2时，分散系数大幅降低，而此后分散系数变化则较小。

表9-1 疲劳裂纹形成寿命分散系数

试件个数 n	1	2	3	4
$u_p = -3.09(p = 99.9\%)$ $u_\gamma = 1.282(\gamma = 90\%)$	5.5	4.8	4.5	4.3

在谱载作用下，当根据少量全尺寸结构疲劳试验测定出中值裂纹扩展寿命$[N_{50}^*]$时，同样按照式（9-29），可得任一可靠度p和置信度γ的安全裂纹扩展寿命

$$\hat{N}_p^* = \frac{[N_{50}^*]}{10^{\left(\frac{u_\gamma}{\sqrt{n}} - u_p\right)\sigma_0^*}} \tag{9-30}$$

式中，σ_0^*为对数裂纹扩展寿命的标准差。鉴于裂纹扩展寿命分散性较小，对一般金属结构建议取

$$\sigma_0^* = 0.07 \sim 0.10$$

当 $\sigma_0^* = 0.09$ 时,分散系数计算结果列于表9-2中。表9-1和表9-2给出了全寿命分散系数,可供疲劳可靠性设计之用。

表9-2 疲劳裂纹扩展寿命分散系数

试件个数 n	1	2	3	4
$u_p = -3.09(p=99.9\%)$ $u_\gamma = 1.282(\gamma=90\%)$	2.5	2.3	2.2	2.2

当利用两个相同构件(如飞机左右两个机翼)在同一谱载下进行试验时,若其中之一先行破坏而另一个寿命未知即终止试验,则可采用不完全寿命的分散系数确定安全使用寿命。设已知先破坏的构件对数疲劳寿命为 $x_1 = \lg N_1$,另一未知的构件对数疲劳寿命为 $x_2 = \lg N_2$,显然 $x_2 > x_1$。根据可靠度估计量公式

$$p = 1 - \frac{i}{n+1}$$

可得 x_1 的可靠度估计量为 $\hat{p}_1 = 2/3$,x_2 的可靠度估计量为 $\hat{p}_2 = 1/3$。因为 x_1 和 x_2 来自同一正态母体 $N(\mu;\sigma_0)$,故

$$\begin{cases} x_1 = \mu + u_1 \sigma_0 \\ x_2 = \mu + u_2 \sigma_0 \end{cases}$$

由以上二式消去 μ,可得

$$x_2 = x_1 + (u_2 - u_1)\sigma_0$$

对数中值试验寿命等于

$$\lg[N_{50}] = \frac{1}{2}(x_1 + x_2) = x_1 + \frac{1}{2}(u_2 - u_1)\sigma_0$$

根据式(9-19)和式(9-20),有

$$\hat{N}_p = \frac{[N_{50}]}{L_f} = \frac{10^{x_1 + \frac{1}{2}(u_2 - u_1)\sigma_0}}{10^{\left(\frac{u_\gamma}{\sqrt{2}} - u_p\right)\sigma_0}}$$

$$\lg \hat{N}_p = \lg N_1 + \frac{1}{2}(u_2 - u_1)\sigma_0 - \left(\frac{u_\gamma}{\sqrt{2}} - u_p\right)\sigma_0$$

由上式即可导出两个构件承受相同谱载荷,且其中之一先行破坏,即终止试验时的分散系数 L_i

$$L_i = \frac{N_1}{\hat{N}_p} = 10^{\left(\frac{u_\gamma}{\sqrt{2}} - u_p\right)\sigma_0 - \frac{1}{2}(u_2 - u_1)\sigma_0}$$

由正态分布数值表可查得 $u_1 = -0.4308(p=2/3)$,$u_2 = 0.4308(p=1/3)$,于是,上式变成

$$L_i = 10^{\left(\frac{u_\gamma}{\sqrt{2}} - u_p - 0.4308\right)\sigma_0} \tag{9-31}$$

对于裂纹形成寿命,可取 $\sigma_0 = 0.17$,当可靠度为99.9%,置信度为90%时,$L_i \approx 4$。对于裂纹扩展寿命,可取 $\sigma_0^* = 0.09$,当可靠度为99.9%,置信度为90%时,$L_i \approx 2$。不完全寿命的分散系数 L_i 可作为飞机整体结构疲劳试验设计之用。

在已知母体标准差未知的情况下，根据式（3-88）可知对数安全寿命 $x_p = \mu + u_p \sigma$ 的估计量 $\hat{x}_p$

$$\hat{x}_p = (\bar{x} + u_p \hat{k}s) - t_\gamma s \sqrt{\frac{1}{n} + u_p^2(\hat{k}^2 - 1)} \quad (9\text{-}32)$$

式中，$\bar{x}$ 为子样平均值；p 为可靠度；γ 为置信度。

将式（9-32）代入分散系数定义式（9-28），得

$$L_f = \frac{[N_{50}]}{\hat{N}_p} = 10^{t_\gamma s \sqrt{1/n + u_p^2(\hat{k}^2 - 1)} - u_p \hat{k}s} \quad (9\text{-}33)$$

值得指出的是，分散系数法不仅可用于依据全尺寸结构试验数据确定安全寿命，即根据小子样或极小子样（1~2 个试样）全尺寸试验结果，利用分散系数确定结构使用安全寿命，还适用于依据材料疲劳性能与载荷谱理论估算结构安全寿命，即根据中值载荷谱和中值广义疲劳（或断裂）S-N 曲面，采用 Miner 累积损伤理论，估算结构中值疲劳寿命，再由分散系数确定安全寿命。

9.6 经济寿命耐久性模型

疲劳过程包括裂纹形成与扩展两个过程，因此，必须采用安全寿命与损伤容限相结合的途径，评定结构使用寿命，即安全寿命用于定寿，损伤容限保障安全。设安全疲劳裂纹形成与扩展寿命分别为 T_p 和 T_p^*，则结构首翻期 T_1 应满足条件

$$T_p = T_p^* \quad (9\text{-}34)$$

当 $T_p < T_p^*$ 时，意味着结构无须进行检修。

如上所述，任一部件安全疲劳裂纹形成与扩展寿命 T_p 和 T_p^* 与可靠度 p_i 的关系可写为

$$p = f(T_p) \quad (9\text{-}35)$$

$$p^* = g(T_p^*) \quad (9\text{-}36)$$

部件裂纹形成寿命的破坏率 $(1-p)$，表示出现工程裂纹的概率；裂纹扩展寿命的破坏率 $(1-p^*)$ 表示由工程裂纹扩展到临界裂纹或完全断裂的概率。当这两个事件都发生时，该部件才会破坏，其破坏率为 $(1-p)(1-p^*)$，则其可靠度为

$$R = 1 - (1-p)(1-p^*) \quad (9\text{-}37)$$

将式（9-35）和式（9-36）代入式（9-37），得

$$R = f(T_p) + g(T_p^*) - f(T_p) \cdot g(T_p^*) \quad (9\text{-}38)$$

将式（9-34）代入式（9-38），可得部件首翻期 T_1

$$R = f(T_1) + g(T_1) - f(T_1) \cdot g(T_1) \quad (9\text{-}39)$$

式（9-39）即为确定部件首翻期的耐久性数学模型，该模型还可扩展应用于含有多个部件的结构，在此过程中，只需建立各部件安全寿命与整个结构可靠度之间的关系。

第9章 结构寿命可靠性评定与预测

考虑一由 m 个关键部件组成的结构,若其中某一部件破坏将导致整体结构失效,则此种结构可视作由 m 个部件组成的串联系统。对于整体结构,其可靠度 R 等于所有部件可靠度的乘积,即

$$R = \prod_{i=1}^{m} [1 - (1-p_i)(1-p_i^*)] \tag{9-40}$$

将式(9-35)和式(9-36)代入式(9-40),可得

$$R = \prod_{i=1}^{m} [f_i(T_{pi}) + g_i(T_{pi}^*) - f_i(T_{pi}) \cdot g_i(T_{pi}^*)] \tag{9-41}$$

下面列举一实例,说明上面所述耐久性模型的使用。图9-4所示为直升机桨叶根部连接件,由耳片、螺栓和桨叶大梁组成。耳片和螺栓材料为40CrNiMoA合金钢,桨叶大梁则为LD_2铝合金。根据工程经验,连接件耳片首先失效,因此,评定耳片使用寿命至关重要。又知耳片材料40CrNiMoA合金钢力学性能:杨氏模量 $E=204$GPa,泊松比 $\nu=0.3$,强度极限 $\sigma_b=1080$MPa,屈服极限 $\sigma_{0.2}=880$MPa,断裂韧性 $K_{IC}=4691$MPa·mm$^{1/2}$,断裂门槛值 $\Delta K_{th}=342$MPa·mm$^{1/2}$,疲劳极限平均值 $S_0=75.4$MPa,对数疲劳裂纹形成与扩展寿命的母体标准差 $\sigma_0=\sigma_0^*=0.2$,广义疲劳 $S\text{-}N$ 曲面和 $da/dN\text{-}\Delta K$ 曲线分别为

$$N = 33497 \times \left(\frac{14.32}{1080.0-S_m}S_a - 1\right)^{-1.2402} \tag{9-42}$$

$$\frac{da}{dN} = 3.62 \times 10^{-9.0} \times \left[\left(\frac{1-f}{1-r}\right)\Delta K\right]^{1.715} \cdot \frac{\left(1-\dfrac{342.0}{\Delta K}\right)^{2.314}}{\left[1-\dfrac{\Delta K}{4691.0 \times (1-r)}\right]^{0.285}} \tag{9-43}$$

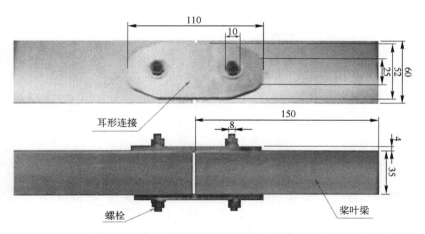

图9-4 直升机桨叶根部连接件(单位:mm)

根据实测载荷谱,采用有限元法,计算得到耳片的名义应力谱如图9-5所示,名义应力谱对应的飞行时间为1个飞行小时。根据图9-5所示的名义应力谱和广义疲劳 $S\text{-}N$ 曲面式(9-42),采用Miner累积损伤理论,可获得疲劳裂纹形成寿命,再依据分散系数公式(9-29),可确定安全疲劳裂纹形成寿命。

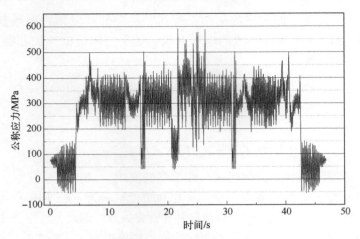

图 9-5 耳片的名义应力谱

耳片疲劳裂纹扩展模式可近似为有限宽板孔边的单边穿透裂纹（图 9-6），其形状修正函数为

$$\beta(a) = (0.707 - 0.18\lambda + 6.55\lambda^2 - 10.54\lambda^3 + 6.85\lambda^4) \cdot \left[\frac{\pi\phi}{2W} + \frac{1}{\pi}\left(\frac{\phi}{\phi+a}\right)\sqrt{\lambda}\right] \cdot \sqrt{\sec\left(\frac{\pi}{2} \cdot \frac{\phi+a}{W-a}\right) \cdot \sec\left(\frac{\pi\phi}{2W}\right)} \quad (9\text{-}44)$$

其中，

$$\lambda = \frac{\phi}{\phi + 2a}$$

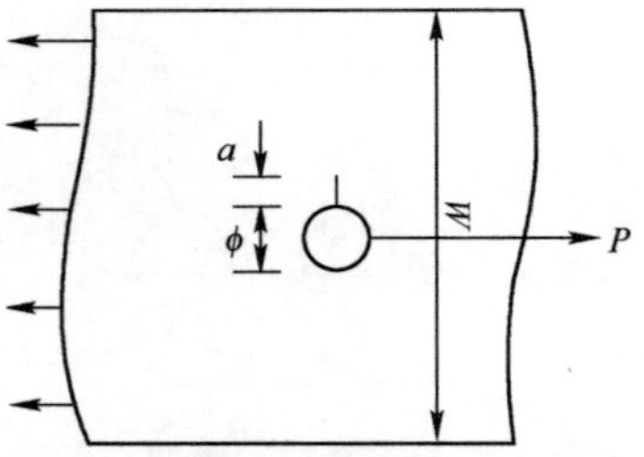

图 9-6 耳片裂纹扩展模型

根据断裂韧性 K_{IC}，估算出耳片的临界裂纹长度为 12.0mm，并由工程实际获得宏观可检的初始裂纹长度为 1.25mm。将式（9-44）代入式（9-43），并积分，可得疲劳裂纹扩展 S-N 曲面：

$$N = \frac{10^{9.0} \times (2s_a)^{2.314}}{3.62 \times [(1-f)(s_a + s_m)]^{1.715}} \int_{1.25}^{12.0} \frac{[2s_a\beta(a) - \Delta K_{th}]^{2.314}}{[\beta(a)]^{0.599}\left[1 - \frac{s_a + s_m}{K_{IC}}\beta(a)\right]^{0.285}} da \quad (9\text{-}45)$$

同样，根据图 9-5 所示的名义应力谱和广义断裂 S-N 曲面（式（9-45）），采用 Miner 累积损伤理论，可获得疲劳裂纹扩展寿命，再依据分散系数公式（9-30），可确定安全疲劳裂纹扩展寿命。为保证耳片安全,给定 0.999999 的高可靠度,即 R = 0.999999,那么,由式(9-37),得

$$0.999999 = 1-(1-p)(1-p^*) \tag{9-46}$$

根据式(9-46),可建立安全疲劳裂纹形成与扩展寿命关系曲线(图 9-7),从图中曲线可确定耳片首翻期 T_1 = 200 飞行小时。

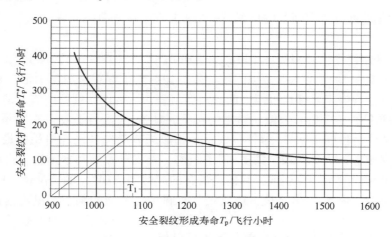

图 9-7 安全疲劳裂纹形成与扩展寿命曲线

9.7 细节疲劳额定值方法

细节疲劳额定值(Detail Fatigue Rating,DFR)是结构细节本身固有的疲劳性能特征和疲劳品质的度量,与使用载荷无关。DFR 定义为,在 95%可靠度和 95%置信度下,当应力比 r = 0.06 时,零构件能承受 10^5 次应力循环的最大名义应力值(疲劳强度),它主要由试验和使用经验数据为依据确定,其上限为 DFR_{cutoff},下限为 DFR_0。

DFR 法建立在应力疲劳的基础上,其名义应力处于 $S-N$ 曲线的中等寿命区($10^4 \sim 10^6$ 次循环),适用于承受低载的构件。它与局部应力应变法不同,后者建立在应变疲劳的基础上,多用于高载、大应变占主导地位的情况。DFR 法与静强度设计结合一起,只要控制名义应力小于 DFR,即可满足疲劳强度的要求,乃一种行之有效的设计方法。该法由美国波音公司首创,用于运输机机体结构疲劳可靠性设计。

对于运输机等民用飞机,地-空-地(Ground-Air-Ground,GAG)应力循环造成的损伤是结构主要疲劳损伤,因此,有必要先将所有使用载荷循环均当量成地-空-地(GAG)应力循环。利用广义 $S-N$ 曲面,根据 Miner 理论可以计算地-空-地(GAG)循环损伤比和当量地-空-地循环数。地-空-地循环损伤比是指,地-空-地应力循环造成的疲劳损伤与全部使用载荷造成的总损伤比值;当量地-空-地循环数是指,全部使用载荷造成的总损伤所相当的地-空-地应力循环的次数。

地-空-地循环损伤比与当量地-空-地循环数关系如下:

$$当量地-空-地循环数 = \frac{1}{地-空-地损伤比} \quad (9-47)$$

根据损伤当量公式（9-47）进行损伤当量折算，可以得到一个应力比为 0.06 的应力循环 S_{max}^0，该应力循环造成的损伤，与地-空-地应力循环在当量地-空-地循环数下造成的损伤相等，因此，可以得到结构细节疲劳额定值 DFR 设计准则

$$S_{max}^0 < \text{DFR} \quad (9-48)$$

式中，DFR 值可利用结构细节的广义 $S-N$ 曲线和等寿命曲线，或广义 $S-N$ 曲面计算确定。

结构件 DFR 许用值被限制在 DFR_{cutoff} 和 DFR_0 之间（图 9-8），DFR_{cutoff} 为结构件允许使用的最大 DFR 值，是基本结构的设计限制，反映了保护层脱落引起的轻微腐蚀或者制造和修理过程中正常操作可能引起的划伤与擦伤后件的疲劳品质，适用于应力集中系数较小的不含连接孔的部位。通常情况下，DFR_{cutoff} 相当于应力集中系数小于 1.5 的缺口试件的疲劳性能。DFR_0 为具有数百个相似细节结构件允许使用的最小 DFR 值，适用于像机翼壁板、机身壁板、蒙皮-桁条结构、蒙皮对缝等基本结构，这些结构中包含大量名义上相同的紧固件连接，它们是潜在的疲劳源。DFR_0 的基准值 DFR_{base} 是规定的典型结构对应的最基本 DFR 值，通常根据材料种类和结构细节类型等信息，通过查表获得，DFR_{base} 与各种修正系数相结合，以分析确定一个结构件的 DFR_0 许用值，基准情况下的各种修正系数均为 1.0，表 9-3 中给出修正系数的定义。

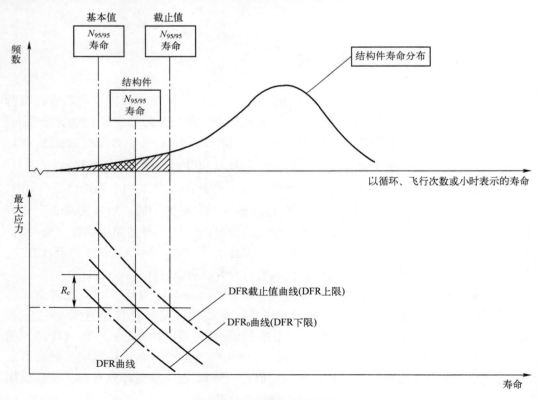

图 9-8 DFR 定义之间的关系

表 9-3 修正系数

用 途	系数	定 义
有机械紧固件的结构	A	孔充填系数：用以考虑所选用的紧固件与 DFR$_{base}$ 中的基准紧固件关于孔充填效果的差异
	B	合金和表面处理系数：用以考虑转配细节处所选用材料的情况。诸如半成品种类、合金、热处理和表面制造情况等参数需要加以考虑。应该注意，仅适用于有紧固件的细节；对于无紧固件的细节，采用粗糙度系数"F"代替系数"B"
	C	埋头深度系数：用以修正结构中紧固件埋头深度的情况。因为挤压载荷是由孔的柱形段传递的，因此，这一系数随载荷传递和埋头深度的不同而变化
	D	材料叠层系数：用以修正名义上是低载荷、厚结构的情况
	E	螺栓夹紧系数：用以考虑所选用紧固件和基准紧固件两者提供夹紧情况的差异
无紧固件的结构	F	粗糙度：用以考虑无紧固件的细节（如缺口和圆角）所选用材料的情况
所有结构	U	凸台有效系数：用以评定凸台的有效性。在对称凸台情况，通常允许充分利用凸台材料 $\left(U=\dfrac{t_p}{t}\right)$，其中 t_p 为凸台厚度，t 为非凸台位置厚度；在偏心凸台情况，诸如搭接接缝，由于弯曲的结果，附加的材料并不完全有效 $\left(U<\dfrac{t_p}{t}\right)$（图 9-9）

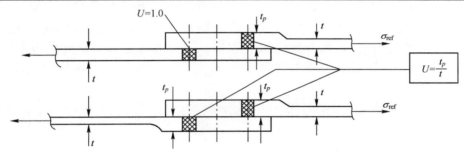

图 9-9 凸台尺寸示意

对于只有少量相似应力集中或相似紧固件连接的结构件，DFR 许用值由 DFR$_0$ 乘以构件疲劳额定系数 R_c 获得，构件疲劳额定系数 R_c 用以考虑结构中相似关键细节数的多少对 DFR 值影响的差异。构件疲劳额定系数 R_c 可由表 9-4 查得，也可以计算得到，即

$$R_c = \left(\frac{250}{n_d}\right)^{\frac{\lg \eta}{b}} \tag{9-49}$$

其中，

$$\eta = 10^{-\frac{1}{m}} \tag{9-50}$$

式中，η 和 m 分别为 S-N 曲线斜度参数和形状参数（即 S-N 曲线在双对数坐标系中的斜率）；b 为疲劳寿命威布尔分布形状参数；n_d 为试件或构件所含相似关键细节数。

表 9-4 构件疲劳额定系数

试件或构件中含有的相似关键细节数 n_d	构件疲劳额定系数 R_c			
	铝，$\eta=2.0$，$b=4.0$	钛，$\eta=2.0$，$b=3.0$	钢，$\eta=1.8$，$b=3.0$，$\sigma_b \leq 1655\text{MPa}$	钢，$\eta=1.8$，$b=2.2$，$\sigma_b > 1655\text{MPa}$
基本结构件>100	1.00	1.00	1.00	1.00

(续)

试件或构件中含有的相似关键细节数 n_d	构件疲劳额定系数 R_c			
	铝, $\eta=2.0$, $b=4.0$	钛, $\eta=2.0$, $b=3.0$	钢, $\eta=1.8$, $b=3.0$, $\sigma_b \leqslant 1655\text{MPa}$	钢, $\eta=1.8$, $b=2.2$, $\sigma_b > 1655\text{MPa}$
51~100	1.10	1.13	1.11	1.16
21~50	1.17	1.23	1.19	1.27
11~20	1.24	1.33	1.27	1.39
5~10	1.31	1.43	1.36	1.51
1~4	1.44	1.63	1.51	1.76

DFR 许用值所用的基本参数主要靠实验室简单试样的等幅循环试验数据确定,也可采用大壁板和全机疲劳试验中获得的数据作为补充,并尽可能使用外场机队数据,同时,修正系数 A、B、C、D、E、F、U 和 R_c 也应恰当地选取。根据基本许用值 DFR_0 和构件疲劳额定系数 R_c,确定试件的 DFR。值得注意的是,结构件上的危险细节越少,R_c 值越高,亦即 DFR 越高;相反,对于具有数百个危险细节的基本结构,$R_c = 1.0$,即试件 DFR 和基本许用值 DFR_0 相等。结构件 DFR 的确定流程可归纳为以下几点:

(1) 根据外场使用或试验数据,获得基本许用值 DFR_0,再由 $\text{DFR} = \text{DFR}_0 \times R_c$,计算 DFR 许用值。

(2) 根据公式 $\text{DFR} = \text{DFR}_0 \times R_c = (\text{DFR}_{\text{base}} \times A \times B \times C \times D \times E \times U) \times R_c$,估算 DFR 参考值。

(3) 间接取自试验数据或者根据飞机设计手册中数据,确定 DFR 值。对于具有类似的紧固件载荷传递系数、类似的紧固件与壁板的装配关系,以及具有相似偏心距的结构件,其 DFR 可以利用修正系数进行修正。对于有显著差异的细节,必须采用 DFR 公式进行计算。当设计的某些结构细节稍不同于依据外场使用或试验数据确定 DFR 的原结构时,可用修正系数,估算更改后的 DFR,但是,对试验过的细节和更改后的细节都必须采用同样的分析方法和假设,更改后细节的 DFR 为

$$\frac{\text{DFR}_{\text{更改}}}{\text{DFR}_{\text{试验}}} = \frac{(A \times B \times C \times D \times E \times U)_{\text{更改}}}{(A \times B \times C \times D \times E \times U)_{\text{试验}}} \tag{9-51}$$

上述方法适用于估算紧固件、装配工艺或材料等稍有差异的情况,因此,每一种情况的 DFR_{base} 必须相同,即两种结构形式在危险部位处的载荷传递、挤压应力与拉伸应力比、材料厚度与紧固件直径比,以及偏心率等参数均相同,但是,当修正系数乘积 ($A \times B \times C \times D \times E \times U$) 有过大改变(如2:1)时,这一方法的置信度就降低了。

(4) 采用表 9-5 所示公式计算 DFR,不论采用什么方法获得 DFR,其最大值都不得超过 $\text{DFR}_{\text{cutoff}}$。

表 9-5　DFR 公式

典型结构	典型细节	应用于	许用值 DFR_0	许用值 DFR
拉伸结构	无紧固件细节	无缺口的基本材料	DFR_{cutoff}	
		开孔	$DFR_{base} \times U$	$DFR = DFR_{base} \times U \times R_c$
		缺口、圆角和其他应力集中	$DFR_{base} \times F$	$DFR = DFR_{base} \times K \times F \times R_c$ 式中，F 为粗糙度系数；R_c 为构件疲劳额定系数；K 为材料常数，铝合金，$K=1.0$；钛合金，$K=1.6$；高强度钢（$\sigma_b > 1655 MPa$），$K=1.9$；中等强度钢（$\sigma_b \leq 1655 MPa$），$K=2.2$
	有紧固件细节	无载荷传递	$DFR_{base} \times ABCDEU$	$DFR = DFR_{base} \times A \times B \times C \times D \times E \times U \times R_c$
		有载荷传递	$DFR_{base} \times ABCDEU$	$DFR = DFR_{base} \times A \times B \times C \times D \times E \times U \times R_c$ 式中，铝合金，$DFR_{base} = 121 \times 1.0 \times \varphi$，其中 φ 为载荷传递系数；钛合金，$DFR_{base} = 121 \times 1.6 \times \varphi$；高强度钢（$\sigma_b > 1655 MPa$），$DFR_{base} = 121 \times 1.9 \times \varphi$；中等强度钢（$\sigma_b \leq 1655 MPa$），$DFR_{base} = 121 \times 2.2 \times \varphi$
		耳片	$DFR_{base} \times BL_t L_s L_d L_\theta$	$DFR = DFR_{base} \times K \times B \times L_t \times L_d \times L_s \times L_\theta \times R_c$ 式中，铝合金，$K=1.0$；钛合金，$K=1.6$；高强度钢（$\sigma_b > 1655 MPa$），$K=1.9$；中强度钢（$\sigma_b \leq 1655 MPa$），$K=2.2$；B 为合金和表面处理系数；L_t 为耳片厚度系数；L_d 为耳片形状系数；L_s 为耳片尺寸系数；L_θ 为耳片斜载荷系数，由给定的加载方向角 θ 确定。DFR_{base} 可通过查 DFR_{base}-W/D 关系图得到，其中，和 $\dfrac{W}{D} = 1 + \dfrac{2+c}{D}$，$W$ 为耳片宽度，D 为圆孔直径，c 为角度 90°（对称）和 82°（不对称）的应力面处的孔边距（图 9-10（a））
剪切结构	肋腹板梁腹板	剪应力比拉应力高的结构	$DFR_{base} \times ABCDEU$	对于腹板与缘条单剪连接及腹板与缘条双剪连接（插入件），DFR_S 为 $DFR_S = DFR_{S\,base} \times A \times B \times C \times D \times E \times U \times R_c$ 式中，DFR_S 和 $DFR_{S\,base}$ 中的下标 S 表示确定额定值时所用的参考应力是剪应力；铝合金，$DFR_{S\,base} = 121 \times 1.0 \times \varphi$；钛合金，$DFR_{S\,base} = 121 \times 1.6 \times \varphi$；高强度钢（$\sigma_b > 1655 MPa$），$DFR_{S\,base} = 121 \times 1.9 \times \varphi$；中等强度钢（$\sigma_b \leq 1655 MPa$），$DFR_{S\,base} = 121 \times 2.2 \times \varphi$。对于屈曲腹板连接，$DFR_S$ 和 $DFR_{S\,base}$（图 9-10（b））分别为 $DFR_S = DFR_{S\,base} \times K \times U \times R_c$ $DFR_{S\,base} = \dfrac{100}{0.9 + 0.23 \times \dfrac{\tau}{\tau_{cr}}}$ 式中，铝合金 7075，$K=0.8$；铝合金 LC4，$K=0.76$；铝合金 2024，$K=0.76$；铝合金 LY12，$K=0.95$；钛合金，$K=1.6$；$U=t_p/t$，且 $U<1.25$

(续)

典型结构	典型细节	应用于	许用值 DFR_0	许用值 DFR
双向受载结构	无紧固件和有紧固件细节	搭接件、圆筒		对双向受载的筒形件,将双向的平均应力和交变应力转换成当量的单轴应力,然后按转换后的单轴应力进行疲劳检查。当量单轴应力的参考应力取原双向应力中交变应力较高方向的应力。对于双向受载接头,其许用值 DFR_{bi} 为 $$DFR_{bi} = DFR \times \psi$$ 式中,DFR_{bi} 中的下标 bi 表示双向受载;ψ 为修正系数,DFR 和 ψ 分别由表 9-6 和图 9-11 确定

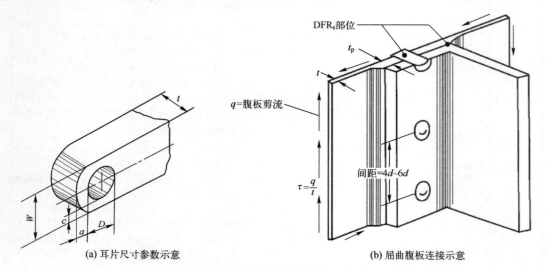

(a) 耳片尺寸参数示意　　(b) 屈曲腹板连接示意

图 9-10　耳片尺寸及屈曲腹板连接示意

表 9-6　双向受载接头 DFR 的确定

情况	各向应力相对大小			DFR 参考应力 σ_{ref}	DFR	确定修正系数时所用的参数
	σ_x	σ_y	τ			
I	最大	绝对值最小		σ_x	假设 $\sigma_y=0$,按表 9-5 中拉伸结构规定确定	$\omega = \dfrac{\lvert\sigma_y\rvert}{\sigma_x}$
II	最大		绝对值最小	σ_x	假设 $\tau=0$,按表 9-5 中拉伸结构规定确定	$\omega = \dfrac{\tau}{\sigma_x}$
III			最大	τ	假设 $\sigma_x=\sigma_y=0$,按表 9-5 中剪切结构规定确定	$\omega = \dfrac{\lvert\sigma_y\rvert}{\tau}$
IV		最大		σ_y	假设 $\sigma_x=\tau=0$,按表 9-5 中拉伸结构规定确定	$\omega = \dfrac{\tau}{\sigma_y}$

根据式(6-1)可知,平均应力为常数的 $S-N$ 曲线在双对数坐标系中为直线(图 9-12),即

$$\lg N = A + B \lg S_a \tag{9-52}$$

其中

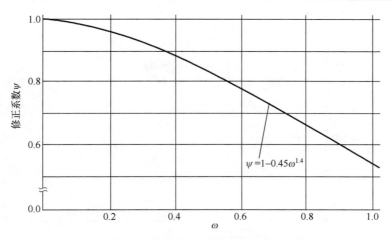

图 9-11 双向受载接头许用值的修正系数

$$A = \lg C \tag{9-53}$$
$$B = m \tag{9-54}$$

式中，B 为 $S-N$ 曲线在双对数坐标系中的斜率，对于同类材料，其斜率的统计值是相同的。式（9-52）称为标准 $S-N$ 曲线，适用于特征寿命在 $10^4 \sim 10^6$ 次循环的恒幅疲劳试验数据；当循环数低于 5000 次循环，或最大应力超过 50% 极限拉伸强度时，则标准 $S-N$ 曲线无效。不同可靠度的 $S-N$ 曲线在双对数坐标纸上是平行的。

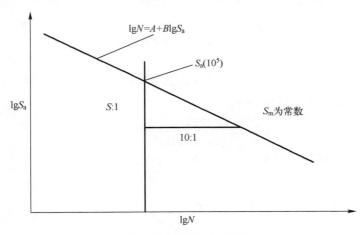

图 9-12 标准 $S-N$ 曲线

又由式（6-7）可知，等寿命曲线是一族直线，且和横坐标轴交于 S_{m0}（图 9-13）。任何负的平均剪切应力假设为正值；对于耳片这样的危险净截面细节，负应力均假设为零；对于受拉压载荷的连接件细节的处理，需要参照设计手册的方法进行（如压应力对表 9-3 中修正系数的影响，部分螺栓形式下结构承受压应力时，系数 A 不能用或取特定值）。

应力比 $r = 0.06$ 的直线和 $N = 10^5$ 的等寿命线交点处有

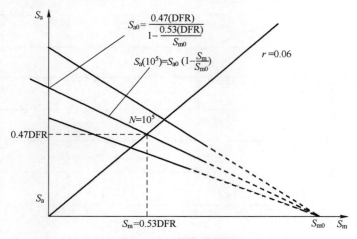

图 9-13 等寿命曲线

$$\begin{cases} S_{max} = S_m + S_a = DFR \\ r = \dfrac{S_{min}}{S_{max}} = \dfrac{S_m - S_a}{S_m + S_a} = 0.06 \end{cases} \quad (9\text{-}55)$$

求解式（9-55），可得

$$\begin{cases} S_m = 0.53DFR \\ S_a = 0.47DFR \end{cases}$$

将上式代入式（9-52），可得

$$\lg 10^5 = A + B\lg(0.47DFR) \quad (9\text{-}56)$$

即

$$A = \lg 10^5 - B\lg(0.47DFR) \quad (9\text{-}57)$$

将式（9-57）代入式（9-52），得

$$\lg N = \lg\dfrac{10^5}{(0.47DFR)^B} + \lg(S_{aD})^B \quad (9\text{-}58)$$

式中，S_{aD} 为 $S_m = 0.53DFR$ 的 $S\text{-}N$ 曲线上的应力幅值。

再由式（6-7），可知

$$\dfrac{S_a}{S_{-1}} + \dfrac{S_m}{S_{m0}} = 1 \quad (9\text{-}59)$$

将应力比 $r = 0.06$ 下的 $S_m = 0.53DFR$ 和 $S_a = S_{aD}$ 代入式（9-59）中，得

$$\dfrac{S_{aD}}{S_{-1}} + \dfrac{0.53DFR}{S_{m0}} = 1 \quad (9\text{-}60)$$

联立式（9-59）和式（9-60），消去 S_{-1}，可得

$$\dfrac{S_{aD}}{S_a} = \dfrac{S_{m0} - 0.53DFR}{S_{m0} - S_m} \quad (9\text{-}61)$$

即

$$S_{aD} = \dfrac{S_{m0} - 0.53DFR}{S_{m0} - S_m} S_a \quad (9\text{-}62)$$

将式 (9-62) 代入式 (9-58)，得

$$\lg N = \lg \frac{10^5}{(0.47\text{DFR})^B} + \lg\left(\frac{S_{m0}-0.53\text{DFR}}{S_{m0}-S_m}S_a\right)^B \quad (9\text{-}63)$$

或

$$N = 10^5 Y^B \quad (9\text{-}64)$$

其中，

$$Y = \frac{S_{m0}-0.53\text{DFR}}{0.47(S_{m0}-S_m)\text{DFR}}S_a \quad (9\text{-}65)$$

通过适当的变换，即可得到 DFR 与其他疲劳参量之间的关系式（表 9-7）。

表 9-7 标准 S-N 曲线

S_{max}, r, DFR, N 之间的关系	S_a, S_m, DFR, N 之间的关系
$S_{max} = \dfrac{0.94 S_{m0} \cdot X \cdot \text{DFR}}{(1-r)(S_{m0}-0.53\text{DFR}) + 0.47X \cdot (1+r)\text{DFR}}$	$S_a = \dfrac{0.47(S_{m0}-S_m)X \cdot \text{DFR}}{S_{m0}-0.53\text{DFR}}$
$r = \dfrac{\text{DFR}\left[0.94\dfrac{S_{m0}}{S_{max}}X-(0.47X-0.53)\right]-S_{m0}}{\text{DFR}(0.47X+0.53)-S_{m0}}$	$S_m = S_{m0} - \dfrac{(S_{m0}-0.53\text{DFR})S_a}{0.47\text{DFR} \cdot X}$
$\text{DFR} = \dfrac{S_{m0}(1-r)}{0.94\dfrac{S_{m0}}{S_{max}}X-(0.47X-0.53)-r(0.47X+0.53)}$	$\text{DFR} = \dfrac{S_{m0} \cdot S_a}{0.47X(S_{m0}-S_m)+0.53S_a}$
$N = 10^{\left(5-\frac{\lg Z}{\lg \eta}\right)}$	$N = 10^{\left(5-\frac{\lg Y}{\lg \eta}\right)}$
$\eta = 10^{-\frac{1}{B}} = 10^{-\frac{1}{m}}$ $X = \eta^{(5-\lg N)}$ $Y = \dfrac{(S_{m0}-0.53\text{DFR})S_a}{0.47\text{DFR}(S_{m0}-S_m)}$ $Z = \dfrac{(1-r)(S_{m0}-0.53\text{DFR})S_{max}}{\text{DFR}[0.94S_{m0}-0.47(1+r)S_{max}]}$	
几个特征参数值	
铝合金　　$b=4.0$	$\eta=2.0$　　$S_{m0}=310\text{MPa}$
钛合金　　$b=3.0$	$\eta=2.0$　　$S_{m0}=620\text{MPa}$
中强钢　　$b=3.0$	$\eta=1.8$　　$S_{m0}=930\text{MPa}$
高强钢　　$b=2.2$	$\eta=1.8$　　$S_{m0}=1240\text{MPa}$

通过式 (9-64)，可计算得到细节处在各级载荷作用下的疲劳寿命 N_i，再由线性累计损伤理论，可得到细节处的寿命 T 为

$$T = \frac{1000}{\sum\limits_{i=1}^{M}\dfrac{n_i}{N_i}} \quad (9\text{-}66)$$

式中，n_i 为载荷谱中某级载荷的循环次数；N_i 为载荷谱中某级载荷作用下该细节的寿命；M 为载荷谱的总载荷级数。

参 考 文 献

[1] 高镇同. 疲劳应用统计学 [M]. 北京：国防工业出版社，1986.
[2] 吴富民. 结构疲劳强度 [M]. 西安：西北工业大学出版社，1985.
[3] 徐灏. 疲劳强度 [M]. 北京：高等教育出版社，1988.
[4] 赵少汴，王忠保. 疲劳设计 [M]. 北京：机械工业出版社，1992.
[5] 傅祥炯. 结构疲劳与断裂 [M]. 西安：西北工业大学出版社，1995.
[6] 高镇同，熊峻江. 疲劳可靠性 [M]. 北京：北京航空航天大学出版社，2000.
[7] 郑晓玲. 民机结构耐久性与损伤容限设计手册 [M]. 北京：航空工业出版社，2003.
[8] 熊峻江. 飞行器结构疲劳与寿命设计 [M]. 北京：北京航空航天大学出版社，2004.
[9] 熊峻江. 疲劳断裂可靠性工程学 [M]. 北京：国防工业出版社，2008.
[10] 穆志涛，曾本银. 直升机结构疲劳 [M]. 北京：国防工业出版社，2009.
[11] 闫楚良. 飞机载荷谱实测技术与编制原理 [M]. 北京：航空工业出版社，2011.
[12] 闫楚良. 飞机结构经济寿命设计与可靠性评定 [M]. 北京：航空工业出版社，2011.
[13] 姚卫星. 结构疲劳寿命分析 [M]. 北京：科学出版社，2018.
[14] 熊峻江. 飞机结构适航力学基础 [M]. 北京：北京航空航天大学出版社，2020.
[15] 熊峻江，白江波. 平面编织复合材料的飞行器结构力学 [M]. 北京：科学出版社，2020.
[16] 刘文珽，熊峻江. 耐久性分析的裂纹萌生方法研究 [J]. 航空学报，1992，13（3）：182-186.
[17] 熊峻江，费斌军，刘文珽. 振动环境下点焊元件的疲劳特性研究 [J]. 实验力学，1993，8（3）：254-260.
[18] 熊峻江，高镇同. 用于疲劳可靠性设计的 $P-S_a-S_m-N$ 曲面拟合法 [J]. 实验力学，1995，10（1）：63-67.
[19] 熊峻江，高镇同，费斌军，等. 疲劳/断裂加速试验载荷谱编制的损伤当量折算方法 [J]. 机械强度，1995，17（4）：39-42.
[20] 熊峻江，黄新宇，高镇同，等. 极大似然法对比试验研究及其试验数据处理 [J]. 航空学报，1996，17（5）：28-31.
[21] 熊峻江，黄新宇，高镇同，等. 结构可靠性定寿模型及其在航空动力结构中的应用 [J]. 航空动力学报，1996，11（4）：352-354.
[22] 熊峻江，黄新宇，高镇同，等. 稳态循环载荷下结构疲劳可靠性分析技术 [J]. 强度与环境，1996，23（4）：16-20.
[23] 熊峻江，高镇同，干伟民，等. 稳态循环应力下结构断裂可靠性设计方法 [J]. 固体力学学报，1996，17（3）：235-238.
[24] 熊峻江，高镇同. 高置信度的典型任务实测载荷谱最少观测次数 [J]. 机械强度，1996，18（1）：18-20.
[25] 熊峻江，高镇同. 雨流-回线法及二维疲劳载荷分布假设检验 [J]. 航空学报，1996，17（3）：297-301.
[26] 熊峻江，高镇同. 实测载荷谱数据处理系统 [J]. 北京航空航天大学学报，1996，22（4）：438-441.
[27] 熊峻江，高镇同. 极大似然法测定的 $P-S-N$ 曲线的置信度 [J]. 北京航空航天大学学报，1996，22（6）：687-691.
[28] Benzeggagh M L, Kenane M. Measurement of mixed-mode delamination fracture toughness of unidirectional glass/epoxy composites with mixed-mode bending apparatus [J]. Composites Science and Technology, 1996, 56（4）：439-449.
[29] Xiong J J, Gao Z T. Probability distribution of fatigue damage and statistical moment of fatigue life. Science in China Series E-Technological Sciences, 1997, 40（3）：279-284.
[30] 熊峻江，高镇同，闫楚良，等. 飞机结构疲劳加速谱编制及损伤概率分布 [J]. 航空学报，1997，18（1）：

1-5.

[31] 熊峻江, 高镇同. 稳态循环载荷作用下疲劳/断裂可靠性寿命估算 [J]. 应用力学学报, 1997, 14 (3): 14-18.

[32] 熊峻江. 可靠性设计中的疲劳裂纹扩展随机模型 [J]. 应用力学学报, 1998, 15 (4): 82-86.

[33] 熊峻江, 武哲, 高镇同. 不完全疲劳寿命数据可靠性分析的秩统计方法及其应用 [J]. 航空学报, 1998, 19 (2): 216-219.

[34] 熊峻江, 李睿, 高镇同. 用于断裂可靠性设计的 $P-K_m-\mathrm{d}a/\mathrm{d}N-\Delta K$ 曲面 [J]. 实验力学, 1998, 13 (1): 111-114.

[35] Xiong J J, Wu Z, Gao Z T. $\gamma-p-S_a-S_m-N$ surface theory and two-dimensional reliability Miner rule for fatigue reliability-based design [J]. Applied Mathematics and Mechanics-English Edition, 1999, 20 (7): 757-763.

[36] 熊峻江, 刘宝成, 邹尚武, 等. 不完全疲劳寿命置信度分析方法 [J]. 北京航空航天大学学报, 2000, 25 (4): 420-423.

[37] 熊峻江. 复合材料全寿命范围 $S-N$ 曲线方程与 $E-N$ 曲线方程 [J]. 复合材料学报, 2000, 17 (1): 103-107.

[38] 熊峻江, 彭俊华, 高镇同. 断裂韧性 K_{IC} 和断裂门槛值 ΔK_{th} 可靠性测定方法 [J]. 北京航空航天大学学报, 2000, 26 (6): 694-696.

[39] 熊峻江, 王三平, 高镇同. 疲劳寿命估算的能量法及其实验研究 [J]. 力学学报, 2000, 32 (4): 420-427.

[40] Xiong J J, Shenoi R A, Gao Z T. Small sample theory for reliability design [J]. The Journal of Strain Analysis for Engineering Design, 2002, 37 (1): 87-92.

[41] Xiong J J, Wu Z, Gao Z T. Theoretical analysis and experimental verification on ternary-waves method to compile accelerated spectra [J]. Chinese Journal of Mechanical Engineering, 2002, 15 (4): 308-313.

[42] Xiong J J, Wu Z, Gao Z T. Generalized fatigue constant life curve and two-dimensional probability distribution of fatigue limit [J]. Applied Mathematics and Mechanics-English Edition, 2002, 23 (10): 1188-1193.

[43] 熊峻江, 高镇同. 广义断裂等寿命曲线与二维门槛值概率分布 [J]. 北京航空航天大学学报, 2002, 28 (3): 350-353.

[44] Camanho P P, Davila C G, De Moura M F. Numerical simulation of mixed-mode progressive delamination in composite materials [J]. Journal of Composite Materials, 2003, 37 (16): 1415-1438.

[45] 邱华勇, 熊峻江. 直升机结构腐蚀环境下的日历寿命估算 [J]. 强度与环境, 2004, 31 (4): 23-26, 61.

[46] 李慧涌, 熊峻江, 叶少波, 等. 四参数全范围 $\mathrm{d}a/\mathrm{d}N$ 曲线测定方法研究 [J]. 实验力学, 2004, 19 (2): 222-228.

[47] Xiong J J, Shenoi R A. A two-stage theory on fatigue damage and life prediction of composites [J]. Composite Science and Technology, 2004 (9), 64: 1331-1343.

[48] Xiong J J, Shenoi R A, Wang S P, et al. On static and fatigue strength determination of carbon fibre/epoxy composites, Part 1: Experiments [J]. The Journal of Strain Analysis for Engineering Design, 2004, 39 (5): 529-540.

[49] Xiong J J, Shenoi R A, Wang S P, et al. On static and fatigue strength determination of carbon fibre/epoxy composites, Part 2: Theoretical formulation [J]. The Journal of Strain Analysis for Engineering Design, 2004, 39 (5): 541-548.

[50] Xiong J J, Shenoi R A. Two new practical models for estimating reliability-based fatigue strength of composites [J]. Journal Composite Materials, 2004, 38 (14): 1187-1209.

[51] Xiong J J, Shenoi R A. A reliability-based data treatment system for actual load history [J]. Fatigue & Fracture of Engineering Materials & Structures, 2005, 28: 875-889.

[52] Xiong J J, Shenoi R A. Single-point likelihood method to determine a generalized $S-N$ surface [J]. Proceedings of the Institution of Mechanical Engineers Part C - Journal of Mechanical Engineering Science, 2006, 220 (10): 1519-1529.

[53] Jiang W G, Hallett S R, Green B G, et al. A concise interface constitutive law for analysis of delamination and splitting in composite materials and its application to scaled notched tensile specimens [J]. International Journal for Numerical Methods in Engineering, 2007, 69 (9): 1982-1995.

[54] Xiong J J, Shenoi R A. A practical randomization approach of deterministic equation to determine probabilistic fatigue and fracture behaviours based on small experimental data sets [J]. International Journal of Fracture, 2007, 145 (4): 273-283.

[55] Xiong J J, Li H Y, Zeng B Y. A strain-based residual strength model of carbon fibre/epoxy composites based on CAI and fatigue residual strength concepts [J]. Composite Structures, 2008, 85 (1): 29-42.

[56] Xiong J J, Shenoi R A. A load history generation approach for full-scale accelerated fatigue tests [J]. Engineering Fracture Mechanics, 2008, 75 (10): 3226-3243.

[57] Xiong J J, Shenoi R A, Zhang Y. Effect of the mean strength on the endurance limit or threshold value of the crack growth curve and two-dimensional joint probability distribution [J]. The Journal of Strain Analysis for Engineering Design, 2008, 43 (4): 243-257.

[58] Xiong J J, Shenoi R A. A durability model incorporating safe life methodology and damage tolerance approach to assess first inspection and maintenance period for structures [J]. Reliability Engineering & System Safety, 2009, 94 (8): 1251-1258.

[59] Harper P W, Hallett S R. A fatigue degradation law for cohesive interface elements-Development and application to composite materials [J]. International Journal of Fatigue, 2010, 32 (11): 1774-1787.

[60] Bai J B, Xiong J J, Cheng X. Tear resistance of orthogonal Kevlar-PWF-reinforced TPU film [J]. Chinese Journal of Aeronautics, 2011, 24 (1): 113-118.

[61] Kawashita L F, Hallett S R. A crack tip tracking algorithm for cohesive interface element analysis of fatigue delamination propagation in composite materials [J]. International Journal of Solids and Structures, 2012, 49 (21): 2898-2913.

[62] 刘晓明, 万少杰, 熊峻江, 等. 民机飞行载荷谱编制方法 [J]. 北京航空航天大学学报, 2013, 39 (5): 621-625.

[63] 田本鉴, 熊峻江. 非对称疲劳载荷作用铆钉连接件疲劳寿命估算 [J]. 北京航空航天大学学报, 2013, 39 (12): 1649-1653.

[64] 李新宇, 付裕, 熊峻江. 2B25 铝合金材料腐蚀疲劳性能试验研究 [J]. 中国测试, 2015, 41 (4): 32-35.

[65] Tian B J, Xiong J J, Liu J Z. A new approach for evaluating fatigue lives of multi-fastener mechanical joints based on a nominal stress concept and minimal datasets [J]. International Journal of Fatigue, 2015, 80: 257-265.

[66] Yun X Y, Xiong J J, Shenoi R A. Fatigue-driven model for mode II interlaminar delamination propagation of fibre/epoxy-reinforced composite laminates under three-point end-notched flexure [J]. Journal Composite Materials, 2015, 49 (22): 2779-2787.

[67] Liu M D, Xiong J J, Liu J Z, et al. Modified model for evaluating fatigue behaviors and lifetimes of notched aluminum-alloys at temperatures of 25℃ and -70℃ [J]. International Journal of Fatigue, 2016, 93: 122-132.

[68] 付裕, 熊峻江. 预腐蚀金属材料疲劳性能试验测试与表征模型 [J]. 北京航空航天大学学报, 2016, 42 (5): 969-976.

[69] Wang C Q, Xiong J J, Shenoi R A, et al. A modified model to depict corrosion fatigue crack growth behaviour for evaluating residual lives of aluminium alloys [J]. International Journal of Fatigue, 2016, 83: 280-287.

[70] Wan A S, Xiong J J, LV Z Y, et al. High-cycle fatigue behaviour of Co-based superalloy 9CrCo at elevated temperatures [J]. Chinese Journal of Aeronautics, 2016, 29 (5): 1405-1413.

[71] LV Z Y, Wan A S, Xiong J J, et al. Effects of stress ratio on temperature-dependent high-cycle fatigue properties of alloy steels [J]. International Journal of Minerals Metallurgy and Materials, 2016, 23 (12): 1387-1396.

[72] 李矿, 熊峻江, 马少俊, 等. 航空铝合金系列材料裂纹扩展性能的温度效应 [J]. 北京航空航天大学学报, 2017, 43 (4): 761-768.

[73] 吕志阳, 熊峻江, 马少俊, 等. 4 种典型航空钛合金材料高温裂纹扩展性能对比试验研究 [J]. 航空动力学报, 2017, 32 (11): 2713-2720.

[74] 王池权, 熊峻江, 马少俊, 等. 航空铝合金材料腐蚀裂纹扩展性能试验 [J]. 北京航空航天大学学报, 2017, 43 (5): 935-941.

参考文献

[75] 王池权, 熊峻江. 3.5%NaCl腐蚀环境下2种航空铝合金材料疲劳性能试验研究 [J]. 工程力学, 2017, 34 (11): 225-230.

[76] 李矿, 熊峻江, 马少俊, 等. 油箱积水环境下航空铝合金2E12-T3和7050-T7451疲劳性能实验 [J]. 航空材料学报, 2017, 37 (1): 65-72.

[77] 田本鉴, 熊峻江. 基于广义DFR概念的受剪连接件疲劳寿命估算方法 [J]. 飞机设计, 2017, 37 (3): 45-51.

[78] Lv Z Y, Xiong J J, Tong L, et al. A practical approach for evaluating safe fatigue life of hydraulic actuator in helicopter based on a nominal force concept and minimal datasets [J]. Aerospace Science and Technology, 2017, 62: 158-164.

[79] Fu Y, Xiong J J, Shenoi R A. New models for depicting corrosion fatigue behaviour and calendar life of metallic structural component [J]. Proceedings of the Institution of Mechanical Engineers Part C-Journal of Mechanical Engineering Science, 2017, 231 (2): 207-222.

[80] 吕志阳, 熊峻江, 赵延广, 等. Ti-6Al-4V/ELI钛合金250℃裂纹扩展性能 [J]. 航空材料学报, 2018, 38 (4): 123-129.

[81] Tao C C, Mukhopadhyay S, Zhang B, et al. An improved delamination fatigue cohesive interface model for complex three-dimensional multi-interface cases [J]. Composites Part A: Applied Science and Manufacturing, 2018, 107: 633-646.

[82] Liu M D, Xiong J J. Fatigue crack growth testing and evaluation for aluminium-alloys at temperatures of 25℃ and -70℃ [J]. Journal of Testing and Evaluation, 2018, 46 (4): 1698-1707.

[83] Zhu Y T, Xiong J J, Lv Z Y, et al. Testing and evaluation for fatigue crack propagation of Ti-6Al-4V/ELI and 7050-T7452 alloys at high temperatures [J]. Chinese Journal of Aeronautics, 2018, 31 (6): 1388-1398.

[84] 陈迪, 李钰, 张亦波, 等. 双剪连接件及双耳连接耳片疲劳寿命估算的逐次累计求和算法 [J]. 北京航空航天大学学报, 2019, 45 (6): 1175-1184.

[85] Wan A S, Xiong J J. Effect of stress ratio on HCF and VHCF properties at temperatures of 20℃ and 700℃ for nickel-based wrought superalloy GH3617M [J]. Chinese Journal of Aeronautics, 2019; 32 (9): 2199-2210.

[86] Al-Azzawi A S M, Kawashita L F, Featherston C A. A modified cohesive zone model for fatigue delamination in adhesive joints: numerical and experimental investigations [J]. Composite Structures, 2019, 225: 111114.

[87] Wan A S, Xu Y G, Xiong J J. Notch effect on strength and fatigue life of woven composite laminates [J]. International Journal of Fatigue, 2019, 127: 275-290.

[88] Liu M D, Xiong J J, Wang C Q. A modified accumulation damage algorithm for predicting corrosion fatigue lives by considering load interaction for aluminum-alloys [J]. International Journal of Damage Mechanics, 2019, 28 (2): 270-290.

[89] 李钰, 陈迪, 张亦波, 等. 谱载下密封角盒螺栓及长桁端头疲劳寿命估算的逐次累计求和算法 [J]. 工程力学, 2020, 37 (4): 217-226.

[90] Wan A S, Xiong J J, Xu Y G. Fatigue life prediction of woven composite laminates with initial delamination [J]. Fatigue & Fracture of Engineering Materials & Structures, 2020, 43 (9): 2130-2146.

[91] Cheng ZQ, Xiong J J. Progressive damage behaviors of woven composite laminates subjected to LVI, TAI and CAI [J]. Chinese Journal of Aeronautics, 2020, 33 (10): 2807-2823.

[92] Wan A S, Xu Y G, Xue L H, et al. Finite element modeling and fatigue life prediction of helicopter composite tail structure under multipoint coordinated loading spectrum [J]. Composite Structures, 2021, 255: 112900.

[93] Chen D, Xiong J J. Nonlinear mechanical response and residual tearing strength of flexible composite sheet with single edge-crack under uniaxial tension [J]. Engineering Fracture Mechanics, 2021, 258: 108056.

[94] Cheng Z Q, Tan W, Xiong J J. Progressive damage modelling and fatigue life prediction of plain-weave composite laminates with low-velocity impact damage [J]. Composite Structures, 2021, 273: 114262.

[95] Chen D, Cheng Z Q, Cunningham P R, et al. Fatigue life prediction of 2524-T3 and 7075-T62 thin-sheet aluminium-alloy with an initial impact dent under block spectrum loading [J]. Fatigue & Fracture of Engineering Materials &

Structures, 2021, 44: 1096-1113.

[96] Xiong J J, Zhu Y T, Luo C Y, et al. Fatigue-driven failure criterion for progressive damage modelling and fatigue life prediction of composite structure [J]. International Journal of Fatigue, 2021, 145: 106110.

[97] 毛森鑫, 时寒阳, 李开响, 等. 振动疲劳载荷谱编制与试验验证 [J]. 航空学报, 2022, 43 (7): 511-525.

[98] 张亦波, 陈迪, 成正强, 等. 铝合金薄板冲击后疲劳试验与谱载寿命 [J]. 航空学报, 2022, 43 (1): 381-394.

[99] Cheng Z Q, Tan W, Xiong J J. Modelling pre-fatigue, low-velocity impact and post-impact fatigue behaviours of composite helicopter tail structure under multipoint coordinated loading spectrum [J]. Thin-walled Structures, 2022, 176: 109349.

[100] Cheng Z Q, Xiong J J, Tan W. Fatigue crack growth and life prediction of 7075-T62 aluminium-alloy thin-sheets with low-velocity impact damage under block spectrum loading [J]. International Journal of Fatigue, 2022, 155: 106618.

[101] Zhu Y T, Xiong J J. Temperature-moisture-mechanical coupling fatigue behaviours of screwed composite-steel joints [J]. International Journal of Fatigue, 2023, 173: 107700.